シリーズ
応用最適化
久保幹雄・田村明久・松井知己 編集

1

線形計画法

並木　誠 著

朝倉書店

まえがき

本書は線形計画法というタイトルである．線形不等式（等式）条件の下で線形関数を最大化する解を求めよという数理モデルを線形計画問題といい，数理最適化の分野の中での最も基礎的な問題の1つとして位置づけられている．線形計画法とは，線形計画問題の数学的性質，問題を解くための解法（アルゴリズム），どのように実社会に応用するかなどを研究する応用数学の一分野である．線形計画問題は，1940年代に G.B. Dantzig によって初めて提案されたもので，同時に解法であるシンプレックス法も考案された．以来，コンピュータの発達と並行し，工学，経済学，経営学，金融工学などの様々な分野で活用されている．

大きなくくりでいうと，本書は応用数学の範疇の書である．公理，定義，定理などが並ぶ純粋な数学とは多少趣が異なり，実際の数値が与えられたとき何らかの形で解く（実際の数値が入力されたとき何らかの出力が得られる）ことが常に期待される．そういう意味では情報科学の書といえるかもしれない．

本書は，線形代数や解析学など一通り学部での数学教育を受けた3，4年生から大学院の学生を読者として想定している．主に使っている数学的な道具は線形代数，解析学の基礎的な知識である．他書によらずできるだけ本書単独で読み進められるよう，前提となる数学的予備知識は巻末に付録として簡単に紹介する．本書を機に線形代数や解析学などを勉強するのもよいであろう．

第1章では，いくつかの例題を通して線形計画問題がどのような問題かを概観する．

第2章では，線形計画法の理論の中核である双対理論について学ぶ．理解の妨げにならないよう，長くなる証明は章の最後で行っている．素朴な疑問に答えていくという形式で話を展開しており，後に説明するアルゴリズムを十分意識した表現を心がけた．

第3章，第4章では，線形計画問題の数値解法（アルゴリズム）に関して述べている．わかりやすさを心がけたため，説明が多少長くなってしまった．

第 4 章の内点法は，アルゴリズムの記述と正当性の証明を完全に切り離してより簡潔に記述したつもりである．アルゴリズムの正当性の部分はもし興味が無ければ読み飛ばしても問題ないであろう．これらのアルゴリズムをゼロからプログラミングするのはかなり労力のいる仕事であるが，例えば Matlab や Mathematica など行列やベクトルの基本的な演算を内部ルーチンとして持っている数値計算システムを用いれば，ほんの数時間で実装することが可能である．ぜひ挑戦してみてほしい．

第 5 章では，線形計画問題の拡張として，線形相補性問題を扱っている．双対定理やアルゴリズムが無理なく拡張可能であることが言及されている．

最後に，本書執筆の機会をくださるだけでなく，執筆当初から的確なアドバイスをくださった東京海洋大学の久保幹雄先生に感謝の意を表します．また，筆者の学生時代から今日まで，様々な形で筆者の研究生活に関わり，支援していただいた先生方に深く感謝したいと思います．特に George Mason 大学の Walter Morris 先生には，2004～2005 年にかけて訪問研究員として勉強させていただき，第 5 章に記した線形相補性問題について多くのことを学びました．ここに感謝したいと思います．さらに，毎月の勉強会を通して様々な有益なコメントをくださった東邦大学の塚田 真先生をはじめ勉強会のメンバー諸先生に感謝いたします．また執筆開始から完成までにかなりの時間を要しましたが，辛抱強く編集作業をしていただいた朝倉書店に厚くお礼申し上げます．

最後に，常に暖かい目で見守り励ましてくれた妻と，執筆中産声を上げ，怠惰な筆者のモチベーションを高めてくれた息子たちに感謝します．

2008 年 5 月

並木　誠

目　　次

1 線形計画問題とは

ある条件のもとである関数を最大化（または最小化）するような数理モデルを**数理計画問題** (mathematical programming problem)，あるいは**最適化問題** (optimization problem) といい以下のように表現する．

$$\left|\begin{array}{ll} \text{最大化} & f(\boldsymbol{x}) \\ \text{条　件} & \boldsymbol{x} \in S\ (\subseteq \mathbb{R}^n) \end{array}\right.$$

最大化の対象となる関数 f を**目的関数** (objective function) といい，条件を表す $\mathbb{R}^n$ の部分集合 S を**制約条件** (constraints) という．目的関数や制約条件が線形関数のみの等式，不等式で記述される場合の数理計画問題を**線形計画問題** (linear programming problem) といい，経済，金融，工学，経営学など様々な分野で活躍している．

この章では，線形計画問題とはどのような問題なのかを具体例でイメージし，本書で学ぶことを概観する．

● 1.1 ● 例　　題 ●

線形計画問題がどのような問題なのかを知るために，以下の具体的な 3 つの例題を取り上げよう．

例 1.1　生産計画問題 (production planning problem)
ある工場 F では，3 種類の原料 M 1, M 2, M 3 を原料として，3 種類の製品 P 1, P 2, P 3 を生産している．原料 M 1, M 2, M 3 は 1 日あたり，それぞれ 24, 16, 12 単位手に入る．製品 P 1 を 1 単位作るのに原料 M 1,

M 2 がそれぞれ 1, 3 単位必要であり，製品 P 2 を 1 単位作るには原料 M 1, M 2, M 3 がそれぞれ 1, 1, 2 単位必要で，製品 P 3 を 1 単位作るには原料 M 1, M 3 がそれぞれ 2, 1 単位必要である．さらに，製造された 3 種類の製品 P 1, P 2, P 3 は単位あたりそれぞれ，2, 3, 2 の価格で売れることがわかっている．このような状況のもとで，工場 F の 1 日あたりの利益を最大にするには，3 種類の製品をどれだけ生産したらよいだろうか？

まず問題に関する情報を表 1.1 のように整理しておこう．

表 1.1 原料と製品の関係

原料	制限	製品 1 単位作るのに必要な原料		
		P 1	P 2	P 3
M 1	24	1	1	2
M 2	16	3	1	0
M 3	12	0	2	1
売って得られる利益		2	3	2

知りたいのは製品の生産量なので P 1, P 2, P 3 の製造量をそれぞれ x_1, x_2, x_3 単位とする．工場 F の 1 日あたりの利益は，それぞれの生産量に単位あたりの価格をかけたものの合計 $2x_1 + 3x_2 + 2x_3$ であり，この値が最大になるように x_1, x_2, x_3 の値を決定したい．表 1.1 の製品 1 単位を生産するために必要な原料の量から，原料 M 1, M 2, M 3 はそれぞれ $x_1 + x_2 + 2x_3$, $3x_1 + x_2$, $2x_2 + x_3$ 単位必要となり，それぞれ 24, 16, 12 単位以下でなくてはならない．x_1, x_2, x_3 は生産量なので 0 を下回ることはないものとする．これらをまとめると，変数 x_1, x_2, x_3 が満たすべき条件は

$$\left\{\begin{array}{l} x_1 + x_2 + 2x_3 \leq 24 \\ 3x_1 + x_2 \leq 16 \\ 2x_2 + x_3 \leq 12 \end{array}\right. \quad (x_1, x_2, x_3 \geq 0) \tag{1.1}$$

となる．よって上の問題は条件 (1.1) のもとで $2x_1 + 3x_2 + 2x_3$ を最大にする x_1, x_2, x_3 の値を求めよという問題になる．この問題を次のように書く．

$$
\begin{array}{ll}
\text{最大化} & 2x_1 + 3x_2 + 2x_3 \\
\text{条　件} & \begin{cases} x_1 + \ \ x_2 + 2x_3 \leq 24 \\ 3x_1 + \ \ x_2 \qquad\ \leq 16 \\ \qquad 2x_2 + \ \ x_3 \leq 12 \end{cases} \\
& (x_1, x_2, x_3 \geq 0)
\end{array}
\tag{1.2}
$$

いくつかの製品を制限されたいくつかの原材料をもとに製造し，得られる利益を最大化する問題を**生産計画問題**と呼ぶ．線形計画問題として定式化される典型的な問題の1つであり，多くの線形計画法のテキストに参照されている[5, 27, 33]．類似問題として，テキスト[5]の**栄養問題** (diet problem) が挙げられる．

上の問題の利益を最大にするための生産は $(x_1^*, x_2^*, x_3^*) = (\frac{24}{5}, \frac{8}{5}, \frac{44}{5})$ であり，そのときの利益は 32 である．このように，目的関数の最大値（最小化問題の場合は最小値）を達成するような解を**最適解** (optimal solution) といい，そのときの目的関数値を **最適値** (optimal value) という．

例 1.2　**最短路問題** (shortest path problem)

図 1.1 は，地点 $\{a, b, c, d, e, f\}$ からなる路線図である．直接移動できる地点は矢印で結んであり，矢印の傍らには距離が書いてある．例えば，地点 c から b へは移動可能であり，距離は 3 である．逆に b から c へは移動できない．この路線図において，a から f へ移動するとき移動距離の合計を最小にするためにはどのような経路を通ればよいだろうか？

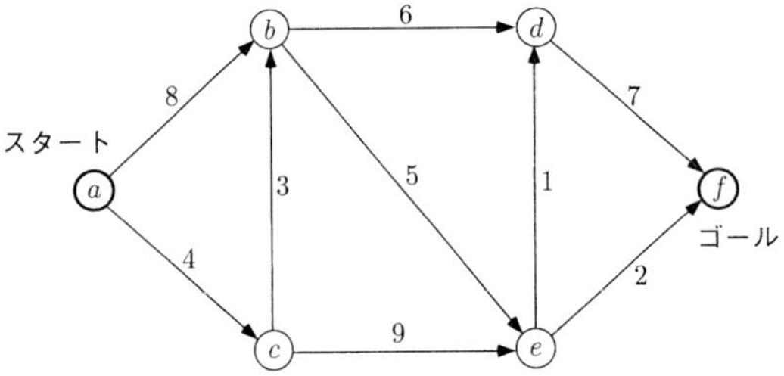

図 1.1　路線図

この問題は，グラフ理論でおなじみの最短路問題と呼ばれるものである．グラフ理論での最短路問題では，向きは意識せず，双方向移動可能とすることが多い．

問題の定式化のために，まず矢印に変数を割り当てる．例えば，矢印 $a \to b$ に対しては x_{ab} を割り当てる．矢印に割り当てた変数は，経路に含まれるならば 1，そうでないならば 0 をとるものと考える．すると地点 a から f への経路は次の (1)〜(3) の条件を満たすことがわかる．

(1) 出発地点 a においては a から出る矢印に関する変数をすべて足し合わせると 1 である．つまり $x_{ab} + x_{ac} = 1$ である

(2) 到着地点 f においては f に入ってくる矢印に関する変数をすべて足し合わせると 1 である．つまり $x_{df} + x_{ef} = 1$ である

(3) その他の中継地点においては，入ってくる矢印に関する変数の和と出て行く矢印に関する変数の和が等しい（中継地点であるため）．例えば，b 地点では $x_{ab} + x_{cb} = x_{bd} + x_{de}$ である

また逆に，上の (1)〜(3) を満たす値が 0 または 1 である変数 $x_{ab}, x_{ac}, \ldots, x_{ef}$ について，値が 1 である変数に対応する矢印を取り出せば，それらは a から f への経路となる．(1), (2) の条件とすべての中継地点に対する (3) の条件を考えれば，最短路問題の条件は以下のようになる．

$$
\begin{cases}
-x_{ab}-x_{ac} = -1 \\
x_{ab} - x_{bd} - x_{be} + x_{cb} = 0 \\
x_{ac} - x_{cb} - x_{ce} = 0 \\
x_{bd} - x_{de} - x_{df} + x_{ed} = 0 \\
x_{be} + x_{ce} + x_{de} - x_{ed} - x_{ef} = 0 \\
x_{df} + x_{ef} = 1
\end{cases}
$$

すべての変数は 0 または 1 である．

目的が移動距離最小であることを考え合わせれば，最短路問題は以下のように線形計画問題として定式化される．

$$
\begin{array}{|ll}
\text{最小化} & 8x_{ab}+4x_{ac}+6x_{bd}+5x_{be}+3x_{cb}+9x_{ce}+x_{de}+7x_{df}+x_{ed}+2x_{ef} \\
\text{条　件} & \begin{cases}
-x_{ab}-x_{ac} & =-1 \\
x_{ab}-x_{bd}-x_{be}+x_{cb} & =0 \\
x_{ac}-x_{cb}-x_{ce} & =0 \\
x_{bd}-x_{de}-x_{df}+x_{ed} & =0 \\
x_{be}+x_{ce}+x_{de}-x_{ed}-x_{ef} & =0 \\
x_{df}+x_{ef} & =1
\end{cases} \\
& x_{ab}, x_{ac}, \ldots, x_{ef} \geq 0
\end{array}
\tag{1.3}
$$

すべての変数は 0 または 1 であるという条件が，すべての変数は 0 以上であるという条件に置き換わっていることに注意しよう．このように変数の条件を変えても，制約条件を構成する等式が特殊な構造を持っているため，すべての変数の値が 0 または 1 となるような解が求められることが知られている[64]．

ベクトル $\boldsymbol{x}, \boldsymbol{c}, \boldsymbol{b}$ と行列 $\boldsymbol{A}$ を（ベクトル，行列に関しては巻末の付録を参照のこと）

$$
\boldsymbol{x} = \begin{bmatrix} x_{ab} & x_{ac} & x_{bd} & x_{be} & x_{cb} & x_{ce} & x_{de} & x_{df} & x_{ed} & x_{ef} \end{bmatrix}^\top
$$

$$
\boldsymbol{c} = \begin{bmatrix} 8 & 4 & 6 & 5 & 3 & 9 & 1 & 7 & 1 & 2 \end{bmatrix}^\top
$$

$$
\begin{array}{c}
\quad ab \quad ac \quad bd \quad be \quad cb \quad ce \quad de \quad df \quad ed \quad ef
\end{array}
$$

$$
\boldsymbol{A} = \begin{bmatrix}
-1 & -1 & & & & & & & & \\
1 & & -1 & -1 & 1 & & & & & \\
& 1 & & & -1 & -1 & & & & \\
& & 1 & & & & -1 & -1 & 1 & \\
& & & 1 & & 1 & 1 & & -1 & -1 \\
& & & & & & & 1 & & 1
\end{bmatrix}
\begin{matrix} a \\ b \\ c \\ d \\ e \\ f \end{matrix}, \quad
\boldsymbol{b} = \begin{bmatrix} -1 \\ 0 \\ 0 \\ 0 \\ 0 \\ 1 \end{bmatrix}
$$

と定義すれば，この最短路問題は

$$
\begin{array}{|ll}
\text{最大化} & \boldsymbol{c}^\top \boldsymbol{x} \\
\text{条　件} & \boldsymbol{A}\boldsymbol{x} = \boldsymbol{b} \quad (\boldsymbol{x} \geq \boldsymbol{0})
\end{array}
$$

のように，よりコンパクトに表すことができる（行列 $\boldsymbol{A}$ の空白は 0 を意味する)．なお，行列 $\boldsymbol{A}$ は路線図の**接続行列** (incidence matrix) と呼ばれ，行が路線図の地点に，列が路線図の矢印に対応しており，それぞれの矢印に対し始点の地点に -1，終点の地点に $+1$，それ以外の地点に対しては 0 の値をとる．

同じような性質を持った問題に輸送問題，割当問題等がある．ちなみにこの最短路問題の最適解を路線図に図示すると，図 1.2 のようになる．

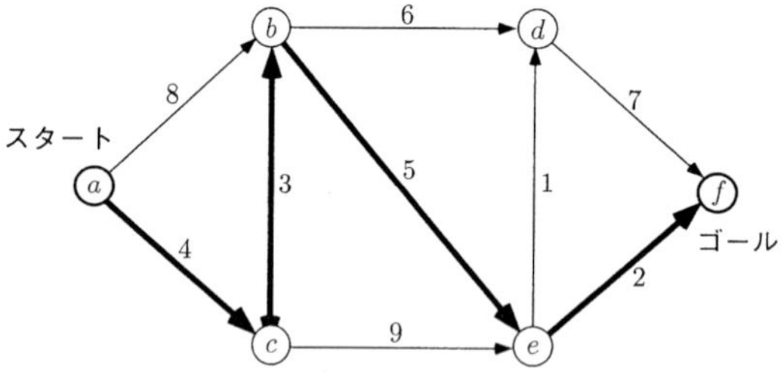

図 1.2　最短路問題の最適解

例 1.3　直線の当てはめ (line fitting)

次の表は，ある大学のある科目を 2 年前に受講した学生 10 人分の中間試験と期末試験の成績（100 点満点）である．

No.	1	2	3	4	5	6	7	8	9	10
中間	93	66	99	96	93	75	60	27	51	66
期末	82	77	97	89	92	68	62	31	70	70

担当教官は，このデータをもとに中間試験と期末試験の成績の関係を割り出し，今年度受講の学生に中間試験の結果とともに知らせることによって，各自期末試験の結果を予想してもらおうと考えている．中間試験の結果 X と期末試験の結果 Y との間に 1 次の関係式 $Y = aX + b$ が成り立つと仮定したとき，a, b の値をどのように決定したらよいか？

通常この問題は，最小 2 乗法を用いて解かれる．つまり，中間試験の結果 X と期末試験の結果 Y との間の 1 次の関係 $Y = aX + b$ とサンプル (X_i, Y_i) の離れ具合（これを残差と呼ぶ）

$$\varepsilon_i = Y_i - aX_i - b \quad (i = 1, 2, \ldots, 10)$$

を考えて，残差の 2 乗和を最小にするように a, b を決定する以下の問題として考える．

$$\left|\begin{array}{ll} \text{最小化} & \varepsilon_1^2 + \varepsilon_2^2 + \cdots + \varepsilon_{10}^2 \\ \text{条　件} & \varepsilon_i = Y_i - aX_i - b \quad (i = 1, 2, \ldots, 10) \end{array}\right.$$

ここでは，2 乗和の代わりに，残差の絶対値の和を最小にするように a, b を決定することを考えてみよう．問題は

$$\left|\begin{array}{ll} \text{最小化} & |\varepsilon_1| + |\varepsilon_2| + \cdots + |\varepsilon_{10}| \\ \text{条　件} & \varepsilon_i = Y_i - aX_i - b \quad (i = 1, 2, \ldots, 10) \end{array}\right. \tag{1.4}$$

となる．このままでは絶対値がついていて線形計画問題ではないので，外す工夫をしなければならない．新たな変数 $\xi_i = |\varepsilon_i|$ $(i = 1, 2, \ldots, 10)$ を用意すると，上の問題は

$$\left|\begin{array}{lll} \text{最小化} & \xi_1 + \xi_2 + \cdots + \xi_{10} & \\ \text{条　件} & \xi_i = |\varepsilon_i| & (i = 1, 2, \ldots, 10) \\ & \varepsilon_i = Y_i - aX_i - b & (i = 1, 2, \ldots, 10) \end{array}\right. \tag{1.5}$$

と表せる．この問題の条件の部分を少し緩和した次の問題を考えてみよう．

$$\left|\begin{array}{lll} \text{最小化} & \xi_1 + \xi_2 + \cdots + \xi_{10} & \\ \text{条　件} & -\xi_i \leq \varepsilon_i \leq \xi_i & (i = 1, 2, \ldots, 10) \\ & \varepsilon_i = Y_i - aX_i - b & (i = 1, 2, \ldots, 10) \end{array}\right. \tag{1.6}$$

問題 (1.6) の最適解を ξ_i^*, ε_i^* $(i = 1, 2, \ldots, 10)$, a^*, b^* とすると必ず $-\xi_i^* = \varepsilon_i^*$ または $\xi_i^* = \varepsilon_i^*$ が成り立つことがわかる．つまり問題 (1.6) の最適解は問題 (1.5) の実行可能解になっている．問題 (1.5) は，問題 (1.6) の条件をきつくして得られる問題であるので，問題 (1.5) の最適値が問題 (1.6) の最適値を下回ることはない．以上のことから，問題 (1.6) の最適解は，問題 (1.5) の最適解でもあることがわかる．つまり，問題 (1.5) を解くには問題 (1.6) を解けばよい．問題 (1.6) を整理すると

$$\left|\begin{array}{lll} \text{最小化} & \xi_1 + \xi_2 + \cdots + \xi_{10} & \\ \text{条　件} & \xi_i \geq Y_i - aX_i - b & (i = 1, 2, \ldots, 10) \\ & \xi_i \geq -(Y_i - aX_i - b) & (i = 1, 2, \ldots, 10) \end{array}\right. \tag{1.7}$$

となり，この問題は線形計画問題である．

最小 2 乗法を使った直線の当てはめ問題は，残差の 2 乗和つまり残差ベクトルの l_2 ノルムの最小化と考えられる．一方，残差の絶対値の和を最小化する問題は，残差ベクトルの l_1 ノルムの最小化と考えられる（ノルムに関しては付録を参照）．

図 1.3 に，データの散布図と得られた近似曲線を示す．細い線が最小 2 乗法によって得られた直線 $Y = 0.75X + 19.00$ であり，太い線が絶対誤差最小によって得られた直線 $Y = \frac{35}{39}X + \frac{106}{13}$ を表す．

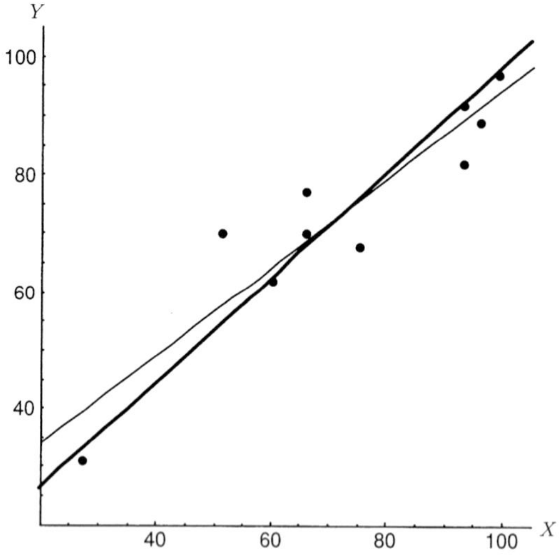

図 **1.3** 得られた近似直線

● 1.2 ● LP の形と表現 ●

n 個の変数 $x_1, x_2, \ldots, x_n$ に関する実数値関数 $f : \mathbb{R}^n \to \mathbb{R}$ が，n 個の実定数 $c_1, c_2, \ldots, c_n$ を用いて，以下のように書き表すことのできるとき f を**線形関数** (linear function) あるいは **1 次関数**という．

$$f(x_1, x_2, \ldots, x_n) = c_1x_1 + c_2x_2 + \cdots + c_nx_n = \sum_{j=1}^{n} c_jx_j$$

例えば $f(x_1, x_2) = 2x_1 - x_2$ は線形関数であるが，$f(x_1, x_2) = x_1 \log x_2$ は違う．定数 b と 線形関数 $f : \mathbb{R}^n \to \mathbb{R}$ で表される等式 $f(x_1, x_2, \ldots, x_n) = b$ を**線形等式**，不等式 $f(x_1, x_2, \ldots, x_n) \geq b$, $f(x_1, x_2, \ldots, x_n) \leq b$ を**線形不等式**という．

線形計画問題 (linear programming problem, LP) とは，「与えられた有限個の線形等式あるいは線形不等式を満たす条件のもとで，与えられた線形関数を最大化（あるいは最小化）するような変数 $(x_1, x_2, \ldots, x_n)$ の具体的な値を求めよ，あるいはそのようなものが存在しないことを示せ」という問題であり，次のように表し，これを**一般形** (general form) の LP と呼ぶ．

$$
\begin{array}{|ll}
\text{最大化} & c_1x_1 + c_2x_2 + \cdots + c_nx_n \\
\text{条件 1} & \left\{\begin{array}{ccccccc}
\alpha_{11}x_1 & + & \alpha_{12}x_2 & + \cdots + & \alpha_{1n}x_n & = & b_1 \\
 & & & \vdots & & & \\
\alpha_{m1}x_1 & + & \alpha_{m2}x_2 & + \cdots + & \alpha_{mn}x_n & = & b_m
\end{array}\right. \\
\text{条件 2} & \left\{\begin{array}{ccccccc}
\beta_{11}x_1 & + & \beta_{12}x_2 & + \cdots + & \beta_{1n}x_n & \leq & u_1 \\
 & & & \vdots & & & \\
\beta_{k1}x_1 & + & \beta_{k2}x_2 & + \cdots + & \beta_{kn}x_n & \leq & u_k
\end{array}\right. \\
\text{条件 3} & \left\{\begin{array}{ccccccc}
\gamma_{11}x_1 & + & \gamma_{12}x_2 & + \cdots + & \gamma_{1n}x_n & \geq & l_1 \\
 & & & \vdots & & & \\
\gamma_{p1}x_1 & + & \gamma_{l2}x_2 & + \cdots + & \gamma_{pn}x_n & \geq & l_p
\end{array}\right.
\end{array}
\tag{1.8}
$$

最大化の対象となる関数 $c_1x_1 + c_2x_2 + \cdots + c_nx_n$ を**目的関数** (objective function) と呼ぶ．もし最小化が目的ならば最小化と書く．目的関数を -1 倍すれば，最大化問題は最小化問題として，最小化問題は最大化問題として扱えるので，最大化と最小化に本質的な違いはない．条件という言葉の代わりに**制約条件** という言葉もしばしば使われる．「与えられた有限個の線形等式」とか「与えられた線形関数」とあるように，線形等式（不等式）や線形関数を具体的に決める係数，c_j, α_{ij}, b_i, β_{ij}, u_i, γ_{ij}, l_i はすでに値が決定されている実数，つまり実定数である．これに対し $x_j (j = 1, 2, \ldots, n)$ はいろいろな値をとりうる実変数である．

線形計画法 (linear programming) とは，線形計画問題に対して，数学的な性質を解析すること，答えを見つけ出すアルゴリズムの設計，計算機への実装，現実問題への応用などを総称している．

式 (1.8) で表される一般形の LP は，理論の説明やアルゴリズムの記述などで不都合を生じるので，以下 2 つの特殊な形の LP を導入する．なお呼び名についてはテキストによって様々である．本書は最適化全般に関するテキスト[65]に従った．

[不等式標準形]

条件がすべて "≤" 向きの不等式で表され，変数の非負条件を加えた形の最大化の LP を**不等式標準形** (standard form of inequalities) と呼ぶ．数式で表すと以下のようになる．

$$\left|\begin{array}{ll} \text{最大化} & c_1x_1 + c_2x_2 + \cdots + c_nx_n \\ \text{条　件} & \left\{\begin{array}{l} a_{11}x_1 + a_{12}x_2 + \cdots + a_{1n}x_n \leq b_1 \\ \qquad\vdots \\ a_{m1}x_1 + a_{m2}x_2 + \cdots + a_{mn}x_n \leq b_m \end{array}\right. \\ & (x_1, x_2, \ldots, x_n \geq 0) \end{array}\right. \tag{1.9}$$

条件 $x_1, x_2, \ldots, x_n \geq 0$ は $x_1 \geq 0, x_2 \geq 0, \ldots, x_n \geq 0$ の意味であり，これを変数の**非負条件** (non-negativity conditions) という．

[等式標準形]

制約条件がすべて線形等式で表され，さらに各変数 $x_1, x_2, \ldots, x_n$ に非負条件を加えた以下の形の LP を**等式標準形** (standard form of equalities) と呼ぶ．数式で表すと以下のようになる．

$$\left|\begin{array}{ll} \text{最大化} & c_1x_1 + c_2x_2 + \cdots + c_nx_n \\ \text{条　件} & \left\{\begin{array}{l} a_{11}x_1 + a_{12}x_2 + \cdots + a_{1n}x_n = b_1 \\ \qquad\vdots \\ a_{m1}x_1 + a_{m2}x_2 + \cdots + a_{mn}x_n = b_m \end{array}\right. \\ & (x_1, x_2, \ldots, x_n \geq 0) \end{array}\right. \tag{1.10}$$

LP の形として，まず最初に一般形，次に特殊形として，不等式標準形と等式標準形の LP を導入したが，実はこれらの LP は 変数の個数や制約条件式の個数をあまり変化させずにお互いの形へと変換することができる．このことを以下に示す．

[一般形から不等式標準形へ]

まず一般形から不等式標準形への変換を考えよう．一般形の LP における条件 1 で表される等式制約

$$\alpha_{i1}x_1 + \alpha_{i2}x_2 + \cdots + \alpha_{in}x_n = b_i \quad (i = 1, 2, \ldots, m)$$

は，以下の 2 つの不等式制約からなると考えられる．

$$\alpha_{i1}x_1 + \alpha_{i2}x_2 + \cdots + \alpha_{in}x_n \leq b_i \quad (i = 1, 2, \ldots, m)$$
$$\alpha_{i1}x_1 + \alpha_{i2}x_2 + \cdots + \alpha_{in}x_n \geq b_i \quad (i = 1, 2, \ldots, m)$$

不等式の向き $\geq$ は，2 番目の不等式の両辺に -1 を掛けることによって $\leq$ の向きに統一することができる．非負条件のない変数 x_j を**自由変数** (free variable) というが，自由変数 x_j については 2 つの**人工変数** (artificial variable) $x_j^+ \geq 0$ と $x_j^- \geq 0$ を用い

$$x_j = x_j^+ - x_j^- \quad (x_j^+ \geq 0,\ x_j^- \geq 0)$$

と分解して表現することが可能である．これらの式を $\leq$ の向きに統一された不等式に代入することによって，一般形の LP は，変数の個数はたかだか 2 倍，制約条件式の個数もたかだか 2 倍の変化で不等式標準形の LP に変換することが可能である．

[不等式標準形から等式標準形へ]

次に不等式標準形の LP から等式標準形の LP への変換を考える．不等式標準形 LP の不等式制約

$$\begin{cases} a_{11}x_1 + \ a_{12}x_2 + \cdots + \ a_{1n}x_n \leq \ b_1 \\ \qquad\qquad \vdots \\ a_{m1}x_1 + a_{m2}x_2 + \cdots + a_{mn}x_n \leq b_m \end{cases}$$

を考えよう．これらの m 個の不等式は，m 個の非負の変数 $x_{n+i} \geq 0$ $(i = 1, 2, \ldots, m)$ を導入することにより，すぐさま等式制約に変換可能である．

$$\begin{cases} a_{11}x_1 + a_{12}x_2 + \cdots + a_{1n}x_n + x_{n+1} & = b_1 \\ \qquad\qquad \vdots \qquad\qquad\qquad \cdots & \\ a_{m1}x_1 + a_{m2}x_2 + \cdots + a_{mn}x_n \qquad + x_{n+m} & = b_m \end{cases}$$

よって不等式標準形の問題は，制約式の個数は変化せず，変数の個数は元々の問題の制約式の個数分だけの増加で等式標準形へ変換可能であることがわかる．なお，このような不等式のギャップを吸収する役目の非負の変数 $x_{n+i} \geq 0$ $(i = 1, 2, \ldots, m)$ は，**スラック変数** (slack variable) と呼ばれる．

[等式標準形や不等式標準形から一般形へ]

等式標準形や不等式標準形は一般形の特殊ケースである．

[LP の行列表現]

不等式標準形，等式標準形の LP はさらに，行列とベクトルを用いて次のように，よりコンパクトに表現される．

$$\text{不等式標準形}\ \left|\ \begin{array}{ll} \text{最大化} & \boldsymbol{c}^\top \boldsymbol{x} \\ \text{条　件} & \boldsymbol{A}\boldsymbol{x} \leq \boldsymbol{b} \quad (\boldsymbol{x} \geq \boldsymbol{0}) \end{array}\right. \tag{1.11}$$

$$\text{等式標準形}\ \left|\ \begin{array}{ll} \text{最大化} & \boldsymbol{c}^\top \boldsymbol{x} \\ \text{条　件} & \boldsymbol{A}\boldsymbol{x} = \boldsymbol{b} \quad (\boldsymbol{x} \geq \boldsymbol{0}) \end{array}\right. \tag{1.12}$$

ただし

$$\boldsymbol{c} = \begin{bmatrix} c_1 \\ \vdots \\ c_n \end{bmatrix}, \quad \boldsymbol{x} = \begin{bmatrix} x_1 \\ \vdots \\ x_n \end{bmatrix}, \quad \boldsymbol{b} = \begin{bmatrix} b_1 \\ \vdots \\ b_m \end{bmatrix}, \quad \boldsymbol{A} = \begin{bmatrix} a_{11} & \ldots & a_{1n} \\ \vdots & \ddots & \vdots \\ a_{m1} & \ldots & a_{mn} \end{bmatrix}$$

である．

以上，一般形，不等式標準形，等式標準形の LP の形とその互換性について説明した．今後の理論やアルゴリズムの説明は，どの形の LP を対象にしても同様な議論が成り立つので，適宜説明しやすい形の LP を採用することとする．

● 1.3 ● 作図による解法と概観 ●

この節では，線形計画問題がどのような性質の問題なのかを概観する．そのために以下の 2 変数の LP を作図により解いてみる．一般に，低次元の問題の作図による直感的な理解は非常に便利であるが，しばしば思い込みによる大きな誤解を生じる可能性があるので，つねに注意が必要である．

次の具体的な 2 変数，3 制約条件式の不等式標準形の LP を考えよう．

$$
\begin{array}{|ll}
\text{最大化} & 2x_1 + x_2 \\
\text{条　件} & \begin{cases} x_1 + 2x_2 \leq 10 \\ x_1 + \ \ x_2 \leq \ \ 6 \\ 3x_1 + \ \ x_2 \leq 12 \end{cases} \\
& (x_1, x_2 \geq 0)
\end{array}
$$

例えば $(x_1, x_2) = (1, 1)$．これを制約条件の不等式に代入してみるとすべて満足することがわかる．条件部分をすべて満たすものを**実行可能解**あるいは**許容解** (feasible solution) という．実行可能解をすべて集めた集合を**実行可能領域**とか**実行可能集合** (feasible region) という．上の問題は 2 変数であるので，実行可能領域を (x_1, x_2) 平面に図示することができる．

不等式条件すべてを満たす実行可能領域の形を一気に求めるのは大変なので，変数の非負条件，つまり (x_1, x_2) 平面の第 1 象限に不等式を 1 つずつ加えていくことを考えよう．

まず第 1 象限に 1 番目の不等式を加えた次の領域を求めてみる．

$$
\begin{cases} x_1 + 2x_2 \leq 10 \\ x_1 \qquad\ \ \geq \ 0 \\ \qquad\ \ x_2 \geq \ 0 \end{cases} \tag{1.13}
$$

原点の座標 $(x_1, x_2) = (0, 0)$ を 1 番目の不等式に代入すると $0 + 2 \times 0 \leq 10$ と成り立つので原点は実行可能解である．さらに x_1 切片，x_2 切片も簡単に計算でき，上の不等式を表す領域は図 1.4(a) のように三角形になる．頂点の座標はそれぞれ

$$\mathrm{P}_0:(0,0),\quad \mathrm{P}_1:(10,0),\quad \mathrm{P}_2:(0,5)$$

である．

次に制約条件 (1.13) に 2 番目の不等式 $x_1+x_2\leq 6$ を加えた実行可能領域を考える．

$$\begin{cases} x_1+2x_2\leq 10 \\ x_1+\ \ x_2\leq\ 6 \\ x_1 \qquad\ \ \geq\ 0 \\ \qquad\ \ x_2\geq\ 0 \end{cases} \tag{1.14}$$

$\mathrm{P}_0, \mathrm{P}_1, \mathrm{P}_2$ の座標が加えた不等式を満たすかどうか，代入して確かめてみる．

$$\mathrm{P}_0:0+0=0\leq 6,\qquad \mathrm{P}_1:10+0\not\leq 6,\qquad \mathrm{P}_2:0+5\leq 6$$

であるので，P_1 のみ不等式 $x_1+x_2\leq 6$ を満たさず，式 (1.13) の領域から外れることがわかる．制約式 (1.14) を満たす領域は図 1.4(b) のような四角形になる．頂点の座標を計算し直しておくと，反時計回りに

$$\mathrm{P}_0:(0,0),\quad \mathrm{P}_1:(6,0),\quad \mathrm{P}_2:(2,4),\quad \mathrm{P}_3:(0,5)$$

となる．座標 (2,4) を求めるとき連立 1 次方程式の解を計算しなければならないが，変数の個数が少ない場合，クラメルの公式（付録を参照）を覚えておくと便利である．

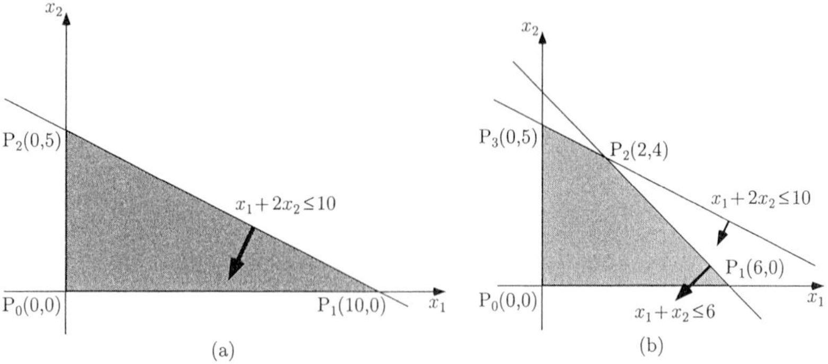

図 1.4 制約条件 (1.13) と (1.14) を満たす領域

最後に不等式 (1.14) に 3 番目の不等式を加えた

$$\begin{cases} x_1 + 2x_2 \leq 10 \\ x_1 + \ \ x_2 \leq \ 6 \\ 3x_1 + \ \ x_2 \leq 12 \\ x_1 \qquad\quad \geq \ 0 \\ \qquad\quad x_2 \geq \ 0 \end{cases} \tag{1.15}$$

を考えよう．先ほどと同様に $P_0 \sim P_3$ の座標が新たに加えた不等式を満足するかどうかチェックすると

$$P_0 : 3 \times 0 + 0 = 0 \leq 12, \quad P_1 : 3 \times 6 + 0 = 18 \not\leq 12,$$
$$P_2 : 3 \times 2 + 4 = 10 \leq 12, \quad P_3 : 0 \times 2 + 5 = 10 \leq 12$$

であるので，P_1 のみ実行可能領域から外れる．制約条件 (1.15) を表す領域は，図 1.5(a) の五角形となる．頂点の座標は反時計回りに

$$P_0 : (0,0), \quad P_1 : (4,0), \quad P_2 : (3,3), \quad P_3 : (2,4), \quad P_4 : (0,5)$$

である．

さて最適解はどこにあるだろうか？　実行可能領域の図に目的関数の値を少しずつ変えて目的関数の等高線を描いてみると図 1.5(b) の破線で表される．実行可能領域の境界部分で最大が達成されることが推測される．実際，最終的に

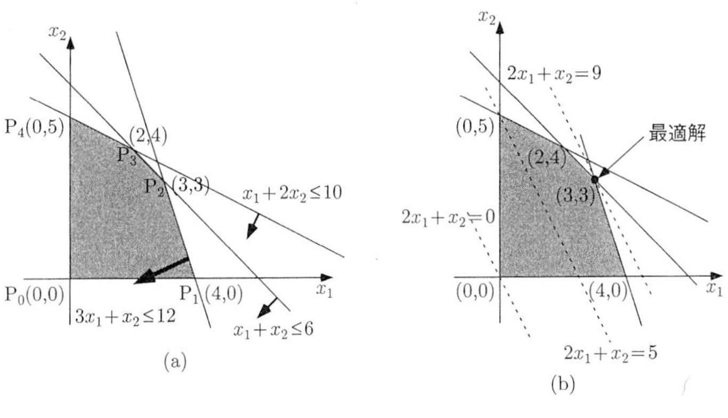

図 **1.5**　制約条件 (1.15) を満たす領域と最適解

得られた実行可能領域の各頂点に対する目的関数の値は

$$\begin{array}{ccccc} \mathrm{P}_0 : (0,0) & \mathrm{P}_1 : (4,0) & \mathrm{P}_2 : (3,3) & \mathrm{P}_3 : (2,4) & \mathrm{P}_4 : (0,5) \\ 0 & 8 & 9 & 8 & 5 \end{array}$$

となり，P_2 の場合に最大となっている．実行可能解で目的関数を最大にする解を **最適解** (optimal solution) という．図 1.5 の (b) より $\mathrm{P}_2 : (3,3)$ が最適解である．

以上のように変数が 2 つあるいは 3 つで，不等式条件の数が少なければ，実行可能領域を平面あるいは空間に図示し，すべての頂点を列挙することによって最適解を求めることが可能である．このような方法をここでは作図による解法と呼ぼう．

さて「どんな LP でも最適解を求めることが可能か？」ということを考えてみよう．これに答えるには，次の 2 つの 2 変数の LP を考えてみればよい．

例 1.4

$$\text{(P 1)}\left|\begin{array}{ll} \text{最大化} & x_1 + x_2 \\ \text{条　件} & \begin{cases} x_1 - x_2 \leq -1 \\ -x_1 + x_2 \leq -1 \end{cases} \\ & (x_1, x_2 \geq 0) \end{array}\right. \qquad \text{(P 2)}\left|\begin{array}{ll} \text{最大化} & x_1 + x_2 \\ \text{条　件} & \begin{cases} -2x_1 + x_2 \leq 2 \\ x_1 - 2x_2 \leq 2 \end{cases} \\ & (x_1, x_2 \geq 0) \end{array}\right. \tag{1.16}$$

上の問題の実行可能領域を (x_1, x_2) 平面に描くと，図 1.6 のようになる．問題 (P 1) では条件の不等式部分を満たす領域は存在しない（図 1.6(a)）．つまり実行可能領域が空集合になっている．このような LP を **実行不可能** (infeasible) であるという．(P 2) では条件の不等式部分を満たす領域は灰色の部分であり，右上に向かって開いている（図 1.6(b)）．これに目的関数 $x_1 + x_2$ の等高線を描いてみると，その開いた方向にいくらでも大きくできることがわかる．このような LP を **非有界な** (unbounded) LP という．以上のように目的関数や行列の係数を決めれば，最適解を持たないような LP が作れるのである．

ではどのような線形計画問題もこの 3 種類，つまり (i) 最適解を持つ，(ii) 非有界である，(iii) 実行不可能である，のどれかであるとしてよいか？　次の例をみてみよう．

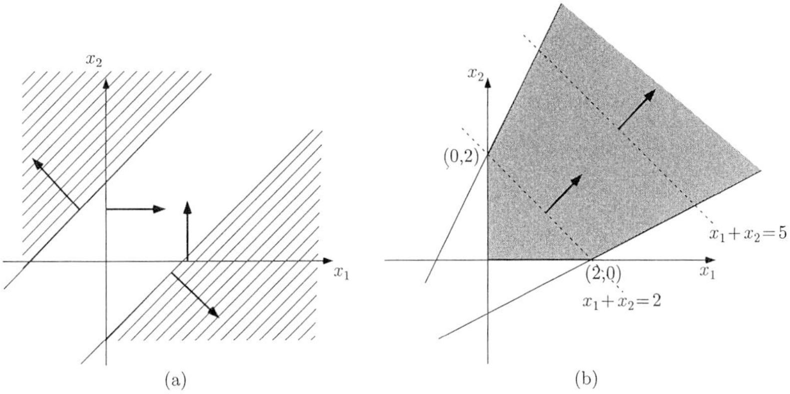

図 **1.6** 実行不可能な LP と 非有界な LP

$$
\left|
\begin{array}{ll}
\text{最大化} & -\dfrac{1}{x} \\
\text{条　件} & x \geq 1
\end{array}
\right.
\tag{1.17}
$$

問題 (1.17) は明らかに実行可能解を持つ．$x \geq 1$ に対し $-\frac{1}{x} \leq 0$ であり目的関数値は有界である．さらに任意の $1 \leq x < x'$ に対し $-\frac{1}{x} < -\frac{1}{x'}$ なので目的関数を最大にする解，最適解は存在しない．このように問題を線形計画問題に限定しなければ上の (i)，(ii)，(iii) 以外もありうるのである．

第 2 章では上述のような素朴な疑問に目を向ける形で双対性理論を展開する．最大化の線形計画問題 (P) が与えられたとき，目的関数値の上界値を最小化する問題として双対問題を導入し，元の問題 (P) と双対問題 (D) の関係として，弱双対定理，双対定理，基本定理，相補性定理等を紹介する．基本定理は，任意の線形計画問題は (i) 最適解を持つ，(ii) 非有界である，(iii) 実行不可能である，のいずれかに分類できることを示すものである．双対定理は，元々の問題を解くことと，双対問題を解くことは等価なことであることを示すものである．相補性定理は最適解の必要十分条件を与える．この章を読み進めていくと，線形計画問題を解くということはどのような解を求めればよいのか，理解が深まるはずである．

第 3 章では，線形計画問題の数値解法であるシンプレックス法 について述べる．シンプレックス法が各繰り返しで行っている基本演算は線形等式の同値変形である．このことが一目でわかるように，アルゴリズムの記述には辞書と呼ばれる等式系を用いた．3.1 節でアルゴリズムの説明をし，残りの節で，シンプレックス法の欠点と回避方法，様々なバリエーション，さらに幾何学的性質等について触れている．

第 4 章は内点法に関する章である．3.5 節で学ぶように線形計画問題の実行可能領域は多面体を形成する．シンプレックス法はその多面体の縁に位置する頂点をたどっていく手法であるのに対し，内点法は文字通り内部に点列を生成する．内点法にも様々なバリエーションがあるが，本書で扱う内点法は，実行可能領域の内部に存在する非線形のパスを追跡するという，主双対パス追跡法である．シンプレックス法は，最悪の場合，問題の規模を示す変数の数の指数回の繰り返しを要してしまうが，主双対パス追跡法は，多項式時間の解法であり，理論的に効率のよい手法とされている．

第 5 章では線形相補性問題を取り上げる．線形相補性問題とは，線形計画問題や凸 2 次計画問題を特殊ケースとして持つ，より一般的な問題である．線形計画問題での双対性やアルゴリズムも無理なく拡張可能であることを示す．線形相補性問題は，入力行列により解きやすさが異なってくる．入力行列の判別に関しても述べる．

この章の最後に線形計画法の歴史的背景について少しふれておこう．なお線形計画法に関連する研究成果のうち特に注目すべきものを表 1.2 にまとめた．

ご存じの通り，線形計画問題とシンプレックス法を考案し，この世に誕生させたのは，Stanford 大学の George B. Dantzig (ダンツィック) 教授 (1947 年) である．1940 年代，Dantzig はアメリカ空軍に所属し，戦闘機の最適配置に代表される様々な計画問題の数理モデル化と解法の研究に従事していた．それらの計画問題は， Leontief や Kantorovich，Koopmans らの経済学での先行研究を土台にして，Dantzig によってその本質を見抜かれ，現在採用されている，1 つの目的関数が明確に与えられているシンプルな形の線形計画問題にモデル化された．発明直後の 1947 年 9 月に，Dantzig はゲーム理論[55]の創始者として有名な von Neumann (フォン・ノイマン) に，できたての線形計画問題とシンプレックス法を携えて学術的な議論を挑んだ．線形計画問題とシンプレックス法の幾何学的な解説をしている Dantzig に対し von Neumann は，「それだ!」と叫んで，その後の 1 時間半にかけて，線形計画問題の数学的な理論を熱烈に

表 1.2　線形計画法の歴史

経済・産業	線 形 計 画	数　学
		不等式理論 Fourier (1923) Gordan (1873)
産業連関分析 Leontief (1936)		Farkas (1902) Motzkin (1936)
		ゲームの理論 von Neumann & Morgenstern (1944)
	シンプレックス法 **Dantzig (1947)**	
経済モデル Koopmans(1948)	双対理論 von Neumann (1947)	
(ノーベル賞 Koopmans Kantorovich (1975) 資源の最適配分)	Bland のルール Bland (1977) 有向マトロイドによる 組合せ抽象化 (1977〜) 多項式アルゴリズム Khachian (1979) Karmarkar (1984) 内点法 (1984〜)	

展開したそうである．Dantzig は，そこで初めて Farkas の二者択一の定理と双対性について学んだと語っている．

線形計画問題は，発案当初は線形構造下の計画問題 (programming in a linear structure) と呼ばれていたが，後にノーベル賞をとった Koopmans のアドバイスにより現在の線形計画 (linear programming) と命名されたらしい．線形計画問題がどのような背景で発案され，シンプレックス法がどのような経緯で発明されたかの詳しいバックグラウンドについては，Dantzig による "Linear programming: The story about how it began"[15] や，Dantzig による線形計画法初のテキスト[14]を参照されたい．

Dantzig による偉大な発明をきっかけにその後多くの分野の研究者がこの線形計画問題やシンプレックス法の応用，新解法の研究に精力を注いだ．計算の複雑さの理論からいうと，シンプレックス法は必ずしも効率のよいアルゴリズムとはいえない．最悪の場合には問題の変数の数 n に関する指数回（2^n 回）の総繰り返しを必要としてしまうからである（3.5 節参照）．いわゆる組合せ的爆発を引き起こし，$n = 20$ 程度でも解くことが困難となる．これに対し最悪の計算量が問題を入力するのに必要なビット数の多項式で押さえられる場合，そのアルゴリズムは多項式時間のアルゴリズムと呼ばれ，効率がよいものとされる．線形計画問題に対する世界初の多項式時間のアルゴリズムは，Khachian（ハチアン）による楕円体法[30]（1979）である．Khachian は問題のサイズというものを初めて厳密に定義し，楕円体法が問題のサイズの多項式で押さえられることを示した．しかしながらこのアルゴリズムは理論的には優れていたが数値的な不安定を引き起こし，実用性には乏しいものである．理論的にも実用的にも効率のよい，線形計画問題に対する世界初のアルゴリズムは Karmarkar による俗に Karmarkar 法と呼ばれるものである[29]．シンプレックス法は，多面体を構成する実行可能な領域のへりである多面体の頂点をたどる．それに対し Karmarkar 法は，多面体の内部に点列を生成し，最適解にたどりつく手法である．これを理由に内点法と呼ばれている．Karmarkar 法の発明を機に，様々な内点法のバリエーションが提案され，理論的にも実用的にも効率がよい手法であることが次々と証明されていった．

線形計画問題とシンプレックス法は，発明後，すぐさま他の数理計画問題に応用された．成果が顕著に現れているものの 1 つとして，本書の第 5 章で取り上げる線形相補性問題 (linear complementarity problem) がある．線形相補性問題は，その特殊ケースとして，線形計画問題や凸 2 次計画問題，さらには特殊なゲームの均衡解を求める問題をも含む数理計画問題である．シンプレックス法をベースに，凸 2 次計画問題の解法は Cottle[8] (1968) によって，線形相補性問題の解法は Cottle-Dantzig[10] (1968) によって開発された．Lemke[43] や Lemke-Howson[44] (1964,1965) らによって，シンプレックス法ベースの相補掃出し法が開発されたのもこの時期である．線形相補性問題に関しては，その後 1970 年代，Murty[51, 52, 53] によって，主に，シンプレックス法ベースの解法に関する独特の研究がなされている．これらの詳細はテキスト[11,54] 等を参照されたい．

演習問題

1-1　運送会社 T はある製品の，工場から小売店への輸送を請け負っている．工場は 1, 2 の 2 カ所，小売店は A, B, C の 3 カ所あり，工場 1, 2 では毎日それぞれ 20, 30 単位の製品を作っており，それらはすべて小売店のどこかに運び出されなければならない．小売店 A, B, C では毎日それぞれ 15, 10, 25 単位の製品が売れていき，それらはすべて工場から補充されなければならない（図 1.7(a) 参照）．工場 i $(=1,2)$ から小売店 j (=A,B,C) への製品 1 単位あたりの輸送費が図 1.7(b) で与えられているとき，輸送費の合計を最小にするには，どのような輸送計画をたてたらよいか？　線形計画問題として定式化せよ．

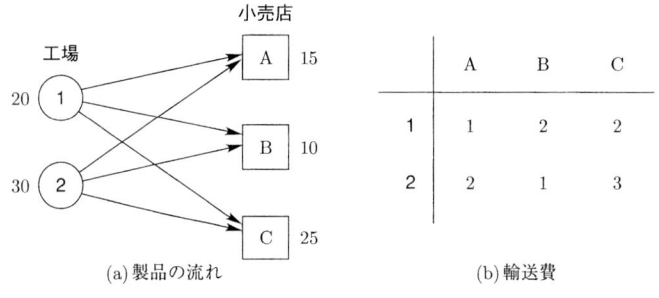

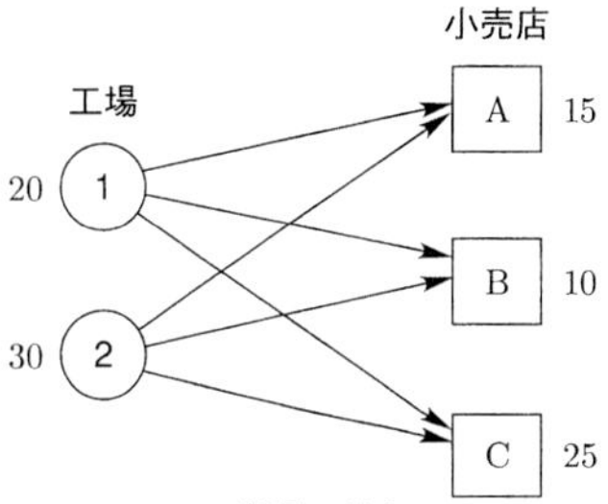

(a) 製品の流れ

	A	B	C
1	1	2	2
2	2	1	3

(b) 輸送費

図 **1.7**　輸送問題

1-2　次の数理計画問題は，例 1.3 の直線の当てはめ問題において，残差ベクトルの無限大ノルムを最小化する問題である．これを線形計画問題に変換せよ．

$$\left|\begin{array}{ll} \text{最小化} & \max\{|\varepsilon_i| : i=1,2,\ldots,10\} \\ \text{条　件} & \varepsilon_i = Y_i - aX_i - b \quad (i=1,2,\ldots,10) \end{array}\right. \tag{1.18}$$

1-3　以下の線形計画問題（例 1.1 の生産計画問題）を 1.3 節の作図による方法で解け．

$$
\left|\begin{array}{ll}
\text{最大化} & 2x_1 + 3x_2 + 2x_3 \\
\text{条　件} & \begin{cases} x_1 + \ \ x_2 + 2x_3 \le 24 \\ 3x_1 + \ \ x_2 \qquad\ \ \le 16 \\ \qquad 2x_2 + \ \ x_3 \le 12 \end{cases} \\
 & (x_1, x_2, x_3 \ge 0)
\end{array}\right.
$$

1-4 $\boldsymbol{c} \in \mathbb{R}^n, \boldsymbol{A} \in \mathbb{R}^{m\times n}, \boldsymbol{b} \in \mathbb{R}^n, \boldsymbol{l} \in \mathbb{R}^m, \boldsymbol{u} \in \mathbb{R}^n$, $\boldsymbol{x} \in \mathbb{R}^n$ とする．以下の線形計画問題を等式標準形の問題に変換せよ．

$$
\left|\begin{array}{ll}
\text{最大化} & \boldsymbol{c}^\top \boldsymbol{x} \\
\text{条　件} & \boldsymbol{A}\boldsymbol{x} = \boldsymbol{b} \quad (\boldsymbol{l} \le \boldsymbol{x} \le \boldsymbol{u})
\end{array}\right.
$$

2 双対性理論

線形計画法の理論面の中核である双対性理論，特に双対定理，相補性定理，基本定理について述べる．まず 2.1 節で双対問題を導入し，2.2 節で元々の問題と双対問題の関係である双対定理，相補性定理，基本定理等，諸々の定理について解説する．2.3 節ではこれらの諸定理を二者択一の定理を用いて証明する．

●2.1● 双対問題 ●

双対問題を導入するために，第 1 章で導入した次の生産計画問題を取り上げよう．

$$
\begin{array}{|ll}
\text{最大化} & 2x_1 + 3x_2 + 2x_3 \\
\text{条　件} & \begin{cases} x_1 + x_2 + 2x_3 \leq 24 \\ 3x_1 + x_2 \leq 16 \\ 2x_2 + x_3 \leq 12 \end{cases} \\
 & (x_1, x_2, x_3 \geq 0)
\end{array}
\tag{2.1}
$$

この問題において，解 $(x_1, x_2, x_3) = (2, 3, 4)$ は制約条件をすべて満足するので実行可能解であることがわかる．この実行可能解 $(x_1, x_2, x_3) = (2, 3, 4)$ に対応する目的関数値は，代入し計算すると 21 となる．ということは，もしこの問題に最適解があるとすれば，その最適解に対応する目的関数値，**最適値** (optimal value) は 21 以上である．このことを，「21 は最適値の下界である」という．では逆に上界はどのくらいになるのであろうか？　それを知るために，次のような操作をしてみる．式 (2.1) の 3 つの不等式をそれぞれ，2, 1, 1 倍して加える．

$$
\begin{array}{rrrrl}
2 \times (& x_1 + & x_2 + & 2x_3 & \leq 24\ ) \\
1 \times (& 3x_1 + & x_2 & & \leq 16\ ) \\
+\ 1 \times (& & 2x_2 + & x_3 & \leq 12\ ) \\
\hline
& 5x_1 + & 5x_2 + & 5x_3 & \leq 76
\end{array}
$$

新たな不等式 $5x_1+5x_2+5x_3 \leq 76$ が得られた．この不等式と，各変数 x_1, x_2, x_3 がそれぞれ非負であることから次の不等式

$$
目的関数値 = 2x_1 + 3x_2 + 2x_3 \leq 5x_1 + 5x_2 + 5x_3 \leq 76
$$

を得る．この不等式から，もし最適解があれば最適値は 76 以下であること，つまり目的関数値の 1 つの上界 76 が計算されたわけである．

上の例では不等式をそれぞれ 2, 1, 1 倍したわけだが，より一般的に $y_1, y_2, y_3 (\geq 0)$ 倍した場合を考えよう．つまり

$$
\begin{array}{rrrrl}
y_1 \times (& x_1 + & x_2 + & 2x_3 & \leq 24\ ) \\
y_2 \times (& 3x_1 + & x_2 & & \leq 16\ ) \\
+\ y_3 \times (& & 2x_2 + & x_3 & \leq 12\ ) \\
\hline
\end{array}
$$

$$
(y_1 + 3y_2)x_1 + (y_1 + y_2 + 2y_3)x_2 + (2y_1 + y_3)x_3 \leq 24y_1 + 16y_2 + 12y_3
$$

を考える．この場合は先ほどの例とは異なり単純に上界が求まるわけではない．しかしながら，各変数 x_1, x_2, x_3 の係数について以下の不等式

$$
\begin{array}{rrrl}
y_1 + & 3y_2 & & \geq 2 \\
y_1 + & y_2 + & 2y_3 & \geq 3 \\
2y_1 & + & y_3 & \geq 2
\end{array}
$$

が成り立てば

$$
\begin{aligned}
2x_1 + 3x_2 + 2x_3 &\leq (y_1 + 3y_2)x_1 + (y_1 + y_2 + 2y_3)x_2 + (2y_1 + y_3)x_3 \\
&\leq 24y_1 + 16y_2 + 12y_3
\end{aligned}
$$

が成り立ち，$24y_1 + 16y_2 + 12y_3$ は目的関数値の上界となりうる．

さてここで，目的関数値の上界を最小化する問題を考えよう．この問題は，以下のような最小化の LP となる．

$$
\left|\begin{array}{ll}
\text{最小化} & 24y_1 + 16y_2 + 12y_3 \\
\text{条　件} & \begin{cases} y_1 + 3y_2 \geq 2 \\ y_1 + y_2 + 2y_3 \geq 3 \\ 2y_1 + y_3 \geq 2 \end{cases} \\
& (y_1, y_2, y_3 \geq 0)
\end{array}\right. \tag{2.2}
$$

このように最大化 LP の目的関数値の上界を最小化する問題を，**双対問題** (dual problem) という．まったく同様の議論で，不等式標準形最大化の LP

$$
\left|\begin{array}{ll}
\text{最大化} & c_1x_1 + c_2x_2 + \cdots + c_nx_n \\
\text{条　件} & \begin{cases} a_{11}x_1 + a_{12}x_2 + \cdots a_{1n}x_n \leq b_1 \\ a_{21}x_1 + a_{22}x_2 + \cdots a_{2n}x_n \leq b_2 \\ \quad\vdots \qquad\qquad\qquad \vdots \\ a_{m1}x_1 + a_{m2}x_2 + \cdots a_{mn}x_n \leq b_m \end{cases} \\
& (x_1, x_2, \ldots, x_n \geq 0)
\end{array}\right.
$$

の双対問題は，最小化の LP

$$
\left|\begin{array}{ll}
\text{最小化} & b_1y_1 + b_2y_2 + \cdots + b_my_m \\
\text{条　件} & \begin{cases} a_{11}y_1 + a_{21}y_2 + \cdots a_{m1}y_m \geq c_1 \\ a_{12}y_1 + a_{22}y_2 + \cdots a_{m2}y_m \geq c_2 \\ \quad\vdots \qquad\qquad\qquad \vdots \\ a_{1n}y_1 + a_{2n}y_2 + \cdots a_{mn}y_m \geq c_n \end{cases} \\
& (y_1, y_2, \ldots, y_m \geq 0)
\end{array}\right. \tag{2.3}
$$

となる．制約条件を作る不等式の係数 a_{ij} の並びが縦横逆転することに注意しよう．

双対問題を意識した LP は，**主問題** (primal problem) と呼ばれ，双対問題と対で扱われる．以下は不等式標準形の主問題と双対問題のペアの行列–ベクトル表現である．

$$
\text{(P)}\left|\begin{array}{ll}
\text{最大化} & \boldsymbol{c}^\top \boldsymbol{x} \\
\text{条　件} & \boldsymbol{A}\boldsymbol{x} \leq \boldsymbol{b} \quad (\boldsymbol{x} \geq \boldsymbol{0})
\end{array}\right.
\qquad
\text{(D)}\left|\begin{array}{ll}
\text{最小化} & \boldsymbol{b}^\top \boldsymbol{y} \\
\text{条　件} & \boldsymbol{A}^\top \boldsymbol{y} \geq \boldsymbol{c} \quad (\boldsymbol{y} \geq \boldsymbol{0})
\end{array}\right.
$$

等式標準形最大化の LP の主問題 (P) と双対問題 (D) の対は以下のようになる（双対問題の変数に非負条件がないことに注意）.

(P) | 最大化 $\boldsymbol{c}^\top \boldsymbol{x}$ / 条　件 $\boldsymbol{A}\boldsymbol{x} = \boldsymbol{b} \quad (\boldsymbol{x} \geq \boldsymbol{0})$

(D) | 最小化 $\boldsymbol{b}^\top \boldsymbol{y}$ / 条　件 $\boldsymbol{A}^\top \boldsymbol{y} \geq \boldsymbol{c}$

[双対問題の双対問題は主問題]

双対問題 (D) 自身の双対問題はどんな問題となるか？　次の性質が成り立つ.

性質 2.1　不等式標準形最大化問題を (P)，その双対問題を (D) とする. (D) の双対問題は (P) 自身である.

証明

(D) | 最小化 $\boldsymbol{b}^\top \boldsymbol{y}$ / 条　件 $\boldsymbol{A}^\top \boldsymbol{y} \geq \boldsymbol{c} \quad (\boldsymbol{y} \geq \boldsymbol{0})$

この問題は，簡単な操作により以下の不等式標準形の最大化問題に変形できる.

(D) | 最大化 $-\boldsymbol{b}^\top \boldsymbol{y}$ / 条　件 $-\boldsymbol{A}^\top \boldsymbol{y} \leq -\boldsymbol{c} \quad (\boldsymbol{y} \geq \boldsymbol{0})$

上記の LP は不等式標準形の LP であるので，前述した方法と同様にその双対問題 (D′) を次のように求めることができる.

(D′) | 最小化 $-\boldsymbol{c}^\top \boldsymbol{x}'$ / 条　件 $(-\boldsymbol{A}^\top)^\top \boldsymbol{x}' \geq -\boldsymbol{b} \quad (\boldsymbol{x}' \geq \boldsymbol{0})$

整理して書くと，この問題は

(D′) | 最大化 $\boldsymbol{c}^\top \boldsymbol{x}'$ / 条　件 $\boldsymbol{A}\boldsymbol{x}' \leq \boldsymbol{b} \quad (\boldsymbol{x}' \geq \boldsymbol{0})$

となり，主問題 (P) と同じ形をしていることがわかる. ■

もちろんこの性質は，等式標準形の LP についても成り立つ.

● 2.2 ● 諸々の定理 ●

前の節では，最大化の LP の上界を最小化する問題（双対問題）が LP になることを示し，双対問題の双対問題は元の問題になるということを示した．このことは次の図式で表される．

(P)				(D)		
	最大化	$\boldsymbol{c}^\top \boldsymbol{x}$	双対化 $\Rightarrow$		最小化	$\boldsymbol{b}^\top \boldsymbol{y}$
	条　件	$\boldsymbol{A}\boldsymbol{x} \le \boldsymbol{b}$			条　件	$\boldsymbol{A}^\top \boldsymbol{y} \ge \boldsymbol{c}$
		$(\boldsymbol{x} \ge \boldsymbol{0})$	$\Leftarrow$ 双対化			$(\boldsymbol{y} \ge \boldsymbol{0})$

この節で紹介する双対性理論の諸定理は，上の問題 (P) と (D) の関係を述べたものである．それらの関係をよく吟味すると，「LP を解くとはどういうことか？」がより詳しく見えてくる．なお，紹介する定理のうちの 2 つについては，証明が長くなり説明のテンポが悪くなるので，定理の内容のみ紹介する．証明は次の 2.3 節で別に行う．

問題 (P)，(D) の実行可能解の集合を

$$X = \{\boldsymbol{x} \in \mathbb{R}^n | \boldsymbol{A}\boldsymbol{x} \le \boldsymbol{b},\ \boldsymbol{x} \ge \boldsymbol{0}\}$$
$$Y = \{\boldsymbol{y} \in \mathbb{R}^m | \boldsymbol{A}^\top \boldsymbol{y} \ge \boldsymbol{c},\ \boldsymbol{y} \ge \boldsymbol{0}\}$$

としよう．

定義 2.1（実行可能） $X \neq \emptyset$ のとき，問題 (P) は**実行可能** (feasible) であるという．同様に $Y \neq \emptyset$ のとき，問題 (D) は実行可能であるという．

定義 2.2（実行不可能） $X = \emptyset$ のとき，問題 (P) は**実行不可能** (infeasible) であるという．同様に $Y = \emptyset$ のとき，問題 (P) は実行不可能であるという．

LP を具体的に決めるための行列 $\boldsymbol{A}$ やベクトル $\boldsymbol{c}, \boldsymbol{b}$ がどんなものであれ (P) は，(a) 実行可能である，(b) 実行不可能である，のどちらか一方であることは

明確であろう．同様に (D) も，(a′) 実行可能である，(b′) 実行不可能である，のいずれかである．したがって，まず (P) と (D) の関係を考えるには，次の 4 つのケースを考えるのが自然な流れである．

(i) (P) も (D) も実行可能である，つまり $X \neq \emptyset$ かつ $Y \neq \emptyset$ の場合

(ii) (P) は 実行可能であるが (D) は実行不可能，つまり $X \neq \emptyset$ かつ $Y = \emptyset$ の場合

(ii′) (P) は実行不可能であるが (D) は実行可能，つまり $X = \emptyset$ かつ $Y \neq \emptyset$ の場合

(iii) (P) も (D) も実行不可能である，つまり $X = \emptyset$ かつ $Y = \emptyset$ の場合

ただし (ii) と (ii′) は (P) と (D) を入れ替えれば同じ条件なので，本質的には 3 通りである．以下では (i) の場合から順に (P) と (D) にどんなことが起こっているのかを説明していこう．

[(i) の場合]

主問題 (P) と双対問題 (D) それぞれが実行可能であるとき，それら実行可能解に対する目的関数値の大小関係を示す性質が，次に挙げる**弱双対定理** (weak duality theorem) と呼ばれるものである．

定理 2.1（弱双対定理） (P) と (D) が実行可能であるとし，$\boldsymbol{x} \in X$, $\boldsymbol{y} \in Y$ とする．次の不等式がつねに成り立つ．

$$\boldsymbol{c}^\top \boldsymbol{x} \leq \boldsymbol{y}^\top \boldsymbol{b}$$

証明 双対問題の定義と $\boldsymbol{x}, \boldsymbol{y}$ がそれぞれの実行可能解であることから

$$\boldsymbol{b}^\top \boldsymbol{y} = \boldsymbol{y}^\top \boldsymbol{b} \geq \boldsymbol{y}^\top \boldsymbol{A}\boldsymbol{x} = (\boldsymbol{A}^\top \boldsymbol{y})^\top \boldsymbol{x} \geq \boldsymbol{c}^\top \boldsymbol{x}$$

となる． ■

双対問題の作り方で説明したように，双対問題とは「最適値の上界を最小化する問題」であるので，むしろ弱双対定理が成り立つように双対問題を作ったと考えられる．弱双対定理の主張は，もし主問題と双対問題の両方に実行可能解があれば，最適解がありそうで，その際の最適値がある程度推測できるということである．ここで最適解の定義をきちんとしておこう．

定義 2.3（**最適解**） $\boldsymbol{x}^* \in X$ が，任意の $\boldsymbol{x} \in X$ に対し $\boldsymbol{c}^\top \boldsymbol{x}^* \geq \boldsymbol{c}^\top \boldsymbol{x}$ を満たすとき，$\boldsymbol{x}^*$ を最大化問題 (P) の**最適解** (optimal solution) という．同様に，$\boldsymbol{y}^* \in Y$ が，任意の $\boldsymbol{y} \in Y$ に対し $\boldsymbol{b}^\top \boldsymbol{y} \geq \boldsymbol{b}^\top \boldsymbol{y}^*$ を満たすとき，$\boldsymbol{y}^*$ を最小化問題 (D) の最適解という．

最適解について以下の性質が成り立つ．

性質 2.2（**最適解の凸性**） $\boldsymbol{x}^*, \boldsymbol{x}^{**}$ を (P) の異なる 2 つの最適解とする．$\boldsymbol{x}^*$ と $\boldsymbol{x}^{**}$ の凸結合も最適解である．

証明 $\boldsymbol{x}^*, \boldsymbol{x}^{**}$ ともに最適解であるので最適値を $x_f^* = \boldsymbol{c}^\top \boldsymbol{x}^* = \boldsymbol{c}^\top \boldsymbol{x}^{**}$ とする．$\lambda \in [0, 1]$ に対し $\boldsymbol{x}(\lambda) := \lambda \boldsymbol{x}^* + (1 - \lambda)\boldsymbol{x}^{**}$ とすれば，$\boldsymbol{c}^\top \boldsymbol{x}(\lambda) = \lambda \boldsymbol{c}^\top \boldsymbol{x}^* + (1 - \lambda)\boldsymbol{c}^\top \boldsymbol{x}^{**} = x_f^*$ となり，題意は示せた． ■

弱双対定理（定理 2.1）より，$\boldsymbol{x}, \boldsymbol{y}$ がそれぞれ (P)，(D) の最適解であるための十分条件が容易に導かれる．

系 2.1 $\boldsymbol{x}, \boldsymbol{y}$ をそれぞれ (P)，(D) の実行可能解とする．このとき

$$\boldsymbol{c}^\top \boldsymbol{x} = \boldsymbol{b}^\top \boldsymbol{y}$$

ならば，$\boldsymbol{x}, \boldsymbol{y}$ はそれぞれ (P)，(D) の最適解である．

証明 $\boldsymbol{x}, \boldsymbol{y}$ はそれぞれ (P)，(D) の実行可能解であるから，弱双対定理より

$$\boldsymbol{c}^\top \boldsymbol{x} \leq \boldsymbol{b}^\top \boldsymbol{y}$$

が成り立つ．

$$\boldsymbol{c}^\top \boldsymbol{x} \leq \boldsymbol{b}^\top \boldsymbol{y} = \boldsymbol{c}^\top \boldsymbol{x}$$

より，$\boldsymbol{c}^\top \boldsymbol{x}$ を上回る (P) の実行可能解は存在せず，また $\boldsymbol{b}^\top \boldsymbol{y}$ を下回る (D) の実行可能解は存在しない．ゆえに $\boldsymbol{x}, \boldsymbol{y}$ はそれぞれ (P)，(D) の最適解である．

■

上の系 2.1 は，偶然にも目的関数値が一致するような (P) と (D) の実行可能

解が見つかった場合，それらがそれぞれの最適解であるということを主張している．

系 2.1 の逆はどうなのだろうか？ つまり，(P) と (D) がそれぞれ実行可能解を持つならば，最適解が存在し，最適値が一致するのだろうか？ 答えは Yes である．そのことを主張するのが次に紹介する**双対定理** (duality theorem) と呼ばれる定理である．証明は次の節で行う．

> **定理 2.2**（双対定理） (P) と (D) のどちらも実行可能ならば，(P), (D) のいずれも最適解を持ち最適値は一致する．

[(ii) あるいは (ii′) の場合]

議論を進める前に問題が非有界であるという性質を導入しよう．

> **定義 2.4**（非有界な問題） 任意の実数 M に対し，$\boldsymbol{c}^\top \boldsymbol{x} > M$ となる $\boldsymbol{x} \in X$ が存在するとき，最大化問題 (P) は**非有界** (unbounded) であるという．同様に，任意の実数 M に対し，$\boldsymbol{b}^\top \boldsymbol{y} < M$ となる $\boldsymbol{y} \in Y$ が存在するとき，最小化問題 (D) は非有界であるという．

問題 (P) と (D) のどちらか一方が実行可能で，他方が実行不可能であるときどんなことが起きるか？ それを示すのが以下の定理である．この定理の証明も次の節で行う．

> **定理 2.3** (P) が実行可能で (D) が実行不可能ならば，(P) は非有界である．同様に，(P) が実行不可能で (D) が実行可能ならば，(D) は非有界である．

(P) が実行可能であるという仮定のもとで (D) が実行可能ならば，双対定理（定理 2.2）より (P), (D) いずれも必ず最適解を持つ．実行可能と実行不可能は相反する性質なので，定理 2.3 は，次のように言い換えることができる．次の定理を LP の**基本定理** (fundamental theorem) と呼ぶ．

> **定理 2.4**（基本定理） (P) が実行可能でかつ，最適解を持たないならば，

(P) は非有界である．同様に (D) が実行可能でかつ，最適解を持たないならば，(D) は非有界である．

定理 2.3 の逆の主張が成り立つことは，弱双対定理（定理 2.1）より容易に確かめられる．

系 2.2 (P) が非有界ならば (D) は実行不可能であり，(D) が非有界ならば (P) は実行不可能である．

証明　前者の証明．(P) が非有界でかつ (D) が実行可能であると仮定し矛盾を導く．(D) の実行可能解を $\boldsymbol{y}^0$ とする．(P) の任意の実行可能解 $\boldsymbol{x}$ に対して弱双対定理より

$$\boldsymbol{c}^\top \boldsymbol{x} \le \boldsymbol{b}^\top \boldsymbol{y}^0 < \infty$$

が成り立ち，これは (P) の目的関数値が有界であることを意味する．よって矛盾である．後者についても同様に確かめられる．■

[**(iii)** の場合]

(P) と (D) が両方とも実行不可能である場合．この場合は何も起こらない，というよりはそもそも (P), (D) 両方とも最適解の候補となる実行可能解が存在しないので，議論しても仕方ないということである．強いていうなら，そもそもこのようなことが起こりうるのか？というのが疑問だが，起こりうるということが次の例で確かめられる．

例 2.1

$$\text{(P)}\left|\begin{array}{ll} \text{最大化} & x_1 + x_2 \\ \text{条　件} & \begin{cases} -x_1 + x_2 \le -1 \\ \quad x_1 - x_2 \le -1 \end{cases} \\ & (x_1 \ge 0, x_2 \ge 0) \end{array}\right. \qquad \text{(D)}\left|\begin{array}{ll} \text{最小化} & -y_1 - y_2 \\ \text{条　件} & \begin{cases} -y_1 + y_2 \ge 1 \\ \quad y_1 - y_2 \ge 1 \end{cases} \\ & (y_1 \ge 0, y_2 \ge 0) \end{array}\right.$$

上の問題 (P) およびその双対問題 (D) は同じ問題であることが簡単に確かめられる．一般に，双対問題と主問題が同じであるような問題を**自己双対** (self-

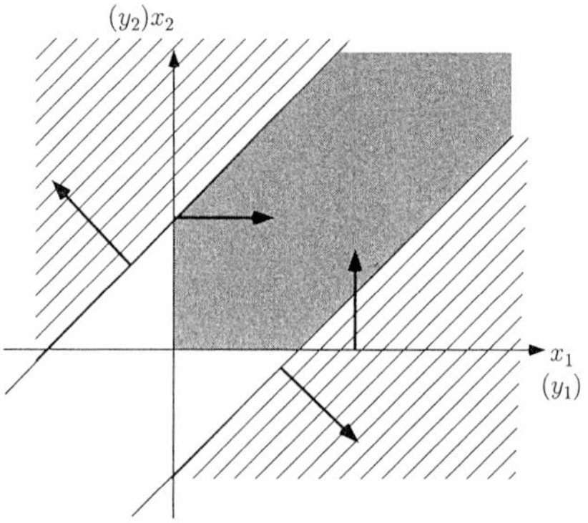

図 2.1　(P), (D) ともに実行不可能である例の条件領域

表 2.1　(P) と (D) の状態表

		(D) の性質	
		実行可能 ($Y \neq \emptyset$)	実行不可能 ($Y = \emptyset$)
(P) の性質	実行可能 ($X \neq \emptyset$)	(P): 最適解を持つ (D): 最適解を持つ	(P): 非有界 (D): 実行不可能
	実行不可能 ($X = \emptyset$)	(P): 実行不可能 (D): 非有界	(P): 実行不可能 (D): 実行不可能

dual) な問題という．図 2.1 に (P), (D) の不等式条件を描いてみた．実行不可能であることがただちにわかる．

ここまでの議論を表 2.1 にまとめる．今度はこれらの性質を「LP を解く」という観点から見てみよう．「LP を解く」とはどういうことか？具体的に何をすればよいのか？を考えてみる．

LP の基本定理（定理 2.4）では，実行可能な LP は最適解を持たないならば非有界であるといっている．つまりこれは，任意の LP は（LP を具体的に決める $\boldsymbol{c}$, $\boldsymbol{A}$, $\boldsymbol{b}$ がどんなものであれ）次の 3 つの状態になるということである．次の定理を LP の基本定理といってもよい．

定理 2.5　任意の線形計画問題 (P) は，次の 3 つのいずれか 1 つの性質を持つ．

(i)　最適解を持つ

(ii)　非有界である

(iii) 実行不可能である

LP として特徴的なのは，1.3 節で導入した問題 (1.17) のような，最適解を持たず有界で実行可能な問題は存在しないということである．つまり「LP (P) を解く」ということは入力された係数行列 $\boldsymbol{A}$，コストベクトル $\boldsymbol{c}$，定数項ベクトル $\boldsymbol{b}$ に対して，(i) (P) が最適解を持つ，(ii) (P) は非有界である，(iii) (P) は実行不可能である，のいずれかの証拠を出力すればよいということである．実際，第 3 章で紹介する 2 段階シンプレックス法は，有限回の繰り返しの後，この (i), (ii), (iii) のいずれかの証拠を出力して終了する．

双対定理（定理 2.2），基本定理（定理 2.4），系 2.1 を考え合わせると次の定理が得られる．

定理 2.6（強双対定理） 問題 (P) が最適解を持つための必要十分条件は，問題 (D) が最適解を持つことである．

「LP を解く」=「最適解を求める」と解釈すれば，(P) が解けることと (D) が解けることは等価であるという主張である．実際，第 4 章で紹介する内点法では，主問題 (P) の実行可能解 $\boldsymbol{x}$ と双対問題 (D) の実行可能解 $\boldsymbol{y}$ を持ち，$\boldsymbol{b}^\top\boldsymbol{y}-\boldsymbol{c}^\top\boldsymbol{x}$ が 0 になるまで（0 に十分近づくまで）繰り返すという方法である．このように主問題と双対問題を同時に解く方法を一般的に**主双対法**と呼ぶ．主双対法を念頭におくと，LP の基本定理を次のように書き換えておくのがより自然であろう．

定理 2.7 任意の線形計画問題の主・双対ペア (P), (D) に対して，次のいずれか一方かつ一方のみが必ず成り立つ．

(i) (P) も (D) も最適解を持つ

(ii) (P) が実行不可能であるか，(D) が実行不可能である

(ii) の場合，(P) が実行不可能であることと (D) が実行不可能であることが同時に成り立つことがあるというのは例 2.1 で示した．

最後に，(P) の実行可能解 $\boldsymbol{x}$ とその双対問題 (D) の実行可能解 $\boldsymbol{y}$ がそれ

ぞれの最適解であるための必要十分条件である**相補性定理** (complementarity theorem) を説明しよう．

定理 2.8 (**相補性定理**)　不等式標準形の LP (P) の実行可能解 $\boldsymbol{x}^*$ とその双対問題 (D) の実行可能解を $\boldsymbol{y}^*$ とする．$(\boldsymbol{x}^*, \boldsymbol{y}^*)$ がそれぞれ (P) と (D) の最適解であるための必要十分条件は

$$\begin{aligned} x_j^* \cdot (\boldsymbol{A}^\top \boldsymbol{y}^* - \boldsymbol{c})_j = 0 \quad (j = 1, 2, \ldots, n) \\ y_i^* \cdot (\boldsymbol{b} - \boldsymbol{A}\boldsymbol{x}^*)_i = 0 \quad (i = 1, 2, \ldots, m) \end{aligned} \tag{2.4}$$

となることである．

証明　双対定理と系 2.1 より，$\boldsymbol{x}^*$, $\boldsymbol{y}^*$ がそれぞれ (P) と (D) の最適解となるための必要十分条件は，$\boldsymbol{c}^\top \boldsymbol{x}^* = \boldsymbol{b}^\top \boldsymbol{y}^*$ である．よって次の式が成り立つ．

$$\begin{aligned} 0 &= \boldsymbol{b}^\top \boldsymbol{y}^* - \boldsymbol{c}^\top \boldsymbol{x}^* \\ &= \boldsymbol{y}^{*\top}(\boldsymbol{b} - \boldsymbol{A}\boldsymbol{x}^*) + \boldsymbol{x}^{*\top}(\boldsymbol{A}^\top \boldsymbol{y}^* - \boldsymbol{c}) \end{aligned} \tag{2.5}$$

一方，$\boldsymbol{x}^*, \boldsymbol{y}^*$ はそれぞれ (P), (D) の実行可能解であることから，$\boldsymbol{y}^* \geq \boldsymbol{0}$, $\boldsymbol{b} - \boldsymbol{A}\boldsymbol{x}^* \geq \boldsymbol{0}$, $\boldsymbol{x}^* \geq \boldsymbol{0}$, $\boldsymbol{A}^\top \boldsymbol{y}^* - \boldsymbol{c} \geq \boldsymbol{0}$ が成り立つ．この条件のもとでは，式 (2.5) は

$$\begin{aligned} \boldsymbol{y}^{*\top}(\boldsymbol{b} - \boldsymbol{A}\boldsymbol{x}^*) = 0 \\ \boldsymbol{x}^{*\top}(\boldsymbol{A}^\top \boldsymbol{y}^* - \boldsymbol{c}) = 0 \end{aligned}$$

と等価である．ベクトル $\boldsymbol{y}^*$, $(\boldsymbol{b} - \boldsymbol{A}\boldsymbol{x}^*)$, $\boldsymbol{x}^*$, $(\boldsymbol{A}^\top \boldsymbol{y}^* - \boldsymbol{c})$ はすべて非負ベクトルであるので，上の式は

$$\begin{aligned} x_j^* \cdot (\boldsymbol{A}^\top \boldsymbol{y}^* - \boldsymbol{c})_j = 0 \quad (j = 1, 2, \ldots, n) \\ y_i^* \cdot (\boldsymbol{b} - \boldsymbol{A}\boldsymbol{x}^*)_i = 0 \quad (i = 1, 2, \ldots, m) \end{aligned}$$

と等価である．■

なお式 (2.4) は，**相補スラック条件** (complementary slackness condition) と呼ばれる．

LP の最適解の必要十分条件が明らかにされたので，最適解を求めるためのアルゴリズムの設計の１つのコンセプトが推測できる．つまり，アルゴリズム

としては，(i) $\boldsymbol{x}$ は主問題 (P) の実行可能解である，(ii) $\boldsymbol{y}$ は双対問題 (D) の実行可能解である，(iii) $\boldsymbol{x}$ と $\boldsymbol{y}$ は相補スラック条件を満たす，この3つの条件を満たすベクトル $\boldsymbol{x}, \boldsymbol{y}$ を求めればよい．

相補性定理を以下のスラック変数 $\boldsymbol{z} \in \mathbb{R}^m$, $\boldsymbol{w} \in \mathbb{R}^n$ も考慮に入れた不等式標準形の LP の双対ペアで考えてみよう．

$$
\text{(P)}\left|\begin{array}{ll} \text{最大化} & \boldsymbol{c}^\top \boldsymbol{x} \\ \text{条　件} & \boldsymbol{A}\boldsymbol{x} + \boldsymbol{z} = \boldsymbol{b} \\ & (\boldsymbol{x} \geq \boldsymbol{0}, \boldsymbol{z} \geq 0) \end{array}\right.
\qquad
\text{(D)}\left|\begin{array}{ll} \text{最小化} & \boldsymbol{b}^\top \boldsymbol{y} \\ \text{条　件} & \boldsymbol{A}^\top \boldsymbol{y} - \boldsymbol{w} = \boldsymbol{c} \\ & (\boldsymbol{y} \geq \boldsymbol{0}, \boldsymbol{w} \geq \boldsymbol{0}) \end{array}\right.
\tag{2.6}
$$

(P) の実行可能解 $(\boldsymbol{x}^*, \boldsymbol{w}^*)$，(D) の実行可能解 $(\boldsymbol{y}^*, \boldsymbol{z}^*)$ がそれぞれ最適解であるための必要十分条件は

$$
\begin{aligned}
x_j^* \cdot w_j^* &= 0 \ \ (j = 1, 2, \ldots, n) \\
y_i^* \cdot z_i^* &= 0 \ \ (i = 1, 2, \ldots, m)
\end{aligned}
$$

である．つまり，x_j^* と w_j^* のどちらかが必ず 0 となり，y_i^* と z_i^* のどちらか一方が必ず 0 となるという意味である．もちろん両方 0 でもよい．次の簡単な例で考えてみよう．

例 2.2

$$
\text{(P)}\left|\begin{array}{ll} \text{最大化} & x_1 + x_2 \\ \text{条　件} & \begin{cases} x_1 + x_2 \leq 1 \\ x_1 \qquad\ \ \leq 1 \end{cases} \\ & (x_1, x_2 \geq 0) \end{array}\right.
\qquad
\text{(D)}\left|\begin{array}{ll} \text{最小化} & y_1 + y_2 \\ \text{条　件} & \begin{cases} y_1 + y_2 \geq 1 \\ y_1 \qquad\ \ \geq 1 \end{cases} \\ & (y_1, y_2 \geq 0) \end{array}\right.
$$

(P) の実行可能解 $(x_1^*, x_2^*) = (1, 0)$ と (D) の実行可能解 $(y_1^*, y_2^*) = (1, 0)$ についてスラック変数を考慮すると，$(x_1^*, x_2^*, z_1^*, z_2^*) = (1, 0, 0, 0)$, $(w_1^*, w_2^*, y_1^*, y_2^*) = (0, 0, 1, 0)$ となり，相補性条件を満たす．よって，それぞれ最適解である．ただし，x_2^* と w_2^* の両方が 0，z_2^* と y_2^* の両方が 0 になっている．

次の強相補性定理は，上の例に見た“両方が 0”になる場合は排除し，“どちらか一方が必ず正で他方は 0”となるような最適解のペアの存在を保証する．

定理 2.9（強相補性定理）　式 (2.6) での問題 (P), (D) がそれぞれ実行可

能解を持つならば, 以下の式を満たす (P), (D) の最適解 $(\boldsymbol{x}^*, \boldsymbol{z}^*)$, $(\boldsymbol{y}^*, \boldsymbol{w}^*)$ が存在する.

$$\begin{cases} x_j^* + w_j^* > 0 & (j = 1, 2, \ldots, n) \\ y_j^* + z_j^* > 0 & (i = 1, 2, \ldots, m) \end{cases} \tag{2.7}$$

証明　双対定理と相補性定理より, (P), (D) が最適解を持ち, それらが相補性条件を満たすことはすでにわかっている. X^* を (P) の最適解の集合, Y^* を (D) の最適解の集合としよう. $(\boldsymbol{x}^*, \boldsymbol{z}^*)$ を X^* から, $(\boldsymbol{y}^*, \boldsymbol{w}^*)$ を Y^* から 1 つずつ選ぶ. 各 j に対して, もし $x_j^* > 0$ ならば $w_j^* = 0$ であり, 式を満たす. $x_j^* = 0$ のとき, 次の 2 つの場合を考える.

$(\boldsymbol{x}^*, \boldsymbol{z}^*)$ の他に $x'_j > 0$ となる最適解 $(\boldsymbol{x}', \boldsymbol{w}') \in X^*$ が存在する場合：$(\boldsymbol{x}^*, \boldsymbol{z}^*)$ と $(\boldsymbol{x}', \boldsymbol{z}')$ の凸結合をとり, それを新たに $(\boldsymbol{x}^*, \boldsymbol{z}^*)$ とすれば, つまり $(\boldsymbol{x}^*, \boldsymbol{z}^*) := \lambda(\boldsymbol{x}^*, \boldsymbol{z}^*) + (1-\lambda)(\boldsymbol{x}', \boldsymbol{z}')$ $(\lambda \in (0,1))$ とすれば, $x_j^* > 0$ を満たすようになる. 性質 2.2 より, $(\boldsymbol{x}^*, \boldsymbol{z}^*)$ も最適解である. なお, このようにできる場合は, $w_j^* = 0$ であることが相補性定理により保証されている.

$x'_j > 0$ となる最適解 $(\boldsymbol{x}', \boldsymbol{w}') \in X^*$ が存在しない場合：以下の方法で, $w_j^* > 0$ となるような (D) の最適解 $(\boldsymbol{y}^*, \boldsymbol{w}^*)$ を作り出そう.

(P), (D) の最適値（一致する）を δ^* とし, 次の LP のペアを考えよう.

(P′)	最大化	x_j	(D′)	最小化	$\boldsymbol{b}^\top \boldsymbol{y} - \delta^* t$
	条　件	$\boldsymbol{A}\boldsymbol{x} + \boldsymbol{z} = \boldsymbol{b}$		条　件	$\boldsymbol{A}^\top \boldsymbol{y} - \boldsymbol{c}t - \boldsymbol{w} = \boldsymbol{e}_j$
		$\boldsymbol{c}^\top \boldsymbol{x} \geq \delta^*$			$(\boldsymbol{y} \geq \boldsymbol{0}, \boldsymbol{w} \geq \boldsymbol{0}, t \geq 0)$
		$(\boldsymbol{x} \geq \boldsymbol{0}, \boldsymbol{z} \geq 0)$			

ここで, $\boldsymbol{e}_j$ は j 番目の成分だけが 1 でその他は 0 の n 次元ベクトルである. (P′) の実行可能解の集合は X^* であることに注意しよう. よって, (P′) の最適値は 0 である. 強双対定理（定理 2.6）より, (D′) も最適解を持ち最適値は 0 になる. (D′) の最適解を $(\boldsymbol{y}', \boldsymbol{w}', t')$ とする. 次の 2 つの場合を考えよう.

$t' = 0$ の場合：最適値が 0 であるので $\boldsymbol{b}^\top \boldsymbol{y}' = 0$ である. $(\boldsymbol{y}^*, \boldsymbol{w}^*) \in Y^*$ と $(\boldsymbol{y}', \boldsymbol{w}' + \boldsymbol{e}_j)$ のベクトルとしての和 $(\boldsymbol{y}^* + \boldsymbol{y}', \boldsymbol{w}^* + \boldsymbol{y}' + \boldsymbol{e}_j)$ を考えると

$$\boldsymbol{A}^\top(\boldsymbol{y}^* + \boldsymbol{y}'') - (\boldsymbol{w}^* + \boldsymbol{w}' + \boldsymbol{e}_j) = (\boldsymbol{A}^\top \boldsymbol{y}^* - \boldsymbol{w}^*) + (\boldsymbol{A}^\top \boldsymbol{y}' - \boldsymbol{w}' - \boldsymbol{e}_j)$$
$$= \boldsymbol{c}$$

であるので, $(\boldsymbol{y}^*+\boldsymbol{y}', \boldsymbol{w}^*+\boldsymbol{y}'+\boldsymbol{e}_j)$ は (D) の実行可能解である．さらに $\boldsymbol{b}^\top\boldsymbol{y}' = 0$ より, $(\boldsymbol{y}^* + \boldsymbol{y}', \boldsymbol{w}^* + \boldsymbol{w}' + \boldsymbol{e}_j)$ は (D) の最適解でもある．$\boldsymbol{w}^* + \boldsymbol{w}' + \boldsymbol{e}_j$ の j 成分は, $w_j^* + w_j' + 1 \geq 1 > 0$ であり，強相補性を満たしている.

$t' > 0$ の場合：最適値が 0 であるので, $\boldsymbol{b}'^\top\boldsymbol{y}' - t'\delta^* = 0$ つまり $\delta^* = \frac{1}{t'}\boldsymbol{b}^\top\boldsymbol{y}'$ が成り立つ．ベクトル $\frac{1}{t'}(\boldsymbol{y}', \boldsymbol{w}'+\boldsymbol{e}_j)$ を考える．$\frac{1}{t'}(\boldsymbol{A}\boldsymbol{y}'-\boldsymbol{w}'-\boldsymbol{e}_j) = \frac{1}{t'}\cdot t'\boldsymbol{c} = \boldsymbol{c}$ なので，これは (D) の実行可能解である．$(\boldsymbol{y}^*, \boldsymbol{w}^*)$ と $\frac{1}{t'}(\boldsymbol{y}', \boldsymbol{w}' + \boldsymbol{e}_j)$ の凸結合，つまり $(\lambda\boldsymbol{y}^* + (1-\lambda)\boldsymbol{y}', \lambda\boldsymbol{w}^* + (1-\lambda)(\boldsymbol{w}' + \boldsymbol{e}_j))$ $(\lambda \in (0,1))$ もまた (D) の実行可能解であり，目的関数に関しては

$$\boldsymbol{b}^\top \left\{ \lambda\boldsymbol{y}^* + (1-\lambda)\frac{1}{t'}\boldsymbol{y}' \right\} = \lambda\delta^* + (1-\lambda)\delta^* = \delta^*$$

なので (D) の最適解であることがわかる．$\lambda w_j^* + (1-\lambda)(w_j'+1) > 0$ $(0 < \lambda < 1)$ より強相補性も満たされる.

$\boldsymbol{z}^*$ についても同様の手順で，強相補性を満たす $\boldsymbol{z}, \boldsymbol{y}$ が求められる． ■

● 2.3 ● 定理の証明 ●

この節では，前の節で残した双対定理と基本定理の証明を行う．証明のための道具として，線形不等式理論で有名な **Farkas の二者択一の定理** (Farkas's alternative theorem) を用いる．まず Farkas の二者択一の定理を紹介し，それを用いて双対定理と基本定理を証明する．さらに Farkas の二者択一の定理自体を証明するという流れである.

定理 2.10 (**Farkas の二者択一の定理**[16])　$\boldsymbol{A}$ を $m \times n$ 実行列，$\boldsymbol{b}$ を m 次元実定数ベクトルとする．次の 2 つの解集合のいずれか一方かつ一方のみが非空である.

$$X_F(\boldsymbol{A}, \boldsymbol{b}) := \{\boldsymbol{x} \in \mathbb{R}^n | \boldsymbol{A}\boldsymbol{x} = \boldsymbol{b}, \boldsymbol{x} \geq \boldsymbol{0}\}$$
$$Y_F(\boldsymbol{A}, \boldsymbol{b}) := \{\boldsymbol{y} \in \mathbb{R}^m | \boldsymbol{A}^\top\boldsymbol{y} \geq \boldsymbol{0}, \boldsymbol{b}^\top\boldsymbol{y} < 0\}$$

以下の簡単な例で Farkas の二者択一の定理が幾何学的にどのような意味を持つか見てみよう．

例 2.3 $\boldsymbol{A} \in \mathbb{R}^{2\times 3}$ を

$$\boldsymbol{A} = \begin{bmatrix} 2 & 1 & -1 \\ 1 & 2 & 1 \end{bmatrix}$$

とする．行列 $\boldsymbol{A}$ は 3 列の列ベクトルからなる行列である．1 列目, 2 列目, 3 列目のベクトルをそれぞれ $\boldsymbol{A}_1, \boldsymbol{A}_2, \boldsymbol{A}_3$ とし，平面上にベクトルとして表すと図 2.2 のようになる．

$$\boldsymbol{A}\boldsymbol{x} = \boldsymbol{b}\ (\boldsymbol{x} \geq \boldsymbol{0}) \iff x_1\boldsymbol{A}_1 + x_2\boldsymbol{A}_2 + x_3\boldsymbol{A}_3 = \boldsymbol{b}\ (x_1, x_2, x_3 \geq 0)$$

であるので，X_F が空でない，ということはベクトル $\boldsymbol{b}$ が $\boldsymbol{A}_1$, $\boldsymbol{A}_2$, $\boldsymbol{A}_3$ の非負結合で表せるということと等価である．よって

$$X_F\text{が空でない} \iff \boldsymbol{b}\text{が}\boldsymbol{A}_1, \boldsymbol{A}_2, \boldsymbol{A}_3\text{で形成される錘状の部分に含まれる}$$

となる（図 2.2 の (a)）．

Farkas の二者択一の定理は X_F が空のとき，つまり $\boldsymbol{b}$ が $\boldsymbol{A}_1$, $\boldsymbol{A}_2$, $\boldsymbol{A}_3$ で形成される錘の部分に含まれない場合（図 2.2 の (b)），$\boldsymbol{y} \in \mathbb{R}^2$, $\boldsymbol{A}_i^\top \boldsymbol{y} \geq 0\,(i = 1, 2, 3)$, $\boldsymbol{b}^\top \boldsymbol{y} < 0$ が必ず存在するといっている．$\boldsymbol{b}$ が $\boldsymbol{A}_1$, $\boldsymbol{A}_2$, $\boldsymbol{A}_3$ で形成される錘に含まれないので，原点を通り $\boldsymbol{b}$ とその錘を分離する直線（図 2.2 の (b) の破線）を引くことができる．その直線の法線ベクトルが $\boldsymbol{y}$ に対応する．

では Farkas の二者択一の定理を使って，双対定理と基本定理を証明しよう．以下のスラック変数 (z, w) を考慮した不等式標準形の問題を考える．

(P)	最大化	$\boldsymbol{c}^\top \boldsymbol{x}$	(D)	最小化	$\boldsymbol{b}^\top \boldsymbol{y}$
	条　件	$\boldsymbol{A}\boldsymbol{x} + \boldsymbol{z} = \boldsymbol{b}$		条　件	$\boldsymbol{A}^\top \boldsymbol{y} - \boldsymbol{w} = \boldsymbol{c}$
		$(\boldsymbol{x} \geq \boldsymbol{0}, \boldsymbol{z} \geq \boldsymbol{0})$			$(\boldsymbol{y} \geq \boldsymbol{0}, \boldsymbol{w} \geq \boldsymbol{0})$

定理 2.2′（双対定理） (P) と (D) のどちらも実行可能ならば，(P)，(D) のいずれも最適解を持ち最適値は一致する．

証明 問題 (P) と (D) のいずれも実行可能解を持つと仮定する．以下の不等

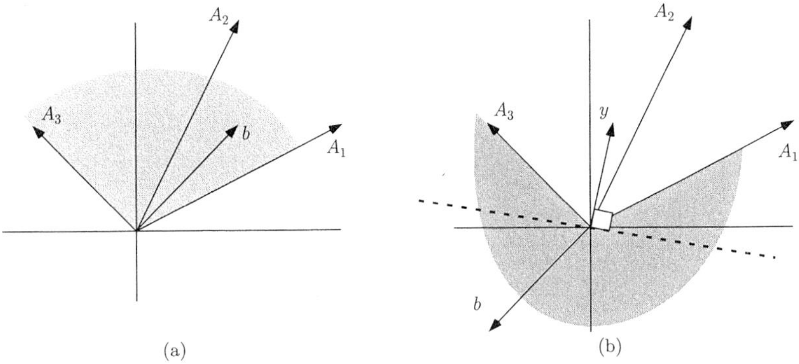

図 **2.2** X_F が空でない場合 (a) と Y_F が空でない場合 (b)

式系

$$X = \left\{ \begin{array}{l} \boldsymbol{x} \in \mathbb{R}^n, \ \ \boldsymbol{z} \in \mathbb{R}^m \\ \boldsymbol{y} \in \mathbb{R}^m, \ \ \boldsymbol{w} \in \mathbb{R}^n \end{array} \middle| \begin{array}{ll} \boldsymbol{A}\boldsymbol{x} + \boldsymbol{z} = \boldsymbol{b} & (\boldsymbol{x} \geq \boldsymbol{0}, \ \boldsymbol{z} \geq \boldsymbol{0}) \\ \boldsymbol{A}^\top \boldsymbol{y} - \boldsymbol{w} = \boldsymbol{c} & (\boldsymbol{y} \geq \boldsymbol{0}, \ \boldsymbol{w} \geq \boldsymbol{0}) \\ \boldsymbol{b}^\top \boldsymbol{y} \leq \boldsymbol{c}^\top \boldsymbol{x} & \end{array} \right\}$$

を考える．X が空でなく，解 $(\boldsymbol{x}, \boldsymbol{y})$ を持つならば，それらはそれぞれ (P)，(D) の実行可能解である．よって弱双対定理より，明らかに上の不等式形の最後の不等式 $\boldsymbol{c}^\top \boldsymbol{x} \geq \boldsymbol{b}^\top \boldsymbol{y}$ の部分は等式で満たされる．このとき $\boldsymbol{x}, \boldsymbol{y}$ はそれぞれ (P) と (D) の最適解であり最適値も一致する．

以下では (P) と (D) のいずれも実行可能解を持つにもかかわらず X が空であると仮定して矛盾を導く．X の不等式に対するスラック変数 s を導入し，不等式系を等式系 X_F に書き直すと

$$X_F = \left\{ \begin{array}{l} \boldsymbol{y} \in \mathbb{R}^m \\ \boldsymbol{x} \in \mathbb{R}^n \\ \boldsymbol{z} \in \mathbb{R}^m \\ \boldsymbol{w} \in \mathbb{R}^n \\ s \in \mathbb{R} \end{array} \middle| \begin{array}{c} \left[\begin{array}{c|c|c|c|c} \boldsymbol{O} & \boldsymbol{A} & \boldsymbol{I} & \boldsymbol{O} & \\ \hline -\boldsymbol{A}^\top & \boldsymbol{O} & & \boldsymbol{I} & \boldsymbol{0} \\ \hline \boldsymbol{b}^\top & -\boldsymbol{c}^\top & \boldsymbol{0}^\top & & 1 \end{array}\right] \begin{bmatrix} \boldsymbol{y} \\ \boldsymbol{x} \\ \boldsymbol{z} \\ \boldsymbol{w} \\ s \end{bmatrix} = \begin{bmatrix} \boldsymbol{b} \\ -\boldsymbol{c} \\ 0 \end{bmatrix} \\ (\boldsymbol{y}, \boldsymbol{x}, \boldsymbol{z}, \boldsymbol{w} \geq \boldsymbol{0}, \ s \geq 0) \end{array} \right\}$$

となる．ただし，$\boldsymbol{I}$ は適当なサイズの単位行列を表し，$\boldsymbol{O}$ は適当なサイズのゼロ行列を表す．Farkas の二者択一の定理より，X_F が空ならば次の線形不等式系

$$Y_F = \left\{ \begin{array}{l|l} \boldsymbol{u} \in \mathbb{R}^m & \boldsymbol{A}\boldsymbol{v} - t\boldsymbol{b} \leq \boldsymbol{0} \\ \boldsymbol{v} \in \mathbb{R}^n & \boldsymbol{A}^\top \boldsymbol{u} - t\boldsymbol{c} \geq \boldsymbol{0} \\ t \ \in \mathbb{R} & \boldsymbol{u} \geq \boldsymbol{0}, \boldsymbol{v} \geq \boldsymbol{0}, t \geq 0 \\ & \boldsymbol{b}^\top \boldsymbol{u} - \boldsymbol{c}^\top \boldsymbol{v} < 0 \end{array} \right\}$$

が解 $(\boldsymbol{u} \in \mathbb{R}^m, \boldsymbol{v} \in \mathbb{R}^n, t \in \mathbb{R})$ を持つ．

$t > 0$ のとき：$\boldsymbol{x} := \frac{1}{t}\boldsymbol{v}$, $\boldsymbol{z} := \boldsymbol{b} - \boldsymbol{A}(\frac{1}{t}\boldsymbol{v})$, $\boldsymbol{y} := \frac{1}{t}\boldsymbol{u}$, $\boldsymbol{w} := \boldsymbol{A}^\top(\frac{1}{t}\boldsymbol{u}) - \boldsymbol{c}$ とすれば，$(\boldsymbol{x}, \boldsymbol{z}), (\boldsymbol{y}, \boldsymbol{w})$ はそれぞれ (P), (D) の実行可能解となるが，$\boldsymbol{b}^\top \boldsymbol{y} - \boldsymbol{c}^\top \boldsymbol{x} = \frac{1}{t}(\boldsymbol{b}^\top \boldsymbol{u} - \boldsymbol{c}^\top \boldsymbol{v}) < 0$ となり弱双対定理に矛盾する．

$t = 0$ のとき：$\Delta \boldsymbol{z} := -\boldsymbol{A}\boldsymbol{v}$, $\Delta \boldsymbol{w} := \boldsymbol{A}^\top \boldsymbol{u}$ とすれば，$\boldsymbol{A}\boldsymbol{v} + \Delta \boldsymbol{z} = 0$, $\boldsymbol{A}^\top \boldsymbol{u} - \Delta \boldsymbol{w} = \boldsymbol{0}$, $\boldsymbol{v} \geq \boldsymbol{0}, \Delta \boldsymbol{z} \geq \boldsymbol{0}, \boldsymbol{u} \geq \boldsymbol{0}, \Delta \boldsymbol{w} \geq \boldsymbol{0}$ を満たす．(P), (D) の実行可能解 $(\boldsymbol{x}, \boldsymbol{z})$, $(\boldsymbol{y}, \boldsymbol{w})$ と $\alpha \in \mathbb{R}$ に対し

$$\boldsymbol{x}(\alpha) := \boldsymbol{x} + \alpha \boldsymbol{v}, \ \ \boldsymbol{z}(\alpha) := \boldsymbol{z} + \alpha \Delta \boldsymbol{z},$$
$$\boldsymbol{y}(\alpha) := \boldsymbol{y} + \alpha \boldsymbol{u}, \ \ \boldsymbol{w}(\alpha) := \boldsymbol{w} + \alpha \Delta \boldsymbol{w}$$

と定義すれば．$\alpha \geq 0$ ならば $(\boldsymbol{x}(\alpha), \boldsymbol{z}(\alpha)), (\boldsymbol{y}(\alpha), \boldsymbol{w}(\alpha))$ はそれぞれ (P), (D) の実行可能解となる．ここで目的関数値の大小を比べると

$$\boldsymbol{b}^\top \boldsymbol{y}(\alpha) - \boldsymbol{c}^\top \boldsymbol{x}(\alpha) = (\boldsymbol{b}^\top \boldsymbol{y} - \boldsymbol{c}^\top \boldsymbol{x}) + \alpha(\boldsymbol{b}^\top \boldsymbol{u} - \boldsymbol{c}^\top \boldsymbol{v})$$

となる．$\boldsymbol{b}^\top \boldsymbol{u} - \boldsymbol{c}^\top \boldsymbol{v} < 0$ なので α を十分大きくとれば，$\boldsymbol{b}^\top \boldsymbol{y}(\alpha) - \boldsymbol{c}^\top \boldsymbol{x}(\alpha) < 0$ となる．これは，弱双対定理に矛盾する．

以上で (P), (D) がともに実行可能解を持つとき，X_F が空になることはありえず，(P), (D) ともに最適解を持ち，最適値が一致することが示せた． ■

続いて基本定理を証明する．

定理 2.4′（基本定理） (P) が実行可能でかつ，最適解を持たないならば，(P) は非有界である．同様に (D) が実行可能でかつ，最適解を持たないならば，(D) は非有界である．

証明 (P) が実行可能とする．(D) も実行可能であるとすると双対定理より (P) は最適解を持ってしまうので，(D) は実行不可能である．(P) が実行可能で (D) は実行不可能のとき，(P) は非有界になることを示せばよい（定理 2.3).

(D) が実行不可能であることから

$$Y_F = \{\boldsymbol{y} \in \mathbb{R}^m, \boldsymbol{w} \in \mathbb{R}^n | \boldsymbol{A}^\top \boldsymbol{y} - \boldsymbol{w} = \boldsymbol{c}, \boldsymbol{y} \geq \boldsymbol{0}, \boldsymbol{w} \geq \boldsymbol{0}\} = \emptyset$$

である．Farkas の二者択一の定理より

$$X_F = \{\boldsymbol{x} \in \mathbb{R}^n | (\boldsymbol{A}^\top)^\top \boldsymbol{x} \geq \boldsymbol{0}, -\boldsymbol{I}\boldsymbol{x} \geq \boldsymbol{0}, \boldsymbol{c}^\top \boldsymbol{x} < 0\} \neq \emptyset$$

となる．$\boldsymbol{x} \in X_F$ を 1 つ選び，$\Delta\boldsymbol{x} := -\boldsymbol{x}$, $\Delta\boldsymbol{z} := -\boldsymbol{A}\Delta\boldsymbol{x}$ とすれば，$\boldsymbol{A}\Delta\boldsymbol{x} + \Delta\boldsymbol{z} = 0, \Delta\boldsymbol{x} \geq \boldsymbol{0}, \Delta\boldsymbol{z} \geq \boldsymbol{0}, \boldsymbol{c}^\top \Delta\boldsymbol{x} > 0$ を満たす．(P) の任意の実行可能解 $(\boldsymbol{x}, \boldsymbol{z})$ と $\alpha \in \mathbb{R}$ に対して

$$\boldsymbol{x}(\alpha) := \boldsymbol{x} + \alpha\Delta\boldsymbol{x}, \quad \boldsymbol{z}(\alpha) := \boldsymbol{z} + \alpha\Delta\boldsymbol{z}$$

とすれば，$\boldsymbol{x}(\alpha)$ は，$\alpha \geq 0$ ならば (P) の実行可能解となる．目的関数値は

$$\boldsymbol{c}^\top \boldsymbol{x}(\alpha) = \boldsymbol{c}^\top \boldsymbol{x} + \alpha \boldsymbol{c}^\top \Delta\boldsymbol{x}$$

と計算され，$\boldsymbol{c}^\top \Delta\boldsymbol{x} > 0$ なので，任意の $M \in \mathbb{R}$ に対し α を十分大きくとれば，$\boldsymbol{c}^\top \boldsymbol{x}(\alpha) > M$ となる．ゆえに (P) は非有界である． ■

最後に Farkas の二者択一の定理を証明しておこう．本書では，Farkas の二者択一の定理を特殊ケースとする，より一般的な二者択一の定理を証明する．証明方法は，なるべく他の知識を前提としない，ベクトルと行列の演算のみからなる帰納法を用いた．

定理 2.11（一般形の二者択一の定理） $\boldsymbol{A}$ を $m \times n$ 実行列, $\boldsymbol{b}$ を m 次元ベクトルとする．行列 $\boldsymbol{A}$ の列の添え字集合を $N = \{1, 2, \ldots, n\}$ とし，$\boldsymbol{A}_i$ を $\boldsymbol{A}$ の第 i 列ベクトルとする．N の分割 I, J, K に対し，$X(\boldsymbol{A}, \boldsymbol{b}, I, J, K)$, $Y(\boldsymbol{A}, \boldsymbol{b}, I, J, K)$ を以下のように定義する．

$$X(\boldsymbol{A}, \boldsymbol{b}, I, J, K) := \left\{ \boldsymbol{x} \in \mathbb{R}^n \;\middle|\; \begin{array}{ll} \boldsymbol{A}\boldsymbol{x} = \boldsymbol{b} & \\ x_i \geq 0 & (i \in I) \\ x_i \text{ は自由} & (i \in J) \\ x_i = 0 & (i \in K) \end{array} \right\}$$

$$Y(\boldsymbol{A},\boldsymbol{b},I,J,K) := \left\{ \boldsymbol{y} \in \mathbb{R}^m \;\middle|\; \begin{array}{ll} {\boldsymbol{A}_i}^\top \boldsymbol{y} \geq 0 & (i \in I) \\ {\boldsymbol{A}_i}^\top \boldsymbol{y} = 0 & (i \in J) \\ {\boldsymbol{A}_i}^\top \boldsymbol{y} \text{ は自由} & (i \in K) \\ \boldsymbol{b}^\top \boldsymbol{y} < 0 & \end{array} \right\}$$

N の任意の分割 I, J, K に対し，$X(\boldsymbol{A},\boldsymbol{b},I,J,K)$, $Y(\boldsymbol{A},\boldsymbol{b},I,J,K)$ のうちいずれか一方かつ一方のみが非空である．

上の二者択一の定理において，N の部分集合 I, J, K を $I = N, J = \emptyset, K = \emptyset$ とすれば，Farkas の二者択一の定理（定理 2.10）を得る．また，$I = \emptyset, J = N, K = \emptyset$ とすれば，次の Gale[24] による二者択一の定理が得られる．まずこの定理を証明しよう．

定理 2.12（**Gale の二者択一の定理**[24]） $\boldsymbol{A}$ を $m \times n$ 実行列とする．以下の 2 つの解集合のうち一方かつ一方のみが非空である．

$$X_G(\boldsymbol{A},\boldsymbol{b}) := \{\boldsymbol{x} \in \mathbb{R}^n \mid \boldsymbol{A}\boldsymbol{x} = \boldsymbol{b}\}$$
$$Y_G(\boldsymbol{A},\boldsymbol{b}) := \{\boldsymbol{y} \in \mathbb{R}^m \mid \boldsymbol{A}^\top \boldsymbol{y} = \boldsymbol{0},\ \boldsymbol{b}^\top \boldsymbol{y} < 0\}$$

証明 $\boldsymbol{x} \in X_G(\boldsymbol{A},\boldsymbol{b}), \boldsymbol{y} \in Y_G(\boldsymbol{A},\boldsymbol{b})$ とすると，$0 > \boldsymbol{b}^\top \boldsymbol{y} = \boldsymbol{y}^\top \boldsymbol{b} = \boldsymbol{y}^\top \boldsymbol{A}\boldsymbol{x} = 0$ より矛盾である．よって $X_G(\boldsymbol{A},\boldsymbol{b})$ と $Y_G(\boldsymbol{A},\boldsymbol{b})$ が同時に要素を持つことはありえない．以下では，$X_G(\boldsymbol{A},\boldsymbol{b})$ と $Y_G(\boldsymbol{A},\boldsymbol{b})$ の少なくとも一方が非空となることを，行列 $\boldsymbol{A}$ の列数と行数の和に関する帰納法で示す．

1. $\boldsymbol{A}$ の行数が 1 の場合：$\boldsymbol{A} = [\boldsymbol{\alpha}^\top](\boldsymbol{\alpha} \in \mathbb{R}^n)$, $\boldsymbol{b} = [\beta](\beta \in \mathbb{R})$ という形になる．

1-(i) $\boldsymbol{\alpha} \neq \boldsymbol{0}$ の場合：$\alpha_i \neq 0$ となる i が存在し，$\overline{\boldsymbol{x}} \in \mathbb{R}^n$ を次のように決定すれば，それが $X_G(\boldsymbol{A},\boldsymbol{b})$ の解となる．

$$\overline{x}_j := \begin{cases} \dfrac{\beta}{\alpha_i} & (j = i) \\ 0 & (j \neq i) \end{cases}$$

1-(ii) $\boldsymbol{\alpha} = \boldsymbol{0}, \beta \neq 0$ の場合：$y \in \mathbb{R}$ を $\beta < 0$ のとき $w = 1$, $\beta > 0$ のとき $w = -1$ と決定すれば，それが $Y_G(\boldsymbol{A},\boldsymbol{b})$ の解となる

1-(iii) $\boldsymbol{\alpha}=\mathbf{0}, \beta=0$ の場合：任意の $x \in \mathbb{R}^n$ が $X_G(\boldsymbol{A},\boldsymbol{b})$ の解となる

2. $\boldsymbol{A}$ の行数が 2 以上の場合：$\boldsymbol{A}$ を $m \times n$ 行列とし，$m+n=k$ とする．行数と列数の和が k より小さいの任意の行列に関して定理の主張が成り立つと仮定する．

行列 $\boldsymbol{A}$ の一番上の行を $\boldsymbol{\alpha}^\top (\boldsymbol{\alpha} \in \mathbb{R}^n)$ とし，ベクトル $\boldsymbol{b}$ の第 1 要素の値を $\beta\ (\beta \in \mathbb{R})$ とする．さらに $\boldsymbol{A}'$, $\boldsymbol{b}'$ を $\boldsymbol{A}=\begin{bmatrix}\boldsymbol{\alpha}^\top \\ \boldsymbol{A}'\end{bmatrix}$， $\boldsymbol{b}=\begin{bmatrix}\beta \\ \boldsymbol{b}'\end{bmatrix}$ を満たすように定義する．行列 $\boldsymbol{A}'$ および $\boldsymbol{A}'^\top$ の行数と列数の和は $k-1$ であり，帰納法の仮定より，次の 2 つの集合

$$
\begin{aligned}
X_G(\boldsymbol{A}',\boldsymbol{b}') &= \{\boldsymbol{x} \in \mathbb{R}^n \mid \boldsymbol{A}'\boldsymbol{x}=\boldsymbol{b}'\} \\
Y_G(\boldsymbol{A}',\boldsymbol{b}') &= \{\boldsymbol{y}' \in \mathbb{R}^{m-1} \mid \boldsymbol{A}'^\top \boldsymbol{y}=\mathbf{0},\ \boldsymbol{b}^\top \boldsymbol{y}' < 0\}
\end{aligned}
$$

は，いずれか一方のみが非空である．また

$$
\begin{aligned}
X_G(\boldsymbol{A}'^\top,\boldsymbol{\alpha}) &= \{\boldsymbol{z} \in \mathbb{R}^{m-1} \mid \boldsymbol{A}'^\top \boldsymbol{z}=\boldsymbol{\alpha}\} \\
Y_G(\boldsymbol{A}'^\top,\boldsymbol{\alpha}) &= \{\boldsymbol{w} \in \mathbb{R}^n \mid \boldsymbol{A}'\boldsymbol{w}=\mathbf{0}, \boldsymbol{\alpha}^\top \boldsymbol{w} < 0\}
\end{aligned}
$$

の 2 つの集合はいずれか一方のみ非空となる．ゆえに，次の 2-(i), (ii), (iii) に場合分けすることができる．

2-(i) $\exists \overline{\boldsymbol{y}} \in Y_G(\boldsymbol{A}',\boldsymbol{b}')$ の場合．$\begin{bmatrix}0 \\ \overline{\boldsymbol{y}}\end{bmatrix} \in Y_G(\boldsymbol{A},\boldsymbol{b})$ となる

2-(ii) $\exists \overline{\boldsymbol{x}} \in X_G(\boldsymbol{A}',\boldsymbol{b}')$ かつ $\exists \boldsymbol{w} \in Y_G(\boldsymbol{A}'^\top,\boldsymbol{\alpha})$ の場合．ベクトル $\boldsymbol{x}^*$ を $\boldsymbol{x}^* := \overline{\boldsymbol{x}} - \left(\frac{\boldsymbol{\alpha}^\top \overline{\boldsymbol{x}}-\beta}{\boldsymbol{\alpha}^\top \boldsymbol{w}}\right)\boldsymbol{w}$ と定義すると

$$
\begin{aligned}
\boldsymbol{\alpha}^\top \boldsymbol{x}^* &= \boldsymbol{\alpha}^\top \overline{\boldsymbol{x}} - \left(\frac{\boldsymbol{\alpha}^\top \overline{\boldsymbol{x}}-\beta}{\boldsymbol{\alpha}^\top \boldsymbol{w}}\right)\boldsymbol{\alpha}^\top \boldsymbol{w} = \beta \\
\boldsymbol{A}'\boldsymbol{x}^* &= \boldsymbol{A}'\overline{\boldsymbol{x}} - \left(\frac{\boldsymbol{\alpha}^\top \overline{\boldsymbol{x}}-\beta}{\boldsymbol{\alpha}^\top \boldsymbol{w}}\right)\boldsymbol{A}'\boldsymbol{w} = \boldsymbol{A}'\overline{\boldsymbol{x}} = \boldsymbol{b}'
\end{aligned}
$$

となり，$\boldsymbol{A}\boldsymbol{x}^*=\boldsymbol{b}$ が成り立ち $\boldsymbol{x}^* \in X_G(\boldsymbol{A},\boldsymbol{b})$ である

2-(iii) $\exists \overline{\boldsymbol{x}} \in X_G(\boldsymbol{A}',\boldsymbol{b}')$ かつ $\exists \boldsymbol{z} \in X_G(\boldsymbol{A}'^\top,\boldsymbol{\alpha})$ の場合．$\boldsymbol{\alpha}^\top \overline{\boldsymbol{x}}=\beta$ ならば，$\overline{\boldsymbol{x}} \in X_G(\boldsymbol{A},\boldsymbol{b})$ が成り立つ．$\boldsymbol{z}^\top \boldsymbol{b}' \neq \beta$ ならば，$\boldsymbol{y}^*=\begin{bmatrix}-1 \\ \boldsymbol{z}\end{bmatrix}$ とすると

$$
\begin{aligned}
\boldsymbol{y}^{*\top}\boldsymbol{A} &= -\boldsymbol{\alpha}^\top + \boldsymbol{z}^\top \boldsymbol{A}' = \mathbf{0}^\top \\
\boldsymbol{y}^{*\top}\boldsymbol{b} &= -\beta + \boldsymbol{z}^\top \boldsymbol{b}' \neq 0
\end{aligned}
$$

を満たし，$\boldsymbol{y}^* \in Y_G(\boldsymbol{A},\boldsymbol{b})$ または $-\boldsymbol{y}^* \in Y_G(\boldsymbol{A},\boldsymbol{b})$ のどちらか

が成り立つ．$\boldsymbol{\alpha}^\top\overline{\boldsymbol{x}} \neq \beta$ かつ $\boldsymbol{z}^\top\boldsymbol{b}' = \beta$ のときは，$\beta \neq \boldsymbol{\alpha}^\top\overline{\boldsymbol{x}} = \boldsymbol{z}^\top\boldsymbol{A}'\overline{\boldsymbol{x}} = \boldsymbol{z}^\top\boldsymbol{b}' = \beta$ となり矛盾である

以上で主張は証明された． ■

定理 2.11 (一般形の二者択一の定理) の証明 記述をなるべく複雑にしないため，$X(I,J,K) := X(\boldsymbol{A},\boldsymbol{b},I,J,K)$, $Y(I,J,K) := Y(\boldsymbol{A},\boldsymbol{b},I,J,K)$ とする．$\overline{\boldsymbol{x}} \in X(I,J,K)$ かつ $\overline{\boldsymbol{y}} \in Y(I,J,K)$ とすると

$$
\begin{aligned}
0 > \boldsymbol{b}^\top\overline{\boldsymbol{y}} &= (\boldsymbol{A}\overline{\boldsymbol{x}})^\top\overline{\boldsymbol{y}} = \overline{\boldsymbol{y}}^\top\boldsymbol{A}\overline{\boldsymbol{x}} \\
&= \textstyle\sum_{i\in I}\overline{\boldsymbol{y}}^\top\boldsymbol{A}_i\overline{x}_i + \sum_{i\in J}\overline{\boldsymbol{y}}^\top\boldsymbol{A}_i\overline{x}_i + \sum_{i\in K}\overline{\boldsymbol{y}}^\top\boldsymbol{A}_i\overline{x}_i \\
&= \textstyle\sum_{i\in I}\overline{\boldsymbol{y}}^\top\boldsymbol{A}_i\overline{x}_i + 0 + 0 \geq 0
\end{aligned}
$$

となり矛盾である．ゆえに，$X(I,J,K)$ と $Y(I,J,K)$ が同時に非空となることはありえない．以下では $X(I,J,K)$ と $Y(I,J,K)$ の一方が必ず非空となることを，I の要素数に関する帰納法を用いて示す．

(1) $|I| = 0$ の場合，つまり $I = \emptyset$ の場合，Gale の二者択一の定理と等価な定理になることは容易に確かめられる．成り立つことが証明済みである

(2) 正整数 k に関して，$|I| < k$ ならば主張が成り立つと仮定して，$|I| = k$ の場合に主張が成り立つことを示す

I 中の要素を 1 つ選び l とし，次の 4 つの集合を考える．

$$
\begin{aligned}
&X(I-l, J+l, K), \quad X(I-l, J, K+l), \\
&Y(I-l, J+l, K), \quad Y(I-l, J, K+l)
\end{aligned}
$$

$X(I,J,K) \supseteq X(I-l,J,K+l)$ が成り立つことは容易に確かめられる．つまり $X(I-l,J,K+l) \neq \emptyset$ ならば $X(I,J,K) \neq \emptyset$ である．ゆえに $X(I-l,J,K+l) = \emptyset$ の場合のみ考えればよい．帰納法の仮定より，$X(I-l,J,K+l)$ と $Y(I-l,J,K+l)$ はちょうど一方が非空となることから，$Y(I-l,J,K+l)$ が非空の場合のみ議論すればよい．

同様に，$Y(I,J,K) \supseteq Y(I-l,J+l,K)$ が成り立つことは容易に確かめられる．つまり $Y(I-l,J+l,K) \neq \emptyset$ ならば $Y(I,J,K) \neq \emptyset$ である．ゆえに $Y(I-l,J+l,K) = \emptyset$ の場合のみ考えればよい．帰納法の仮定より，2 つの集合 $X(I-l,J+l,K)$ と $Y(I-l,J+l,K)$ はちょうど一方が非空なので，

$X(I-l, J+l, K)$ が非空の場合のみ議論すればよい．

上記の議論から，以下の要素が存在する場合のみ議論すればよい．

$$\exists \overline{\boldsymbol{x}} \in X(I-l, J+l, K) \text{ かつ } \exists \overline{\boldsymbol{y}} \in Y(I-l, J, K+l)$$

解 $\overline{\boldsymbol{x}}, \overline{\boldsymbol{y}}$ の定義より

$$\begin{aligned} 0 &> \boldsymbol{b}^\top \overline{\boldsymbol{y}} = \overline{\boldsymbol{y}}^\top (\boldsymbol{A}\overline{\boldsymbol{x}}) \\ &= \textstyle\sum_{i \in I-l} \overline{\boldsymbol{y}}^\top \boldsymbol{A}_i \overline{x}_i + \overline{\boldsymbol{y}}^\top \boldsymbol{A}_l \overline{x}_l + \sum_{i \in J \cup K} \overline{\boldsymbol{y}}^\top \boldsymbol{A}_i \overline{x}_i \\ &= \textstyle\sum_{i \in I-l} \overline{\boldsymbol{y}}^\top \boldsymbol{A}_i \overline{x}_i + \overline{\boldsymbol{y}}^\top \boldsymbol{A}_l \overline{x}_l \geq \overline{\boldsymbol{y}}^\top \boldsymbol{A}_l \overline{x}_l \end{aligned}$$

となり，$\overline{\boldsymbol{y}}^\top A_l > 0$ または $\overline{x}_l > 0$ が成り立つ．$\overline{\boldsymbol{y}}^\top A_l > 0$ ならば，$\overline{\boldsymbol{y}}$ は $Y(I, J, K)$ の解であり，$\overline{x}_l > 0$ ならば，$\overline{\boldsymbol{x}}$ は $X(I, J, K)$ の解である．よって主張は証明された． ■

Farkas の定理や，Gale の定理などの「集合 X と Y のどちらか一方かつ一方のみが空でない」というような定理は，一般的に**二者択一の定理** (alternative theorem) と呼ばれている．ここ 1 世紀に線形等式，不等式における様々な形の二者択一の定理が提案されているが (テキスト[48] 参照)，次の Tucker による二者択一の定理が最も汎用性のある形ではないだろうか．

定理 2.13 (Tucker の二者択一の定理) $\boldsymbol{A}$ を $m \times n$ 行列とする．行列 $\boldsymbol{A}$ の列の添え字集合を $N = \{1, 2, \ldots, n\}$ とし，$\boldsymbol{A}_i$ を $\boldsymbol{A}$ の第 i 列ベクトルとする．N の分割 I, J, K, L に対し，$X_T(\boldsymbol{A}, I, J, K, L)$, $Y_T(\boldsymbol{A}, I, J, K, L)$ を以下のように定義する．

$$X_T(\boldsymbol{A}, I, J, K, L) := \left\{ \boldsymbol{x} \in \mathbb{R}^n \,\middle|\, \begin{array}{ll} \boldsymbol{A}\boldsymbol{x} = \boldsymbol{0} & \\ x_i \geq 0 & (i \in I) \\ x_i \text{ は自由} & (i \in J) \\ x_i = 0 & (i \in K) \\ x_i > 0 & (i \in L) \end{array} \right\}$$

$$Y_T(\boldsymbol{A}, I, J, K, L) := \left\{ \boldsymbol{y} \in \mathbb{R}^m \;\middle|\; \begin{array}{l} {\boldsymbol{A}_I}^\top \boldsymbol{y} \geq \boldsymbol{0} \\ {\boldsymbol{A}_J}^\top \boldsymbol{y} = \boldsymbol{0} \\ {\boldsymbol{A}_K}^\top \boldsymbol{y} \text{ は自由} \\ {\boldsymbol{A}_L}^\top \boldsymbol{y} \geq \boldsymbol{0}\,(\neq \boldsymbol{0}) \end{array} \right\}$$

$L \neq \emptyset$ となる N の任意の分割 I, J, K, L に対し $X_T(\boldsymbol{A}, I, J, K, L)$, $Y_T(\boldsymbol{A}, I, J, K, L)$ のうちいずれか一方かつ一方のみが非空である．

演習問題

2-1 次の LP (P) の双対問題を求めよ．また，主問題を (P)，双対問題を (D) としたとき，(P) と (D) のそれぞれの実行可能解を 1 つずつ求め，弱双対定理が成り立つことを確かめよ．

$$\text{(P)} \left| \begin{array}{ll} \text{最大化} & x_1 + 3x_2 + 2x_3 \\ \text{条　件} & \left\{ \begin{array}{rl} -x_1 + x_2 + 2x_3 & \leq 4 \\ 3x_1 - x_2 + x_3 & \leq 2 \\ 2x_2 - x_3 & \leq 6 \end{array} \right. \\ & (x_1, x_2, x_3 \geq 0) \end{array} \right.$$

2-2 $\boldsymbol{c}_1 \in \mathbb{R}^{n_1}$, $\boldsymbol{c}_2 \in \mathbb{R}^{n_2}$, $\boldsymbol{A}_{11} \in \mathbb{R}^{m_1 \times n_1}$, $\boldsymbol{A}_{12} \in \mathbb{R}^{m_1 \times n_2}$, $\boldsymbol{A}_{21} \in \mathbb{R}^{m_2 \times n_1}$, $\boldsymbol{A}_{22} \in \mathbb{R}^{m_2 \times n_2}$, $\boldsymbol{b}_1 \in \mathbb{R}^{m_1}$, $\boldsymbol{b}_1 \in \mathbb{R}^{m_2}$, $\boldsymbol{x}_1 \in \mathbb{R}^{n_1}$, $\boldsymbol{x}_2 \in \mathbb{R}^{n_2}$ とする．次の LP の双対問題を求めよ．

$$\left| \begin{array}{ll} \text{最大化} & \boldsymbol{c}_1^\top \boldsymbol{x}_1 + \boldsymbol{c}_2^\top \boldsymbol{x}_2 \\ \text{条　件} & \boldsymbol{A}_{11}\boldsymbol{x}_1 + \boldsymbol{A}_{12}\boldsymbol{x}_2 = \boldsymbol{b}_1 \\ & \boldsymbol{A}_{21}\boldsymbol{x}_1 + \boldsymbol{A}_{22}\boldsymbol{x}_2 \leq \boldsymbol{b}_2 \quad (\boldsymbol{x}_1 \text{は自由変数}, \boldsymbol{x}_2 \geq \boldsymbol{0}) \end{array} \right.$$

2-3 LP (P) を

$$
\text{(P)}\left|\begin{array}{ll}
\text{最大化} & 2x_1 + 3x_2 + x_3 \\
\text{条　件} & \begin{cases} 2x_1 + 2x_2 - x_3 \leq 2 \\ 3x_1 - 2x_2 + 2x_3 \leq 8 \\ \phantom{3x_1 - {}} 2x_2 - x_3 \leq 6 \end{cases} \\
 & (x_1, x_2, x_3 \geq 0)
\end{array}\right.
$$

とする．(P) の双対問題 (D) を求めよ．また，(P) の最適解は $(x_1^*, x_2^*, x_3^*) = (0, 6, 10)$ である．相補性定理（定理 2.8）を用いて双対問題 (D) の最適解を求めよ．

2-4 例 2.2 の LP の主・双対ペア

$$
\text{(P)}\left|\begin{array}{ll}
\text{最大化} & x_1 + x_2 \\
\text{条　件} & \begin{cases} x_1 + x_2 \leq 1 \\ x_1 \phantom{{}+x_2} \leq 1 \end{cases} \\
 & (x_1, x_2 \geq 0)
\end{array}\right.
\qquad
\text{(D)}\left|\begin{array}{ll}
\text{最小化} & y_1 + y_2 \\
\text{条　件} & \begin{cases} y_1 + y_2 \geq 1 \\ y_1 \phantom{{}+y_2} \geq 1 \end{cases} \\
 & (y_1, y_2 \geq 0)
\end{array}\right.
$$

について，強相補性を満たす (P) と (D) の最適解を求めよ．

2-5 Tucker の二者択一の定理（定理 2.13）を証明せよ．

3 シンプレックス法

この章では，1947 年に G. B. Dantzig により発明された LP を解くための初めての数値解法，**シンプレックス法** (simplex method，**単体法**) について説明する．3.1 節ではシンプレックス法の基本サイクルの説明，3.2 節では初期化と有限回で終了させる工夫を考える．3.3 節では実装に際して計算量をなるべく少なくするための工夫，3.4 節ではシンプレックス法のバリエーションとしてのピボットアルゴリズムやピボット規則について，3.5 節では主にシンプレックス法の幾何学的性質を考察する．

● 3.1 ● アルゴリズムの概要と辞書表現 ●

シンプレックス法の基本サイクルを以下の簡単な不等式標準形の LP を用いて説明しよう．

$$
\left|\begin{array}{ll}
\text{最大化} & 2x_1 + 3x_2 + x_3 \\
\text{条　件} & \begin{cases} 2x_1 + 2x_2 - x_3 \le 2 \\ 3x_1 - 2x_2 + 2x_3 \le 8 \\ \phantom{3x_1 - {}} 2x_2 - x_3 \le 6 \end{cases} \\
 & (x_1, x_2, x_3 \ge 0)
\end{array}\right. \tag{3.1}
$$

まずこの問題にスラック変数 x_4, x_5, x_6 を導入して，問題を等式標準形に変換する．

$$
\left|\begin{array}{ll}
\text{最大化} & 2x_1 + 3x_2 + x_3 \\
\text{条　件} & \begin{cases} 2x_1 + 2x_2 - \ x_3 + x_4 & = 2 \\ 3x_1 - 2x_2 + 2x_3 \quad + x_5 & = 8 \\ \qquad 2x_2 - \ x_3 \qquad + x_6 & = 6 \end{cases} \\
& (x_1,\ x_2,\ \ldots,\ x_6 \geq 0)
\end{array}\right.
$$

さらに制約式左辺のスラック変数以外の項を右辺に移項し，目的関数を x_f とし以下のように変形する．

$$
\left|\begin{array}{ll}
\text{最大化} & x_f = 0 + 2x_1 + 3x_2 + \ x_3 \\
\text{条　件} & x_4 = 2 - 2x_1 - 2x_2 + \ x_3 \\
& x_5 = 8 - 3x_1 + 2x_2 - 2x_3 \\
& x_6 = 6 \qquad\quad - 2x_2 + \ x_3 \\
& (x_1,\ x_2,\ \ldots,\ x_6 \geq 0)
\end{array}\right. \tag{3.2}
$$

2 つの問題 (3.1) と (3.2) は次のような意味で等価な問題であることに注意しよう．

(i) 問題 (3.1) の実行可能解 (x_1, x_2, x_3) に対し，(3.2) の等式から変数 x_4, x_5, x_6 の値を定めれば，$(x_1, x_2, \ldots, x_6)$ は問題 (3.2) の実行可能解で，対応する目的関数値は一致する

(ii) 問題 (3.2) の実行可能解 $(x_1, x_2, \ldots, x_6)$ に対し，x_4, x_5, x_6 の部分を無視すれば，問題 (3.1) の実行可能解 (x_1, x_2, x_3) が得られ，対応する目的関数値は一致する

問題 (3.2) の等式制約を見てみると左辺の変数は各等式ごとにすべて異なり，それぞれ右辺の変数 x_1, x_2, x_3 のみで表されている．後に一般的に定義するが，問題 (3.2) のような LP の表示形式を**シンプレックス辞書** (simplex dictionary) あるいは単に**辞書**という．等式制約の左辺に現れる変数を**基底変数** (basic variable)，右辺の変数を**非基底変数** (non-basic variable) という．

シンプレックス辞書 (3.2) では，非基底変数 x_1, x_2, x_3 の値を定めると，残りの変数つまり基底変数 x_f, x_4, x_5, x_6 の値が一意に定まる．右辺の非基底変数をすべて 0 にして得られる解

$$
(x_f, x_1, x_2, x_3, x_4, x_5, x_6) = (0, 0, 0, 0, 2, 8, 6) \tag{3.3}
$$

を**基底解** (basic solution) という．この場合 x_1, x_2, ..., x_6 の値がすべて非負であるので，この基底解は実行可能解である．シンプレックス法は，ある実行可能な辞書と対応する基底解から出発して，目的関数を増加させるように，辞書と対応する基底解を逐次更新していく方法である．

実行可能な基底解 (3.3) から目的関数が増加するように解を改善することを，今現在のシンプレックス辞書の情報から考えてみる．基底解ではすべての非基底変数 x_1, x_2, x_3 を 0 に定めたが，この状態から変数 x_1 を増加させることを考えてみよう．なぜならシンプレックス辞書 (3.2) の目的関数の等式 x_f の項を見てみると，x_1 の係数が 2 であり，これは x_1 を 1 増加させると目的関数値が 2 増加するということを意味するからである．非基底変数 x_1 を 0 から $\alpha(\geq 0)$ だけ増加させ，それ以外の非基底変数を 0 のままとする．基底変数の値は (3.2) の等式条件から

$$\begin{array}{l} x_f = 0 + 2\alpha \\ \hline x_4 = 2 - 2\alpha \\ x_5 = 8 - 3\alpha \\ x_6 = 6 \end{array}$$

によって定まる．例えば，α を下のように変化させた場合，基底変数の値は

$$\alpha = 1 \Rightarrow [x_f = 2,\ x_4 = 0,\ x_5 = 5,\ x_6 = 6]$$
$$\alpha = 3 \Rightarrow [x_f = 6,\ x_4 = -4,\ x_5 = -1,\ x_6 = 6]$$

となる．$\alpha = 1$ の場合は変数が非負に留まっているが，$\alpha = 3$ の場合は $x_4 = -4$, $x_5 = -1$ で負となり実行可能でない．基底変数に対する非負条件を保つためには

$$\begin{array}{lll} x_f = 0 + 2\alpha & & \\ \hline x_4 = 2 - 2\alpha & \geq 0 \Rightarrow & 1 \geq \alpha \\ x_5 = 8 - 3\alpha & \geq 0 \Rightarrow & \dfrac{8}{3} \geq \alpha \\ x_6 = 6 & \geq 0 \Rightarrow & \alpha \text{ はなんでもよい} \end{array}$$

となり，1 番目の条件から α の値は 1 を越えることはできない．よって

$$(x_f, x_1, x_2, x_3, x_4, x_5, x_6) = (2, 1, 0, 0, 0, 5, 6) \tag{3.4}$$

が，非基底変数 x_1 のみを増加させて得られる目的関数値が最大の実行可能解となる．

次に，新しく求められた解に対応するシンプレックス辞書を求める．このために新しい解と古い解を比べてみよう．

$$\begin{array}{ll} \text{古い解} & (x_f, x_1, x_2, x_3, x_4, x_5, x_6) = (0, 0, 0, 0, 2, 8, 6) \\ \text{新しい解} & (x_f, x_1, x_2, x_3, x_4, x_5, x_6) = (2, 1, 0, 0, 0, 5, 6) \end{array}$$

変数 x_1 は 0 から 1 へ，変数 x_4 は 2 から 0 へ変化していることに着目しよう．非基底変数は 0 に設定するという決まりだったので，このまま x_1 が非基底変数で留まるのは具合が悪い．しかも x_4 は 0 になったので，x_4 は非基底変数にしてもよいことがわかる．そこで次のようにして非基底変数 x_1 と基底変数 x_4 のシンプレックス辞書での役割を入れ替える．問題 (3.2) の 1 番目の条件

$$x_4 = 2 - 2x_1 - 2x_2 + x_3$$

を変数 x_1 について解くと

$$x_1 = 1 - (1/2)x_4 - x_2 + (1/2)x_3$$

が得られる．これを問題 (3.2) の残りの等式に代入し整理すると

$$\left|\begin{array}{lrcl} \text{最大化} & x_f &=& 2 - x_4 + x_2 + 2x_3 \\ \text{条　件} & x_1 &=& 1 - (1/2)x_4 - x_2 + (1/2)x_3 \\ & x_5 &=& 5 + (3/2)x_4 + 5x_2 - (7/2)x_3 \\ & x_6 &=& 6 - 2x_2 + x_3 \\ & \multicolumn{3}{l}{(x_1, x_2, \ldots, x_6 \geq 0)} \end{array}\right. \qquad (3.5)$$

が得られる．1 つの等式を同値変形し他の等式に代入しただけなので，明らかに問題 (3.5) は問題 (3.2) と等価である．そして実行可能解 (3.4) は新しく得られた辞書 (3.5) に対応する基底解となっている．以上がシンプレックス法の基本サイクルである．

辞書 (3.5) にもう一度シンプレックス法の基本サイクルを適用してみよう．目的関数 x_f の等式からわかるように，非基底変数 x_5, x_2, x_3 の中で，非基底変数の増加により x_f の値が増加するのは，x_2, x_3 である．ここでは x_2 を選

ぶことにしよう．そして基底変数の非負性を保つようにするためには，変数 x_2 の値は $\frac{1}{1}=1$ を越えることはできない．このとき変数 x_1 が 0 となり，新しい実行可能解は

$$(x_f, x_1, x_2, x_3, x_4, x_5, x_6) = (3, 0, 1, 0, 0, 10, 4) \tag{3.6}$$

となる．変数 x_2 と x_1 の役割が入れ替わり，新しい辞書が次のように得られる．

$$\left|\begin{array}{ll} \text{最大化} & x_f = 3 - (3/2)x_4 - x_1 + (5/2)x_3 \\ \text{条　件} & x_2 = 1 - (1/2)x_4 - x_1 + (1/2)x_3 \\ & x_5 = 10 - x_4 - 5x_1 - x_3 \\ & x_6 = 4 + x_4 + 2x_1 \\ & (x_1,\ x_2,\ \ldots,\ x_6 \geq 0) \end{array}\right. \tag{3.7}$$

さらにもう一度シンプレックス法の基本サイクルを辞書 (3.7) に適用すると

$$\left|\begin{array}{ll} \text{最大化} & x_f = 28 - 4x_4 - (27/2)x_1 - (5/2)x_5 \\ \text{条　件} & x_2 = 6 - x_4 - (7/2)x_1 - (1/2)x_5 \\ & x_3 = 10 - x_4 - 5x_1 - x_5 \\ & x_6 = 4 + x_4 + 2x_1 \\ & (x_1,\ x_2,\ \ldots,\ x_6 \geq 0) \end{array}\right. \tag{3.8}$$

が得られる．この時点で 0 から増加すべき非基底変数がないのでシンプレックス法は終了する．最後に得られた，目的関数の項に関して非基底変数の係数がすべて非正であるような辞書を**最適辞書** (optimal dictionary) といい，対応する実行可能基底解は最適解であることが保証される（このことは後に証明する）．

この例から，与えられた問題がある特別な条件

(i)　不等式標準形である

(ii)　不等式条件の右辺の定数 b_i $(i = 1, 2, \ldots, m)$ がすべて非負である

を満たしていれば，前述のシンプレックス法を適用し，解を改善していくことができることが推測できる．

以下では，数式を用いてより一般的にシンプレックス法を記述する．$b_i \geq 0$ $(i = 1, 2, \ldots, m)$ を満たす不等式標準形最大化の LP

$$\left|\begin{array}{lllllll}\text{最大化} & c_1x_1 + & c_2x_2 + \cdots + & c_nx_n & & \\ \text{条　件} & a_{11}x_1 + & a_{12}x_2 + \cdots + & a_{1n}x_n & \le & b_1 \\ & \vdots & \vdots & \vdots & & \vdots \\ & a_{m1}x_1 + & a_{m2}x_2 + \cdots + & a_{mn}x_n & \le & b_m \\ & (x_1, x_2, \ldots, x_n \ge 0) & & & & \end{array}\right. \tag{3.9}$$

を考える．例 (3.1) のときと同様に，スラック変数 x_{n+i} $(i = 1, 2, \ldots, m)$ を導入し，問題 (3.9) を次のように変換する．

$$\left|\begin{array}{llllll}\text{最大化} & x_f = c_0 + & c_1x_1 + & c_2x_2 + \cdots + & c_nx_n \\ \text{条　件} & x_{n+1} = b_1 - & a_{11}x_1 - & a_{12}x_2 - \cdots - & a_{1n}x_n \\ & \vdots & \vdots & \vdots & \vdots \\ & x_{n+m} = b_m - & a_{m1}x_1 - & a_{m2}x_2 - \cdots - & a_{mn}x_n \\ & (x_1 \ge 0, \ldots, x_n \ge 0, x_{n+1} \ge 0, \ldots, x_{n+m} \ge 0) & & & \end{array}\right. \tag{3.10}$$

ただし $c_0 = 0$ である．問題 (3.9) と (3.10) の間には，目的関数の値を保存するような実行可能解の 1 対 1 対応があり，等価な問題と考えることができる．

変数の添字の集合を $E := \{1, 2, \ldots, n, n+1, \ldots, n+m\}$ とし，その部分集合 $N \subseteq E$, $B \subseteq E$ を

$$N := \{1, 2, \ldots, n\}, \quad B := \{n+1, n+2, \ldots, n+m\}$$

とする．すると問題 (3.10) は

$$\left|\begin{array}{lll}\text{最大化} & x_f = \bar{c}_0 + \sum_{j \in N} \bar{c}_j x_j & \\ \text{条　件} & x_i = \bar{b}_i - \sum_{j \in N} \bar{a}_{ij} x_j & (i \in B) \\ & (x_i, x_j \ge 0 \ (i \in B, j \in N)) & \end{array}\right. \tag{3.11}$$

の形に書き換えることができる．ただし $\bar{c}_0 = 0$, $\bar{b}_i = b_{i-n}$, $\bar{a}_{ij} = a_{(i-n)j}$ $(i \in B, j \in N)$ である．この等式系 (3.11) を LP の**シンプレックス辞書**あるいは単に**辞書**と定義する．左辺の m 個の変数 x_i $(i \in B)$ を**基底変数**といい，右辺の n 個の変数 x_j $(j \in N)$ を**非基底変数**と呼ぶ．基底変数の添字集合 B を**基底** (basis)，非基底変数の添字集合 N を**非基底** (non-basis) という．等式系の右

側の定数項 $\bar{b}_i$ $(i \in B)$ を**右側定数** (right-hand side constant) と呼び，目的関数を表す等式 $x_f = \bar{c}_0 + \sum_{j \in N} \bar{c}_j x_j$ での非基底変数にかかる係数 $\bar{c}_j$ $(j \in N)$ を**被約費用** (reduced cost) と呼ぶ．シンプレックス辞書において，非基底変数の値を決定すると (3.11) より基底変数の値は一意に決まる．特に非基底変数をすべて 0 にして得られる解

$$\begin{cases} x_j = 0 & (j \in N) \\ x_f = c_0 & \\ x_i = \bar{b}_i & (i \in B) \end{cases}$$

を，B を基底とするシンプレックス辞書 (3.11) に対応する**基底解**という．対応する基底解が実行可能であるとき，つまり $x_i = \bar{b}_i \geq 0$ $(i \in B)$ であるような辞書を**実行可能辞書** (feasible dictionary) と呼ぶ．シンプレックス法は辞書を同値変形することにより次々と実行可能辞書を作り出していく方法である．

例を用いたシンプレックス法の説明では，目的関数が増加し，さらに次に得られる解が実行可能であるように変数を選んだが，一般的には $\bar{a}_{rs} \neq 0$ $(r \in B, s \in N)$ となる x_r と x_s の役割を入れ替えることができる．

辞書

$$\left|\begin{array}{lll} \text{最大化} & x_f = \bar{c}_0 + \displaystyle\sum_{j \in N \setminus s} \bar{c}_j x_j \quad + \bar{c}_s & \\ \text{条　件} & x_i = \bar{b}_i - \displaystyle\sum_{j \in N \setminus s} \bar{a}_{ij} x_j - \bar{a}_{is} x_s & (i \in B \setminus r) \\ & x_r = \bar{b}_r - \displaystyle\sum_{j \in N \setminus s} \bar{a}_{rj} x_j - \bar{a}_{rs} x_s & \\ & (x_i, x_j \geq 0 \ (i \in B, j \in N)) & \end{array}\right. \tag{3.12}$$

において，$\bar{a}_{rs} \neq 0$ $(r \in B, s \in N)$ とする．x_r に関する式

$$x_r = \bar{b}_r - \sum_{j \in N \setminus s} \bar{a}_{rj} x_j - \bar{a}_{rs} x_s$$

を x_s について解くと

$$x_s = \frac{\bar{b}_r}{\bar{a}_{rs}} - \sum_{j \in N \setminus s} \frac{\bar{a}_{rj}}{\bar{a}_{rs}} x_j - \frac{1}{\bar{a}_{rs}} x_r$$

が得られる．これを辞書 (3.12) の目的関数を含むその他の等式に代入し整理す

ると

$$
\left|\begin{array}{lll}
\text{最大化} & x_f = & \left(\bar{c}_0 + \frac{\bar{b}_r}{\bar{a}_{rs}}\bar{c}_s\right) + \sum_{j \in N \backslash s} \left(\bar{c}_j - \frac{\bar{a}_{rj}}{\bar{a}_{rs}}\bar{c}_s\right) x_j - \frac{1}{\bar{a}_{rs}}\bar{c}_s x_r \\
\text{条　件} & x_i = & \left(\bar{b}_i - \frac{\bar{b}_r}{\bar{a}_{rs}}\bar{a}_{is}\right) - \sum_{j \in N \backslash s} \left(\bar{a}_{ij} - \frac{\bar{a}_{rj}}{\bar{a}_{rs}}\bar{a}_{is}\right) x_j + \frac{1}{\bar{a}_{rs}}\bar{a}_{is} x_r \\
 & & \qquad (i \in B \backslash r) \\
 & x_s = & \frac{\bar{b}_r}{\bar{a}_{rs}} - \sum_{j \in N \backslash s} \frac{\bar{a}_{rj}}{\bar{a}_{rs}} x_j - \frac{1}{\bar{a}_{rs}} x_r \\
 & (x_i, x_j \geq 0 \; (i \in B, j \in N)) &
\end{array}\right.
\tag{3.13}
$$

が得られる．この操作を (r, s) 上の，または (r, s) を軸とした**ピボット演算** (pivot operation) または**枢軸演算**と呼ぶ．(r, s) 上のピボット演算において，x_s を基底に**入る変数** (entering variable) といい，x_r を基底から**出る変数** (leaving variable) という．

シンプレックス辞書をよりコンパクトに表すために，次のように係数のみの表 $\boldsymbol{D}$ で表す．ただし目的関数の等式と右側定数の部分を実線で区切ってある．

$$
\boldsymbol{D}: \quad
\begin{array}{r|c|ccc|}
 & & & x_j \;\; (j \in N) & \\
\hline
x_f & \bar{c}_0 & \cdots & \bar{c}_j & \cdots \\
\hline
 & \vdots & & \vdots & \\
x_i & \bar{b}_i & \cdots & -\bar{a}_{ij} & \cdots \\
(i \in B) & \vdots & & \vdots & \\
\hline
\end{array}
\tag{3.14}
$$

例えば式 (3.12) において，$r \in B$, $s \in N$, $\bar{a}_{rs} \neq 0$ としよう．(r, s) 上のピボット演算を行った後の辞書の係数表を $\boldsymbol{D}'$ とすると，式 (3.13) より以下のようになる．

$$
\boldsymbol{D}' : \quad
\begin{array}{r|c|ccccc|}
 & & \cdots & x_j \ (j \in N\backslash s) & \cdots & x_r \\
\hline
x_f & \overline{c}_0 + \dfrac{\overline{b}_r}{\overline{a}_{rs}}\overline{c}_s & \cdots & \overline{c}_j - \dfrac{\overline{a}_{rj}}{\overline{a}_{rs}}\overline{c}_s & \cdots & -\dfrac{1}{\overline{a}_{rs}}\overline{c}_s \\
\hline
 & \vdots & & \vdots & & \vdots \\
x_i & \overline{b}_i - \dfrac{\overline{b}_r}{\overline{a}_{rs}}\overline{a}_{is} & \cdots & -\left(\overline{a}_{ij} - \dfrac{\overline{a}_{rj}}{\overline{a}_{rs}}\overline{a}_{is}\right) & \cdots & \dfrac{1}{\overline{a}_{rs}}\overline{a}_{is} \\
(i \in B\backslash r) & \vdots & & \vdots & & \vdots \\
x_r & \dfrac{\overline{b}_r}{\overline{a}_{rs}} & \cdots & -\dfrac{\overline{a}_{rj}}{\overline{a}_{rs}} & \cdots & -\dfrac{1}{\overline{a}_{rs}} \\
\hline
\end{array}
\tag{3.15}
$$

辞書の係数表 $\boldsymbol{D}$ による表現を使って例 (3.1) の辞書の変化：(3.2) ⇒ (3.5) を次のように表す．ピボット演算が行われる予定の軸の位置に * を付けておく．

$$
\begin{array}{r|c|ccc|}
 & & x_1 & x_2 & x_3 \\
\hline
x_f & 0 & 2 & 3 & 1 \\
\hline
x_4 & 2 & -2^* & -2 & 1 \\
x_5 & 8 & -3 & 2 & -2 \\
x_6 & 6 & 0 & -2 & 1 \\
\hline
\end{array}
\quad
\begin{array}{c}
\text{ピボット } (4,1) \\
\Longrightarrow
\end{array}
\quad
\begin{array}{r|c|ccc|}
 & & x_4 & x_2 & x_3 \\
\hline
x_f & 2 & -1 & 1 & 2 \\
\hline
x_1 & 1 & -\frac{1}{2} & -1 & \frac{1}{2} \\
x_2 & 5 & \frac{3}{2} & 5 & -\frac{7}{2} \\
x_6 & 6 & 0 & -2 & 1 \\
\hline
\end{array}
$$

以上の表記を用いるとシンプレックス法は次のように記述される．

アルゴリズム 3.1 [シンプレックス法]

入力： 不等式標準形の LP (3.9)，ただし $b_i \geq 0$ $(i = 1, 2, \ldots, m)$

出力： 辞書 $\boldsymbol{D}$

初期化： $N := \{1, 2, \ldots, n\}$; $B := \{n+1, n+2, \ldots, n+m\}$

$$
\boldsymbol{D} : \quad
\begin{array}{r|c|cccc|}
 & & x_1 & x_2 & \cdots & x_n \\
\hline
x_f & 0 & c_1 & c_2 & \cdots & c_n \\
\hline
x_{n+1} & b_1 & -a_{11} & -a_{12} & \cdots & -a_{1n} \\
\vdots & \vdots & \vdots & \vdots & & \vdots \\
x_{n+m} & b_m & -a_{m1} & -a_{m2} & \cdots & -a_{mn} \\
\hline
\end{array}
$$

Step 1（最適性判定）：

$\overline{c}_j \leq 0$ $(\forall j \in N)$ ならば $\boldsymbol{D}$ を出力し終了する（**終了 1**）

Step 2（ピボット列選択）：

s を $\{j|\bar{c}_j > 0,\ j \in N\}$ の中から 1 つ選ぶ

Step 3（非有界性判定）：

$\bar{a}_{is} \leq 0\ (\forall i \in B)$ ならば $\boldsymbol{D}$ を出力し終了する（**終了 2**）

Step 4（ピボット行選択）：

$\bar{a}_{rs} > 0$ かつ $\bar{b}_r/\bar{a}_{rs} = \min\{\bar{b}_i/\bar{a}_{is}|\bar{a}_{is} > 0,\ i \in B\}$

となる r を 1 つ選ぶ

Step 5（(r, s) 上のピボット演算）：

式 (3.15) で得られた辞書 $\boldsymbol{D}'$ に対し $\boldsymbol{D} := \boldsymbol{D}'$ とする

$N := N - s + r;\ B := B - r + s;$ として **Step 1** へ

なお **Step 4** でのピボット行選択の手続きを**比のテスト** (ratio-test) という．比のテストでは，$-\bar{a}_{is} < 0$ となる $i \in B$ に対し，$\bar{b}_i/\bar{a}_{is}$ が最小となる i を基底から出る変数として選ぶ．比のテストにより，$\boldsymbol{D}$ が実行可能辞書ならば $\boldsymbol{D}'$ も実行可能辞書であることが保証される．

シンプレックス法の記述から明らかなように以下の 2 つの性質が成り立つ．

性質 3.1 不等式標準形の LP (P)（ただし $\boldsymbol{b} \geq \boldsymbol{0}$）にシンプレックス法（アルゴリズム 3.1）を適用し，**Step 1** の**終了 1** でアルゴリズムが終了したとき，そのときの実行可能基底解は (P) の最適解である．

証明 **Step1** の**終了 1** でアルゴリズムが終了したとしよう．そのときの基底を B^*，非基底を N^*，辞書の係数行列を $\boldsymbol{D}$ とする．終了条件から $\bar{c}_j \leq 0$ $(j \in N^*)$ である．以下の線形計画問題を考えよう．

$$
\left|\begin{array}{ll}
\text{最大化} & x_f = \bar{c}_0 + \displaystyle\sum_{j \in N^*} \bar{c}_j x_j \\
\text{条　件} & x_i, x_j \geq 0 \quad (i \in B^*, j \in N^*)
\end{array}\right.
$$

この問題の最適値を $\hat{x}_f$ とすると，明らかに $\hat{x}_f = \bar{c}_0$ である．元の問題 (P) の最適値を x_f^* とすると，上の問題は元の問題と等価な辞書から等式条件を除いたものであり，明らかに条件が緩くなっているので

$$x_f^* \leq \hat{x}_f = \bar{c}_0$$

が成り立つ．よって (P) の最適値 x_f^* は $\bar{c}_0$ を越えない．アルゴリズム終了時の (P) の実行可能基底解に対する目的関数値 x_f は上の不等式を等号で満たしており，それを上回る解は存在しないことがわかる．よって，アルゴリズム終了時の実行可能基底解は (P) の最適解である．■

性質 3.2　不等式標準形の LP（ただし $\boldsymbol{b} \geq 0$）にシンプレックス法（アルゴリズム 3.1）を適用し，**Step 3** の終了 **2** でアルゴリズムが終了したとき問題 (P) は非有界である．

証明　**Step 3** の終了 **2** でシンプレックス法が終了したとしよう．ピボット列 s は選ばれている．そのときの辞書の基底変数，定数項，非基底変数 x_s の部分だけ抜き取ると

$$\begin{array}{ll} \text{最大化} & x_f = \bar{c}_0 + \bar{c}_s x_s \\ \text{条　件} & x_i = \bar{b}_i - \bar{a}_{is} x_s \quad (i \in B) \end{array}$$

となっている．$\bar{c}_s > 0, -\bar{a}_{is} \geq 0\ (\forall i \in B)$ なので，$x_s \to +\infty$ とすれば実行可能性を保ったまま，目的関数値が無限に大きくなる．■

シンプレックス法が **Step 1** と **Step 3** で終了したときの辞書の符号パターンは図 3.1 のようになる．ただし $+, \oplus, \ominus$ はそれぞれ正，非負，非正の数を表す．

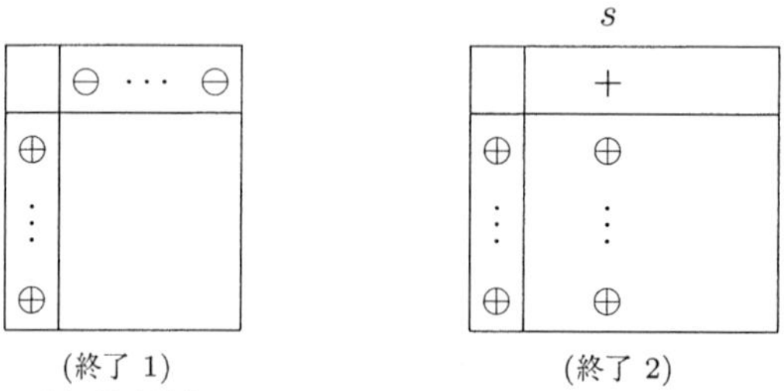

(a) 最適辞書　　(b) 非有界を表す辞書

図 3.1　シンプレックス法で最終的に得られる辞書の符号パターン

以上から，もしシンプレックス法が有限回で終了すれば，問題 (P) は，(i) 最適解を持つ，(ii) 非有界である，のいずれかであることがわかる．つまり，シンプレックス法は LP の基本定理（定理 2.5）を構成的に証明していると考えられる．

しかしながらこの時点でシンプレックス法が有限回で終了する保証はされていない．有限回の繰り返しで終了しない LP の例が存在することを次の節で示す．さらにその回避方法も考える．

本書ではシンプレックス法の記述のために LP のテキスト Chvátal[5] や今野[33] に従い辞書とその行列表現を使っている．より頻繁に使われていて，計算するにも便利な表記は**シンプレックス表** (simplex tableau) または**単体表**と呼ばれる以下の行列表記である．

例 (3.1) の問題は変数をすべて左辺に移項することにより

$$
\left|\begin{array}{lrl}
\text{最大化} & x_f & \\
\text{条　件} & 2x_1 + 2x_2 - x_3 + x_4 & = 2 \\
 & 3x_1 - 2x_2 + 2x_3 + x_5 & = 8 \\
 & 2x_2 - x_3 + x_6 & = 6 \\
 & x_f - 2x_1 - 3x_2 - x_3 & = 0 \\
 & (x_1,\ x_2,\ \ldots,\ x_6 \geq 0 &
\end{array}\right.
$$

と書き換えられる．シンプレックス表とは，上の等式系を行列で表現した表 3.1 のようなものである．このように表にしておくとピボット演算がしやすい等のメリットがある．シンプレックス表の持つ情報は，辞書の情報とまったく同じである．辞書の場合と同様に，シンプレックス表を使ってもシンプレックス法を記述できるのであるが，両者の本質的な違いはないのでここでは割愛する．

表 3.1　シンプレックス表の例

基底変数	右辺	x_1	x_2	x_3	x_4	x_5	x_6
x_f	0	−2	−3	−1	0	0	0
x_4	2	2	2	−1	1	0	0
x_5	8	3	−2	2	0	1	0
x_6	6	0	2	−1	0	0	1

● 3.2 ● 2段階シンプレックス法と巡回回避 ●

[**2**段階シンプレックス法]

前の節では不等式制約の右辺ベクトルが非負 $\boldsymbol{b} \geq \boldsymbol{0}$ である不等式標準形のLPに対するシンプレックス法について説明した．これは，スラック変数を導入すれば簡単に実行可能辞書が得られることから実現可能だったわけである．

この節の最初の部分では $\boldsymbol{b} \geq \boldsymbol{0}$ とは限らない不等式標準形のLPに対して，シンプレックス法を用いて実行可能辞書を求める方法を説明する．

まず $\boldsymbol{b} \in \mathbb{R}^m$ が何でもよいという意味での一般的な不等式標準形のLP (P)を考える．

$$
\text{(P)}\left|\begin{array}{ll} \text{最大化} & \boldsymbol{c}^\top \boldsymbol{x} \\ \text{条　件} & \boldsymbol{A}\boldsymbol{x} \leq \boldsymbol{b} \quad (\boldsymbol{x} \geq \boldsymbol{0}) \end{array}\right.
$$

この問題に対して，**人工変数** x_0 を用いた次の (P_a) を考える．**補助問題** (auxiliary problem)

$$
(\mathrm{P}_a)\left|\begin{array}{ll} \text{最大化} & -x_0 \\ \text{条　件} & \boldsymbol{A}\boldsymbol{x} \leq \boldsymbol{b} + \boldsymbol{e}x_0 \quad (\boldsymbol{x} \geq \boldsymbol{0}, x_0 \geq 0) \end{array}\right. \tag{3.16}
$$

ただし $\boldsymbol{e}$ はすべての要素が1からなる m 次元ベクトルである．この問題は，十分大きな $x_0 > 0$ に対して $(x_0, \boldsymbol{x} = 0)$ が実行可能解となる．また $x_0 \geq 0$ より，目的関数に関しては $x_f^a = -z_0 \leq 0$ であることがわかる．問題 (P_a) は非有界でなく，実行可能なので必ず最適解を持つ（LPの基本定理）．さらに (P_a) の最適値の値によって，元の問題が実行可能であるか判断できるという次の定理が成り立つ．

> **定理 3.1**　上のLP (P)が実行可能解を持つための必要十分条件は補助問題 (P_a) の最適値が0となることである．

証明　$\Leftarrow$ の証明：明らか．

$\Rightarrow$ の証明：(P_a) の最適値 x_a^* は，0以下である．$x_a^* < 0$ でありかつ，問題(P)が実行可能解 $\boldsymbol{x} = (x_1, x_2, \ldots, x_n)$ を持つとする．$\boldsymbol{x}' = (\boldsymbol{x}, 0)$ とおくと，

$\boldsymbol{x}'$ は (P_a) の実行可能解であり，そのときの目的関数値 x_a は 0 である．これは $0 = x_a \leq x_a^* < 0$ に矛盾する．■

上の定理より，補助問題 (P_a) を解けば，元の問題 (P) が実行可能解であるかどうかが判別できる．補助問題 (P_a) をシンプレックス法を用いて解く方法を，次の具体的な問題で考えてみよう．

例 3.1

$$
(\mathrm{P})\left|\begin{array}{ll}
\text{最大化} & x_1 + x_2 - 2x_3 \\
\text{条　件} & -2x_1 + 2x_2 + x_3 \leq -4 \\
& -2x_1 - 2x_3 \leq -3 \\
& -x_1 + 2x_2 + x_3 \leq -2 \\
& (x_1, x_2, x_3 \geq 0)
\end{array}\right.
$$

補助問題 (P_a) は次の問題になる．

$$
(\mathrm{P}_a)\left|\begin{array}{ll}
\text{最大化} & -x_0 \\
\text{条　件} & -2x_1 + 2x_2 + x_3 \leq -4 + x_0 \\
& -2x_1 - 2x_3 \leq -3 + x_0 \\
& -x_1 + 2x_2 + x_3 \leq -2 + x_0 \\
& (x_1, x_2, x_3, x_0 \geq 0)
\end{array}\right.
$$

スラック変数を導入して辞書を作る．

$$
\left|\begin{array}{ll}
\text{最大化} & x_a = 0 - x_0 \\
\text{条　件} & x_4 = -4 + x_0 + 2x_1 - 2x_2 - x_3 \\
& x_5 = -3 + x_0 + 2x_1 + 2x_3 \\
& x_6 = -2 + x_0 + x_1 - 2x_2 - x_3 \\
& (x_0, x_1, \ldots, x_6 \geq 0)
\end{array}\right. \tag{3.17}
$$

残念ながら上の辞書は実行可能でない．しかし次のように考えて，人工変数 x_0 の列で一度ピボット演算することにより，つねに実行可能辞書を得ることができる．

辞書 (3.17) において x_0 は非基底変数であるので値は 0 である．非基底変数の x_0 だけを増加させて，実行可能な辞書を得ることを考えよう．上の問題か

ら基底変数と非基底変数 x_0 の関係は

$$\begin{array}{l} x_a = \ \ 0 + x_0 \\ \hline x_4 = -4 + x_0 \\ x_5 = -3 + x_0 \\ x_6 = -2 + x_0 \end{array}$$

である．$x_0 : 0 \to 4$ にしたとき初めてすべての基底解が 0 以上となることがわかる．$x_0 : 0 \to 4$ にすると，$x_4 : -4 \to 0$ となるので，x_0 と x_4 の役割を入れ換える（(4,0) 上でのピボット演算をする）ことによって次の実行可能辞書が得られる．

$$\left|\begin{array}{ll} \text{最大化} & x_a = -4 + 2x_1 - 2x_2 - x_3 - x_4 \\ \text{条　件} & x_0 = 4 - 2x_1 + 2x_2 + x_3 + x_4 \\ & x_5 = 1 + 2x_2 + 3x_3 + x_4 \\ & x_6 = 2 - x_1 + x_4 \\ & (x_0, x_1, \ldots, x_6 \geq 0) \end{array}\right. \tag{3.18}$$

この辞書は実行可能であるので，シンプレックス法を適用できる．目的関数の行の係数の符号から，入る変数の候補は x_1 である．$x_1 : 0 \to 2$ のとき，$x_0 : 4 \to 0$，$x_6 : 2 \to 0$ なので，出る変数の候補は x_0, x_6 である．今回は x_0 を選んでみよう．つまり (0,1) 上のピボット演算を行う．

$$\left|\begin{array}{ll} \text{最大化} & x_a = 0 - x_0 \\ \text{条　件} & x_1 = 2 - (1/2)x_0 + x_2 + (1/2)x_3 + (1/2)x_4 \\ & x_5 = 1 + 2x_2 + 3x_3 + x_4 \\ & x_6 = 0 + (1/2)x_0 - x_2 - (1/2)x_3 + (1/2)x_4 \\ & (x_0, x_1, \ldots, x_6 \geq 0) \end{array}\right. \tag{3.19}$$

を得る．これは補助問題 (P_a) の最適辞書であり，最適値は 0 になっている．つまり，元の問題に実行可能解が存在する．x_0 が非基底変数になっているので，式 (3.19) から変数 x_0 を除き（恒等的に $x_0 = 0$ とする)，さらに目的関数を元の問題に戻す（式 (3.19) の基底変数を目的関数に代入する）と，元の問題の実行可能辞書

$$
\begin{array}{|llll}
\text{最大化} & z &=& 2 + 2x_2 - (3/2)x_3 + (1/2)x_4 \\
\text{条　件} & x_1 &=& 2 + \ \ x_2 + (1/2)x_3 + (1/2)x_4 \\
& x_5 &=& 1 + 2x_2 + \qquad 3x_3 + \qquad x_4 \\
& x_6 &=& 0 - \ \ x_2 - (1/2)x_3 + (1/2)x_4 \\
& & & (x_1, x_2, \ldots, x_6 \geq 0)
\end{array}
$$

を得る．元の問題 (P) を解くには，この辞書を初期辞書として，シンプレックス法 (3.1) を適用すればよい．

このように補助問題の最適値が 0 であり，人工変数が非基底変数になっている場合は，ただちに元問題の実行可能辞書が得られる．補助問題の最適値が 0 であるにもかかわらず，人工変数が基底変数になっている場合は，人工問題の最適辞書で，$\bar{a}_{0s} \neq 0$ となっている s に対し $(0, s)$ 上でピボット演算を実行する．ピボット演算による辞書の変化 (式 (3.13)) より，このようなピボット演算を行っても，実行可能性は保持され元問題の実行可能辞書が得られる．

以上 $\boldsymbol{b} \geq \boldsymbol{0}$ でない不等式標準形の LP に対しその実行可能辞書を求める方法は，シンプレックス法の**第 1 段階** (Phase I) と呼ばれる．さらに第 1 段階とシンプレックス法（アルゴリズム 3.1）を組み合わせて解く方法は，**2 段階シンプレックス法** (two-phase simplex method) と呼ばれている．

アルゴリズム **3.2** **[2 段階シンプレックス法]**

入力：任意の不等式標準形の LP

出力：最適辞書，非有界を表す辞書または，実行不可能の証明

初期化：スラック変数を導入し辞書を作る

第 1 段階 (Phaze I)

Step 1： もし実行可能なら現在の辞書を出力し終了する

Step 2： 式 (3.16) のように補助問題 (P_a) を作りシンプレックス法 (3.1) で解く

Step 3： 補助問題の最適値が負ならば終了する
（元問題は実行不可能）

Step 4： 最適辞書において人工変数 x_0 が非基底変数であれば，x_0 を恒等的に 0 と置き，x_a を元の問題の目的関数に戻

し終了する

Step 5： 最適辞書において人工変数 x_0 が基底変数であれば，対応する等式の右辺に現れる任意の変数と人工変数を入れ替えるピボット演算を行い x_a を元の問題の目的関数に戻し終了する

第 2 段階 (Phase II)：第 1 段階で得られた実行可能辞書を初期辞書としてシンプレックス法 (3.1) を適用し LP を解く

以上より，任意の不等式標準形の LP に対し 2 段階シンプレックス法を適用して，もし有限回の繰り返しでアルゴリズムが終了すれば，LP の基本定理（定理 2.5）の (i) 最適解を持つ，(ii) 非有界である，(iii) 実行不可能である，のいずれかの証拠が得られることがわかる．

残念ながらまだこれだけではシンプレックス法は完全ではない．つまり現時点ではシンプレックス法が有限回で終了する保証が得られていないのである．次の部分ではこの問題を解決する方法を 2 つ紹介する．

[退化と巡回]

まずシンプレックス法が有限回で終わらない例を次に示そう．以下の不等式標準形の LP を考える．

例 3.2

$$
\begin{array}{|lrl}
\text{最大化} & x_1 - 2x_2 + x_3 & \\
\text{条　件} & 2x_1 - x_2 + x_3 & \leq 0 \\
 & 3x_1 + x_2 + x_3 & \leq 0 \\
 & -5x_1 + 3x_2 - 2x_3 & \leq 0 \\
 & (x_1,\ x_2,\ x_3 \geq 0) &
\end{array}
$$

まずスラック変数を導入して次のような辞書を作る．

$$
\left|\begin{array}{ll}
\text{最大化} & x_f = 0 + x_1 - 2x_2 + x_3 \\
\text{条　件} & x_4 = 0 - 2x_1 + x_2 - x_3 \\
 & x_5 = 0 - 3x_1 - x_2 - x_3 \\
 & x_6 = 0 + 5x_1 - 3x_2 + 2x_3 \\
 & (x_1,\ x_2,\ x_3 \geq 0)
\end{array}\right. \tag{3.20}
$$

この辞書では右辺の定数項がすべて 0 となっている．0 は非負の値なので，この辞書は実行可能辞書である．よってシンプレックス法 (3.1) が適用可能である．シンプレックス法を適用すると，目的関数行の変数 x_1 の係数が正 $(= 1)$ になっていることから，**Step 2** では，x_1 の列をピボット列として選ぶことができる．次に **Step 4** におけるピボット行の選択であるが，$\bar{b}_i\ (i = 4, 5, 6)$ がすべて 0 であるので，変数 x_1 の係数が負になっている行ならばどれでもよいことに注意しよう．ここでは x_5 行を選び $(5, 1)$ 上でピボット演算を行ってみる．新しい辞書

$$
\left|\begin{array}{ll}
\text{最大化} & x_f = 0 - (1/3)x_5 - (7/3)x_2 + (2/3)x_3 \\
\text{条　件} & x_4 = 0 + (2/3)x_5 + (5/3)x_2 - (1/3)x_3 \\
 & x_1 = 0 - (1/3)x_5 - (1/3)x_2 - (1/3)x_3 \\
 & x_6 = 0 - (5/3)x_5 - (14/3)x_2 + (1/3)x_3 \\
 & (x_1, x_2, \ldots, x_6 \geq 0)
\end{array}\right. \tag{3.21}
$$

が得られる．基底変数は変化したが基底解は原点 $(= \mathbf{0})$ からまったく動いていないことがわかる．一般にピボット演算を右辺の定数 $\bar{b}_i\ (i \in B)$ が 0 の行で行う場合，そのピボット演算は **退化** (degenerate) しているという．右辺の定数 $\bar{b}_i\ (i \in B)$ に 0 があるとき，その辞書は**退化**しているという．(3.20) と (3.21) はともに退化した辞書である．

もしもシンプレックス法が有限回で終わらないとすると，それはどのような状況だろうか？　一般にシンプレックス法の基本サイクルから

(i)　2 つの辞書 $\boldsymbol{D}$ と $\boldsymbol{D}'$ において，基底変数の集合が同じならば，辞書 $\boldsymbol{D}$ と $\boldsymbol{D}'$ は一致する

(ii)　シンプレックス法においてピボットが退化していなければ，目的関数値は必ず増加する

ということは明らかである．よってシンプレックス法が収束しないためには，何回かピボット演算の後に同じ辞書が現れ，その中で行われたピボット演算はすべて退化しているということがわかる．この現象を**巡回**または**サイクリング** (cycling) と呼ぶ．表 3.2 に例 3.2 を解いた場合の巡回の例を挙げた．6 回目の繰り返しの後，再び初期辞書 (3.20) が得られている．

巡回の原因は辞書の退化である．もしすべての実行可能辞書が退化していなければ，シンプレックス法は有限回の繰り返しで終了する．すべての実行可能辞

表 3.2　シンプレックス法によるサイクリングの例

初期実行可能辞書

		x_1	x_2	x_3
x_f	0	1	-2	1
x_4	0	-2	1	-1
x_5	0	-3^*	-1	-1
x_6	0	5	-3	-2

$\longrightarrow$ ピボット $(2,1)$

1 反復後の辞書

		x_5	x_2	x_3
x_f	0	$-1/3$	$-7/3$	$2/3$
x_4	0	$2/3$	$5/3$	$-1/3^*$
x_1	0	$-1/3$	$-1/3$	$-1/3$
x_6	0	$-5/3$	$-14/3$	$1/3$

ピボット $(1,3)$ $\swarrow$

2 反復後の辞書

		x_5	x_2	x_4
x_f	0	1	1	-2
x_3	0	2	5	-3
x_1	0	-1	-2	1
x_6	0	-1	-3^*	-4

$\longrightarrow$ ピボット $(3,2)$

3 反復後の辞書

		x_5	x_6	x_4
x_f	0	$2/3$	$-1/3$	$-7/3$
x_3	0	$1/3$	$-5/3$	$-14/3$
x_1	0	$-1/3^*$	$2/3$	$5/3$
x_2	0	$-1/3$	$-1/3$	$-1/3$

ピボット $(2,1)$ $\swarrow$

4 反復後の辞書

		x_1	x_6	x_4
x_f	0	-2	1	1
x_3	0	-1	-1	-3^*
x_5	0	-3	2	5
x_2	0	1	-1	-2

$\longrightarrow$ ピボット $(1,3)$

5 反復後の辞書

		x_1	x_6	x_3
x_f	0	$-7/3$	$2/3$	$-1/3$
x_4	0	$-1/3$	$-1/3$	$-1/3$
x_5	0	$-14/3$	$1/3$	$-5/3$
x_2	0	$5/3$	$-1/3^*$	$2/3$

ピボット $(3,2)$ $\swarrow$

6 反復後の辞書
(初期辞書)

		x_1	x_2	x_3
x_f	0	1	-2	1
x_4	0	-2	1	-1
x_5	0	-3	-1	-1
x_6	0	5	-3	2

書が退化していないという仮定を**非退化の仮定** (non-degeneracy assumption) という.

仮定 3.1 (**非退化の仮定**)　スラック変数 $\boldsymbol{z} \in \mathbb{R}^m$ を導入した不等式標準形の LP

$$\left|\begin{array}{ll} \text{最大化} & \boldsymbol{c}^\top \boldsymbol{x} \\ \text{条　件} & \boldsymbol{A}\boldsymbol{x} + \boldsymbol{z} = \boldsymbol{b} \quad (\boldsymbol{x} \geq \boldsymbol{0},\ \boldsymbol{z} \geq \boldsymbol{0}) \end{array}\right.$$

の実行可能解は，少なくとも m 個の非ゼロ要素を持つ.

定理 3.2　非退化の仮定のもとではシンプレックス法 (アルゴリズム 3.1) は，有限回で終了する.

[辞書式摂動法][13)]

シンプレックス法の巡回の原因は辞書の退化である．ここで説明する**辞書式摂動法** (lexicographic perturbation scheme) とは，このような非退化という状況を人為的に作り出そうとするものである.

m 個の正の数 $\varepsilon_1, \varepsilon_2, \ldots, \varepsilon_m$ が次の式を満たすとしよう.

$$\varepsilon_1 \gg \varepsilon_2 \gg \cdots \gg \varepsilon_m \gg 0$$

なお "$a \gg b$" は「b は a より十分小さい」という意味である．不等式標準形の LP を解く場合，問題をそのまま解くのではなく，定数項 b_i に ε_i を加えた下の問題を解けば非退化の仮定を満たすというのがアイデアである.

$$\left|\begin{array}{lrrrrl} \text{最大化} & c_1x_1 + & c_2x_2 + \cdots + & c_nx_n & & \\ \text{条　件} & a_{11}x_1 + & a_{12}x_2 + \cdots + & a_{1n}x_n \leq & b_1 + \varepsilon_1 & \\ & \vdots & \vdots & \vdots & \vdots & \\ & a_{m1}x_1 + & a_{m2}x_2 + \cdots + & a_{mn}x_n \leq & b_m + \varepsilon_m & \\ & (x_1,\ x_2, \ldots,\ x_n \geq 0) & & & & \end{array}\right. \tag{3.22}$$

ただし実際に問題を解く場合は，ε_i として具体的な数値を用いるのではなく，1 つの数式として扱う.

巡回を起こした例 (3.2) に辞書式摂動法を適用してみよう．初期辞書は

$$\left|\begin{array}{lll}\text{最大化} & x_f = 0 & + x_1 - 2x_2 + x_3 \\ \text{条　件} & x_4 = 0 & +\varepsilon_1 - 2x_1 + x_2 - x_3 \\ & x_5 = 0 & +\varepsilon_2 - 3x_1 - x_2 - x_3 \\ & x_6 = 0 & +\varepsilon_3 + 5x_1 - 3x_2 + 2x_3 \\ & (x_1, x_2, \ldots, x_6 \geq 0) & \end{array}\right.$$

である．シンプレックス法の **Step 2** では変数 x_1 と x_3 が基底に入る候補であるが，どちらでもよいので x_1 $(s = 1)$ を選ぶ．さらに **Step 4** の比のテストでは，$(1/2)\varepsilon_1$ (1 行目) と $(1/3)\varepsilon_2$ (2 行目) が比較されるが，$\varepsilon_1 \gg \varepsilon_2$ なので 2 行目が選ばれ $r = 5$ となる．$(5, 1)$ 上でピボット演算すると辞書

$$\left|\begin{array}{lll}\text{最大化} & x_f = 0 & +(1/3)\varepsilon_2 - (5/3)x_5 - (7/3)x_2 + (2/3)x_3 \\ \text{条　件} & x_4 = 0 & +\varepsilon_1 - (2/3)\varepsilon_2 + (10/3)x_5 + (5/3)x_2 - (1/3)x_3 \\ & x_1 = 0 & +(1/3)\varepsilon_2 - (5/3)x_5 - (1/3)x_2 - (1/3)x_3 \\ & x_6 = 0 & +(5/3)\varepsilon_2 + \varepsilon_3 - (25/3)x_5 - (14/3)x_2 + (1/3)x_3 \\ & (x_1, x_2, \ldots, x_6 \geq 0) & \end{array}\right.$$

が得られる．次の反復では基底に入る変数は x_3 $(s = 3)$ に一意に定まり，出る変数は比のテストにより，$3\varepsilon_1 - 2\varepsilon_2$ (1 行目) と ε_2 (2 行目) が比較され，より小さい方 x_1 が選ばれる．$(1, 3)$ 上のピボット演算より

$$\left|\begin{array}{lll}\text{最大化} & x_f = 0 & +\varepsilon_2 - 5x_5 - 3x_2 - 2x_1 \\ \text{条　件} & x_4 = 0 & +\varepsilon_1 - \varepsilon_2 + 5x_5 + 2x_2 + x_1 \\ & x_3 = 0 & +\varepsilon_2 - 5x_5 - 2x_2 - 3x_1 \\ & x_6 = 0 & +2\varepsilon_2 + \varepsilon_3 - 10x_5 - 5x_2 - x_1 \\ & (x_1, x_2, \ldots, x_6 \geq 0) & \end{array}\right.$$

が得られ，ここで最適性が満たされシンプレックス法は終了する．さらに $\varepsilon_i = 0$ $(i = 1, 2, 3)$ とすれば，元の問題の最適辞書

$$
\begin{array}{ll}
\text{最大化} & x_f = 0 - 5x_5 - 3x_2 - 2x_1 \\
\text{条　件} & x_4 = 0 + 5x_5 + 2x_2 + x_1 \\
 & x_3 = 0 - 5x_5 - 2x_2 - 3x_1 \\
 & x_6 = 0 - 10x_5 - 5x_2 - x_1 \\
 & (x_1, x_2, \ldots, x_6 \geq 0)
\end{array}
$$

を得る．辞書式摂動法に関して次の定理が成り立つ．

定理 3.3　問題 (3.22) の任意の実行可能辞書は退化しない．ゆえに問題 (3.22) にシンプレックス法を適用したとき有限回で終了する．

[Blandの最小添字規則]

シンプレックス法 (3.1) において出る変数 x_r と 入る変数 x_s の候補が複数ある場合，どれを選んだらよいかの規則をあらかじめ決めておく．これを**ピボット規則** (pivot rule) という．

巡回を避けるためのピボット規則はいくつか提案されているが，ここでは一番単純でわかりやすい Bland による最小添字規則を紹介しよう．

Blandの規則 (Bland's rule) または**最小添字規則** (smallest subscript rule)

(i)　シンプレックス法 (3.1) の **Step 2** で基底に入る変数 x_s が複数個あるとき，変数の添字 s が最小のものを選ぶ

(ii)　シンプレックス法 (3.1) の **Step 4** で基底から出る変数 x_r が複数個あるとき，変数の添字 r が最小のものを選ぶ

Bland の規則について次の定理が成り立つ．

定理 3.4 (**Blandの規則の有限収束性**)[3)] シンプレックス法において，入る変数 x_s と 出る変数 x_r の選択に Blandの規則を採用すればシンプレックス法は必ず有限回で終了する．

この定理は，巡回が起こったと仮定して，代数的に矛盾を導くという方法で証明できるが，長く技術的なものとなってしまうので，本書では割愛する．詳しく

はBland[3] やテキスト[33] を参照のこと．巡回を起こす LP の例 (3.2) に Bland の規則を適用してみよう．

初期辞書

$$\begin{array}{|lrl} \text{最大化} & z = & 0 + x_1 - 2x_2 + x_3 \\ \text{条　件} & x_4 = & 0 - 2x_1 + x_2 - x_3 \\ & x_5 = & 0 - 3x_1 - x_2 - x_3 \\ & x_6 = & 0 + 5x_1 - 3x_2 + 2x_3 \\ & & (x_1, x_2, \ldots, x_6 \geq 0) \end{array}$$

において，シンプレックス法の **Step 2** では変数 x_1 と x_3 が基底に入る候補であるが，Bland の規則では添字の小さい x_1 $(s = 1)$ が選ばれる．さらに，**Step 4** では，変数 x_4 と x_5 が基底から出る候補であるが，Bland の規則では添字の小さい $x_4 (r = 4)$ が選ばれる $(4, 1)$ 上でピボット演算を行うと辞書

$$\begin{array}{|lrl} \text{最大化} & z = & 0 - (1/2)x_4 - (3/2)x_2 + (1/2)x_3 \\ \text{条　件} & x_1 = & 0 - (1/2)x_4 + (1/2)x_2 - (1/2)x_3 \\ & x_5 = & 0 + (3/2)x_4 - (5/2)x_2 + (1/2)x_3 \\ & x_6 = & 0 - (5/2)x_4 - (1/2)x_2 - (1/2)x_3 \\ & & (x_1, x_2, \ldots, x_6 \geq 0) \end{array}$$

が得られる．次の反復では，入る変数は x_3 に一意に定まり，出る変数は添字が最小の x_1 が選ばれる．新しい辞書

$$\begin{array}{|lrl} \text{最大化} & z = & 0 - x_4 - x_2 - x_1 \\ \text{条　件} & x_3 = & 0 - x_4 + x_2 - 2x_1 \\ & x_5 = & 0 + x_4 - 2x_2 - x_1 \\ & x_6 = & 0 - 2x_4 - x_2 + x_1 \\ & & (x_1, x_2, \ldots, x_6 \geq 0) \end{array}$$

が得られ，最適性が満たされたのでシンプレックス法は終了する．上の最適辞書は辞書式摂動法で得られた最適辞書と異なる．このように最適辞書が複数になることがある．

● 3.3 ● 辞書の行列表現と改訂シンプレックス法 ●

シンプレックス法をなんらかのプログラミング言語を用いて計算機に実装し，線形計画問題を数値的に解く場合，1 回の繰り返しに要する基本演算回数をなるべく少なくし，かつ計算誤差を少なくすることが重要となる．この節では，そのためのいくつかの標準的な技術を紹介する．

スラック変数を含む不等式標準形の問題を考えよう．

$$
\left|\begin{array}{lllllll}
\text{最大化} & x_f = & c_1x_1 + \cdots + & c_nx_n & & & \\
\text{条　件} & & a_{11}x_1 + \cdots + & a_{1n}x_n & +x_{n+1} & & = b_1 \\
& & \vdots & \vdots & \ddots & & \vdots \\
& & a_{m1}x_1 + \cdots + & a_{mn}x_n & & +x_{n+m} & = b_m \\
& & (x_1, \ldots, x_n, x_{n+1}, \ldots, x_{n+m} \geq 0) & & & &
\end{array}\right. \tag{3.23}
$$

この LP の行列表現は以下の等式標準形の LP となる．

$$
\left|\begin{array}{lll}
\text{最大化} & x_f = & \boldsymbol{c}^\top \boldsymbol{x} \\
\text{条　件} & \boldsymbol{A}\boldsymbol{x} = \boldsymbol{b} & (\boldsymbol{x} \geq \boldsymbol{0})
\end{array}\right. \tag{3.24}
$$

ただし $\boldsymbol{x} \in \mathbb{R}^{(n+m)}$, $\boldsymbol{c} \in \mathbb{R}^{(n+m)}$, $\boldsymbol{b} \in \mathbb{R}^m$ はベクトル，$\boldsymbol{A} \in \mathbb{R}^{m\times(n+m)}$ は行列であり

$$
\boldsymbol{x} = \begin{bmatrix} x_1 & \cdots & x_n & x_{n+1} & \cdots & x_{n+m} \end{bmatrix}^\top
$$
$$
\boldsymbol{c} = \begin{bmatrix} c_1 & \cdots & c_n & 0 & \cdots & 0 \end{bmatrix}^\top
$$
$$
\boldsymbol{A} = \begin{bmatrix} a_{11} & \cdots & a_{1n} & 1 & & \\ \vdots & & & \vdots & \ddots & \\ a_{m1} & \cdots & a_{mn} & & & 1 \end{bmatrix}, \quad \boldsymbol{b} = \begin{bmatrix} b_1 \\ \vdots \\ b_m \end{bmatrix}
$$

である．

変数の添字集合を $E := \{1, \ldots, n, n+1, \ldots, n+m\}$ とし，その任意の部分集合 $S \subseteq E$ に対し，$\boldsymbol{A}_S$, $\boldsymbol{c}_S$, $\boldsymbol{x}_S$ を S に関する $\boldsymbol{A}$, $\boldsymbol{c}$, $\boldsymbol{x}$ の部分行列，部分ベクトルとする．例えば $B = \{n+1, n+2, \ldots, n+m\}$ とすると，$\boldsymbol{A}_B$ は m 次の単位行列となり，$\boldsymbol{c}_B$ は m 次元のゼロベクトルとなる．部分行列，部分ベク

トルに関する詳しい記述は付録を参照のこと．

LP (3.23) の辞書を $\boldsymbol{D}$ とし，その基底を B，非基底を $N := E\backslash B$ とする．辞書 $\boldsymbol{D}$ において非基底変数の値をすべて 0 とした場合，基底変数の値は一意に決定する．辞書は LP の等式 $\boldsymbol{A}\boldsymbol{x} = \boldsymbol{b}$, $x_f = \boldsymbol{c}^\top \boldsymbol{x}$ を同値変形したものであることから，$\boldsymbol{D}$ に対応する基底解は

$$\begin{aligned} \boldsymbol{A}_B \boldsymbol{x}_B + \boldsymbol{A}_N \boldsymbol{x}_N &= \boldsymbol{b} \\ \boldsymbol{x}_N &= \boldsymbol{0} \end{aligned} \tag{3.25}$$

の一意の解である．基底変数に対応する $\boldsymbol{A}$ の部分行列 $\boldsymbol{A}_B$ を，**基底行列** (basis matrix) と呼ぶ．

基底行列に対して，次の性質が成り立つ．

性質 3.3

$$\begin{aligned} \boldsymbol{A}_B \in \mathbb{R}^{m\times B} \text{ が基底行列である} \;&\Leftrightarrow\; \boldsymbol{A}_B \boldsymbol{x}_B = \boldsymbol{b} \text{ は唯一の解を持つ} \\ &\Leftrightarrow\; {\boldsymbol{A}_B}^{-1} \text{ が存在する} \end{aligned} \tag{3.26}$$

したがって辞書 $\boldsymbol{D}$ の基底行列を使った表現が次のように得られる．

$$\begin{aligned} \text{式 (3.25)} &\Rightarrow \boldsymbol{A}_B \boldsymbol{x}_B = \boldsymbol{b} - \boldsymbol{A}_N \boldsymbol{x}_N \\ &\Rightarrow \boldsymbol{x}_B = (\boldsymbol{A}_B)^{-1}\boldsymbol{b} - (\boldsymbol{A}_B)^{-1}\boldsymbol{A}_N \boldsymbol{x}_N \end{aligned} \tag{3.27}$$

$$x_f = \boldsymbol{c}^\top \boldsymbol{x} \Rightarrow$$

$$\begin{aligned} x_f &= {\boldsymbol{c}_B}^\top \boldsymbol{x}_B + {\boldsymbol{c}_N}^\top \boldsymbol{x}_N \quad (\text{式 (3.27) を代入}) \\ &= {\boldsymbol{c}_B}^\top [(\boldsymbol{A}_B)^{-1}\boldsymbol{b} - (\boldsymbol{A}_B)^{-1}\boldsymbol{A}_N \boldsymbol{x}_N] + {\boldsymbol{c}_N}^\top \boldsymbol{x}_N \\ &= {\boldsymbol{c}_B}^\top (\boldsymbol{A}_B)^{-1}\boldsymbol{b} + [\boldsymbol{c}_N - {\boldsymbol{c}_B}^\top (\boldsymbol{A}_B)^{-1}\boldsymbol{A}_N]^\top \boldsymbol{x}_N \end{aligned} \tag{3.28}$$

$\boldsymbol{D} :=$ (3.29)

		$\boldsymbol{x}_N$
x_f	${\boldsymbol{c}_B}^\top (\boldsymbol{A}_B)^{-1}\boldsymbol{b}$	$[\boldsymbol{c}_N - {\boldsymbol{c}_B}^\top (\boldsymbol{A}_B)^{-1}\boldsymbol{A}_N]^\top$
$\boldsymbol{x}_B$	$(\boldsymbol{A}_B)^{-1}\boldsymbol{b}$	$-(\boldsymbol{A}_B)^{-1}\boldsymbol{A}_N$

上の式の意味は，$\boldsymbol{A}_B$ が正則であるような $B \subseteq E$，つまり基底がわかっていて，さらに LP の入力 $\boldsymbol{A}$, $\boldsymbol{c}$, $\boldsymbol{c}$ の情報が手元にあれば，基底 B に関する辞書はいつでも計算可能であるということである．ただし $\boldsymbol{A}_B^{-1}$ の計算が必要である．

[改訂シンプレックス法]

シンプレックス法では，各繰り返しで辞書の係数の情報を用いて次の実行可能辞書を求めるが，ピボット行と列を決めるために辞書のすべての情報を計算する必要はない．例えば，基底に入る変数が決まってしまえば，あとは辞書のその列の係数さえ計算できれば，出る変数を決めることができる．

次に説明する改訂シンプレックス法というのは，辞書自体を毎回更新するのではなく，辞書の必要な部分だけを計算し，シンプレックス法の 1 回の繰り返しに必要な基本演算の回数を可能なかぎり少なくしようとするものである．

$\boldsymbol{A}_B$ を基底行列，つまり正則な $\boldsymbol{A}$ の $m \times B$ 部分行列とする．$\boldsymbol{d} \in \mathbb{R}^m$ を定数ベクトルとしよう．なんらかの方法で $\boldsymbol{x}$ や $\boldsymbol{y}$ に関する連立方程式 $\boldsymbol{A}_B\boldsymbol{x} = \boldsymbol{d}$ や $\boldsymbol{y}^\top \boldsymbol{A}_B = \boldsymbol{d}^\top$ が解けるとしよう（その方法は後で考える）．このとき以下のようにして辞書の係数が計算できる．式 (3.29) より

$$\boldsymbol{c}_B^\top = \boldsymbol{y}^\top \boldsymbol{A}_B \Leftrightarrow \boldsymbol{c}_B^\top \boldsymbol{A}_B^{-1} = \boldsymbol{y}^\top \tag{3.30}$$

を $\boldsymbol{y}$ について解く．すると目的関数の非基底変数に対する係数が以下のように計算できる．

$$\overline{c}_j = c_j - \boldsymbol{y}^\top \boldsymbol{A}_j$$

$\overline{c}_s = c_s - \boldsymbol{y}^\top \boldsymbol{A}_s > 0$ となる s が決まってしまえば（ピボット列が決まれば），辞書のその列の係数ベクトル $\boldsymbol{d} \in \mathbb{R}^B$ を求めるには

$$\boldsymbol{A}_B\boldsymbol{d} = \boldsymbol{A}_s$$

を $\boldsymbol{d}$ について解けばよい．シンプレックス辞書の定数ベクトル $\overline{\boldsymbol{b}}$ は

$$\boldsymbol{A}_B\overline{\boldsymbol{b}} = \boldsymbol{b}$$

を解くことによって求められる．これらのアイデアを考慮した改訂シンプレックス法は次のように記述される．

アルゴリズム 3.3 [改訂シンプレックス法]

入力：不等式標準形の LP (3.23) ただし $\boldsymbol{b} \geq \boldsymbol{0}$

出力：最適基底解，あるいは非有界であることの証明

初期化：$N := \{1, 2, \ldots, n\}$

$B := \{n+1, n+2, \ldots, n+m\}$

Step 1： $\boldsymbol{A}_B \overline{\boldsymbol{b}} = \boldsymbol{b}$ を $\overline{\boldsymbol{b}} \in \mathbb{R}^B$ について解く

$\boldsymbol{y}^\top \boldsymbol{A}_B = \boldsymbol{c}_B^\top$ を $\boldsymbol{y} \in \mathbb{R}^m$ について解く

$\overline{\boldsymbol{c}}_N^\top := \boldsymbol{c}_N^\top - \boldsymbol{y}^\top \boldsymbol{A}_N$ を計算する

$\overline{\boldsymbol{c}}_N \leq \boldsymbol{0}$ ならば $(\boldsymbol{x}_B, \boldsymbol{x}_N) = (\overline{\boldsymbol{b}}, \boldsymbol{0})$ を出力し終了する（終了 **1**）

Step 2： s を $\{j | \overline{c}_j > 0,\ j \in N\}$ の中から 1 つ選ぶ

Step 3： $\boldsymbol{A}_B \boldsymbol{d} = A_s$ を $\boldsymbol{d} \in \mathbb{R}^B$ について解く

$\boldsymbol{d} \leq \boldsymbol{0}$ ならば終了する（終了 **2**）

Step 4： $d_r > 0$ かつ $\overline{b}_r / d_r = \min\{\overline{b}_i / d_i | d_i > 0,\ i \in B\}$

となる r を 1 つ選ぶ

Step 5： ピボット演算の代わりに次の操作を行う

$B := B - r + s$; $N := N - s + r$; **Step 1** へ

辞書全体を更新しない改訂シンプレックス法の長所は，計算による誤差が辞書全体に影響しにくいこと，n が m に比べて大きい（辞書が横長である）とき，1 回の繰り返しにかかる基本演算の回数が少なくなることなどが挙げられる．

さて次に，改訂シンプレックス法の各繰り返しで解かなければならない連立 1 次方程式

$$\begin{cases} \boldsymbol{A}_B \overline{\boldsymbol{b}} = \boldsymbol{b} \\ \boldsymbol{y}^\top \boldsymbol{A}_B = \boldsymbol{c}_B^\top \\ \boldsymbol{A}_B \boldsymbol{d} = \boldsymbol{A}_s \end{cases}$$

をどのように解くか？を考えよう．ここでは次の 2 通りの方法を紹介する．

(1) 基底行列 $\boldsymbol{A}_B$ の逆行列 $\boldsymbol{A}_B^{-1}$ を使って解く．各繰り返しでは $\boldsymbol{A}_B^{-1}$ を更新する

(2) $\boldsymbol{A}_B$ を 1 次方程式が解きやすい行列の積の形に分解しておき，それを更新する

まずはじめに基底逆行列 $(\boldsymbol{A}_B)^{-1}$ の更新方法について考えよう．ある反復での基底逆行列 $(\boldsymbol{A}_B)^{-1}$ が得られているとする（初期基底 $B=\{n+1,n+2,\ldots,n+m\}$ に対する基底逆行列は単位行列である）．x_r $(r\in B)$ が出る変数，x_s $(s\in N)$ が入る変数であり，r が B の k 番目の要素であり，その r が s に置き換わるとしよう．つまり

$$B=\{B(1),\ldots,B(k-1),r,B(k+1),\ldots,B(m)\}$$

から

$$B'=\{B(1),\ldots,B(k-1),s,B(k+1),\ldots,B(m)\}$$

に変更されたとする．ただし $B(i)$ は B の i 番目の要素である．基底逆行列 $(\boldsymbol{A}_{B'})^{-1}$ をどのように計算すればよいだろうか．B と B' は k 番目が1つだけ異なるので，明らかに

$$\boldsymbol{T}:=(\boldsymbol{A}_B)^{-1}\boldsymbol{A}_{B'}=\underset{k\text{ 列}}{\begin{bmatrix} 1 & & & \overline{a}_{B(1)s} & & & \\ & \ddots & & \vdots & & & \\ & & 1 & \cdot & & & \\ & & & \overline{a}_{rs} & & & \\ & & & \cdot & 1 & & \\ & & & \vdots & & \ddots & \\ & & & \overline{a}_{B(m)s} & & & 1 \end{bmatrix}} \tag{3.31}$$

が成り立つ．ただし

$$\begin{bmatrix} \overline{a}_{B(1)s} \\ \vdots \\ \overline{a}_{rs} \\ \vdots \\ \overline{a}_{B(m)s} \end{bmatrix}=(\boldsymbol{A}_B)^{-1}\boldsymbol{A}_s=\boldsymbol{d} \tag{3.32}$$

である．式 (3.31) の $\boldsymbol{T}$ 逆行列は簡単に求めることができ

$$
\boldsymbol{T}^{-1} = \begin{bmatrix} 1 & & & -\bar{a}_{B(1)s}/\bar{a}_{rs} & & & \\ & \ddots & & \vdots & & & \\ & & 1 & -\bar{a}_{B(k-1)s}/\bar{a}_{rs} & & & \\ & & & 1/\bar{a}_{rs} & & & \\ & & & -\bar{a}_{B(k+1)s}/\bar{a}_{rs} & 1 & & \\ & & & \vdots & & \ddots & \\ & & & -\bar{a}_{B(m)s}/\bar{a}_{rs} & & & 1 \end{bmatrix} \tag{3.33}
$$

k 列

となる．$\boldsymbol{T}^{-1}(\boldsymbol{A}_B)^{-1}\boldsymbol{A}_{B'} = \boldsymbol{I}$ より，新しい基底逆行列は

$$
(\boldsymbol{A}_{B'})^{-1} = \boldsymbol{T}^{-1}(\boldsymbol{A}_B)^{-1} \tag{3.34}
$$

である．つまり基底逆行列 $(\boldsymbol{A}_B)^{-1}$ と $\boldsymbol{T}^{-1}$ から新しい基底逆行列が求められる．

$\boldsymbol{T}^{-1}$ は式 (3.32) で表されるベクトルが計算できていれば，式 (3.34) のように簡単に計算できる．式 (3.32) は，シンプレックス法のピボット行を決める **Step 3** においてすでに計算済みであることに注意しよう．また行列 $\boldsymbol{T}^{-1}$ はほとんどの要素はゼロなので，$\boldsymbol{T}^{-1}$ と $(\boldsymbol{A}_B)^{-1}$ の積をまともに計算せずに，$\boldsymbol{T}^{-1}$ の非ゼロの要素だけを使って計算することができる．

基底行列の逆行列の更新を使った改訂シンプレックス法で，3.1 節の例題 (3.1) を解いてみる．ただし紙面節約のため 1 回の繰り返しのみとする．

$$
\left|\begin{array}{ll} \text{最大化} & 2x_1 + 3x_2 + x_3 \\ \text{条　件} & \left\{\begin{array}{rcrcrcrcrcrcl} 2x_1 & + & 2x_2 & - & x_3 & + & x_4 & & & & & = & 2 \\ 3x_1 & - & 2x_2 & + & 2x_3 & & & + & x_5 & & & = & 8 \\ & & 2x_2 & - & x_3 & & & & & + & x_6 & = & 6 \end{array}\right. \\ & (x_1,\ x_2,\ \ldots,\ x_6 \geq 0) \end{array}\right.
$$

変数ベクトル $\boldsymbol{x} \in \mathbb{R}^6$，定数ベクトル $\boldsymbol{c} \in \mathbb{R}^6$, $\boldsymbol{b} \in \mathbb{R}^3$，定数行列 $\boldsymbol{A} \in \mathbb{R}^{3\times 6}$ を

$$\boldsymbol{x} = \begin{bmatrix} x_1 & x_2 & x_3 & x_4 & x_5 & x_6 \end{bmatrix}^\top$$
$$\boldsymbol{c} = \begin{bmatrix} 2 & 3 & 1 & 0 & 0 & 0 \end{bmatrix}^\top$$

$$\boldsymbol{A} = \begin{bmatrix} 2 & 2 & -1 & 1 & 0 & 0 \\ 3 & -2 & 2 & 0 & 1 & 0 \\ 0 & 2 & -1 & 0 & 0 & 1 \end{bmatrix}, \quad \boldsymbol{b} = \begin{bmatrix} 2 \\ 8 \\ 6 \end{bmatrix}$$

とすれば問題は

$$\left| \begin{array}{ll} \text{最大化} & \boldsymbol{c}^\top \boldsymbol{x} \\ \text{条　件} & \boldsymbol{A}\boldsymbol{x} = \boldsymbol{b} \quad (\boldsymbol{x} \geq \boldsymbol{0}) \end{array} \right.$$

と書き換えられる．式 (3.7) より $B = \{2,5,6\}$, $N = \{4,1,3\}$ とすれば，B は実行可能基底であり

$$\boldsymbol{A}_B = \begin{bmatrix} 2 & 0 & 0 \\ -2 & 1 & 0 \\ 2 & 0 & 1 \end{bmatrix} \Rightarrow \boldsymbol{A}_B^{-1} = \begin{bmatrix} \frac{1}{2} & 0 & 0 \\ 1 & 1 & 0 \\ -1 & 0 & 1 \end{bmatrix}$$

である．

[繰り返し **1** 回目]

Step 1： $\boldsymbol{A}_B\overline{\boldsymbol{b}} = \boldsymbol{b}$ を $\overline{\boldsymbol{b}}$ について解く．

$$\overline{\boldsymbol{b}} = \boldsymbol{A}_B^{-1}\boldsymbol{b} = \begin{bmatrix} \bar{b}_2 \\ \bar{b}_5 \\ \bar{b}_6 \end{bmatrix} = \begin{bmatrix} \frac{1}{2} & 0 & 0 \\ 1 & 1 & 0 \\ -1 & 0 & 1 \end{bmatrix} \begin{bmatrix} 2 \\ 8 \\ 6 \end{bmatrix} = \begin{bmatrix} 1 \\ 10 \\ 4 \end{bmatrix}$$

である．$\boldsymbol{y}^\top \boldsymbol{A}_B = \boldsymbol{c}_B^\top$ を $\boldsymbol{y}$ について解く．

$$\boldsymbol{y}^\top = \boldsymbol{c}_B \boldsymbol{A}_B^{-1} = \begin{bmatrix} 3 & 0 & 0 \end{bmatrix} \begin{bmatrix} \frac{1}{2} & 0 & 0 \\ 1 & 1 & 0 \\ -1 & 0 & 1 \end{bmatrix} = \begin{bmatrix} \frac{3}{2} & 0 & 0 \end{bmatrix}$$

となる．$\overline{\boldsymbol{c}}_N^\top = \boldsymbol{c}_N^\top - \boldsymbol{y}^\top \boldsymbol{A}_N$ を計算する．

$$\overline{\boldsymbol{c}}_N^\top = \begin{bmatrix} 0 & 2 & 1 \end{bmatrix} - \begin{bmatrix} \frac{3}{2} & 0 & 0 \end{bmatrix} \begin{bmatrix} 1 & 2 & -1 \\ 0 & 3 & 2 \\ 0 & 0 & -1 \end{bmatrix} = \begin{bmatrix} -\frac{3}{2} & -1 & \frac{5}{2} \end{bmatrix}$$

$\overline{\boldsymbol{c}}^\top = [\ \overline{c}_4\ \ \overline{c}_1\ \ \overline{c}_3\ ] = [\ -\frac{3}{2}\ \ -1\ \ \frac{5}{2}\ ] \not\leq \boldsymbol{0}$ なので最適解ではない.

Step 2： s を $\{j \in N | \overline{c}_j > 0\}$ から選ぶ．$s = 3$ である.

Step 3： $\boldsymbol{A}_B\boldsymbol{d} = \boldsymbol{A}_s$ を $\boldsymbol{d} \in \mathbb{R}^B$ について解く.

$$\boldsymbol{d} = \begin{bmatrix} d_2 \\ d_5 \\ d_6 \end{bmatrix} = \boldsymbol{A}_B^{-1}\boldsymbol{A}_3 = \begin{bmatrix} -\frac{1}{2} \\ 1 \\ 0 \end{bmatrix}$$

となる.

Step 4： $d_r > 0$ かつ $\overline{b}_r/d_r = \min\{\overline{b}_i/d_i | d_i > 0\ i \in B\}$ より $r = 5$ である.

Step 5： $B := B - r + s;\ N := N - s + r;$ とし，新しい基底の逆行列を式 (3.33), (3.34) により更新する.

$$B = \{2, 3, 6\}, \qquad N = \{4, 1, 5\}$$

$$\boldsymbol{A}_B^{-1} := \begin{bmatrix} 1 & \frac{1}{2} & 0 \\ 0 & 1 & 0 \\ 0 & 0 & 1 \end{bmatrix} \begin{bmatrix} \frac{1}{2} & 0 & 0 \\ 1 & 1 & 0 \\ -1 & 0 & 1 \end{bmatrix} = \begin{bmatrix} 1 & \frac{1}{2} & 0 \\ 1 & 1 & 0 \\ -1 & 0 & 1 \end{bmatrix}$$

となる.

[**LU** 分解]

次に 74 ページの (2) 基底行列 $\boldsymbol{A}_B$ を 1 次方程式が解きやすい行列の積に分解しておく方法を紹介しよう．改訂シンプレックス法の各繰り返しで解きたい 1 次方程式は

$$\begin{cases} \boldsymbol{A}_B\overline{\boldsymbol{b}} = \boldsymbol{b} & (\overline{\boldsymbol{b}} \text{ について}) \\ \boldsymbol{y}^\top\boldsymbol{A}_B = \boldsymbol{c}_B^\top & (\boldsymbol{y} \text{ について}) \\ \boldsymbol{A}_B\boldsymbol{d} = \boldsymbol{A}_s & (\boldsymbol{d} \text{ について}) \end{cases}$$

である.

一般的な話をするために $\boldsymbol{A}$ を $n \times n$ の正則行列とし，$\boldsymbol{b}$ を n 次元ベクトルとして 1 次方程式 $\boldsymbol{Ax} = \boldsymbol{b}$ を $\boldsymbol{x}$ について解くことを考える．1 次方程式の直接

解法としてはガウス–ジョルダンの消去法がよく知られた方法であるが，この方法は n^3 に比例した数の基本演算（加減乗除，代入，比較など）が必要である．

まずこの1次方程式について，比較的解きやすい（基本演算回数が少ない）と考えられる次の5つの $\boldsymbol{A}$ のパターンを考えてみる．

(i) $\boldsymbol{A}$ が置換行列である

(ii) $\boldsymbol{A}$ が，対角要素が0でない下三角行列である

(iii) $\boldsymbol{A}$ が，対角要素が0でない上三角行列である

(iv) $\boldsymbol{A}$ が，単位行列の1列だけを他の列ベクトルと置き換えた行列である．ただし対角要素は非ゼロである

(v) $\boldsymbol{A}$ が，単位行列の1行だけを他の行ベクトルと置き換えた行列である．ただし対角要素は非ゼロである

ここで**置換行列** (permutation matrix) とは，各行，各列に1がちょうど1つずつ存在し，その他の要素はすべて0である正方行列のことをいう．**下三角行列** (lower triangular matrix) とは，$i < j$ である i, j に対して $a_{ij} = 0$ である正方行列，**上三角行列** (upper triangular matrix) とは，$i > j$ である i, j に対して $a_{ij} = 0$ である正方行列のことをいう．まず，これら **(i)** ～ **(v)** の場合どのように解きやすいかを説明しよう．

[(i) の場合]： 各行に1が1つしかないので，列 j に対し $a_{ij} = 1$ であるとき $\sigma[j] := i$ とする，各行にも1が1つなので，$(\sigma[1], \sigma[2], \ldots, \sigma[n])$ と並べると，$(1, 2, \ldots, n)$ の順列になっている．$\boldsymbol{Ax} = \boldsymbol{b}$ の解は $x_j := b_{\sigma[j]}$ で計算される．必要な基本演算の回数は，n に比例する程度である．

[(ii) の場合]： $\boldsymbol{Ax} = \boldsymbol{b}$ は次のような形である．

$$
\begin{cases}
a_{11}x_1 & & & = b_1 \\
a_{21}x_1 + a_{22}x_2 & & & = b_2 \\
a_{31}x_1 + a_{32}x_2 & + \ a_{33}x_3 & & = b_3 \\
\vdots & & \ddots & \vdots \ \vdots \\
a_{n1}x_1 + & \cdots & + \ a_{nn}x_n & = b_n
\end{cases}
$$

1行目の式 $a_{11}x_1 = b_1$ より $x_1 := \frac{b_1}{a_{11}}$ である．x_1 の値が決まれば，2行目の式 $a_{21}x_1 + a_{22}x_2 = b_2$ より $x_2 := \frac{b_2 - a_{21}x_1}{a_{22}}$ が計算される．一般に $x_1, x_2, \ldots, x_i$ まで解けているとすると，x_{i+1} は，$i+1$ 番目の式

$$a_{(i+1)1}x_1 + \cdots + a_{(i+1)(i+1)}x_{i+1} = b_{i+1}$$

より $x_{i+1} := \frac{b_{i+1} - \{a_{(i+1)1}x_1 + \cdots + a_{(i+1)(i-1)}x_{i-1}\}}{a_{(i+1)(i+1)}}$ と解ける．この手続きを n まで繰り返せば1次方程式を解くことができる．必要な基本演算の回数は n^2 に比例する程度である．

[(iii) の場合]： $\boldsymbol{A}$ が上三角行列の場合は，(ii) の場合と同様のやり方で 逆順，つまり $x_n, x_{n-1}, \ldots, x_2, x_1$ の順で解くことができる．

[(iv) の場合]： 取り替えた列を k 列とすると方程式 $\boldsymbol{Ax} = \boldsymbol{b}$ は次のような形をしている．

$$\begin{bmatrix} 1 & & & a_{1k} & & & \\ & \ddots & & \vdots & & & \\ & & 1 & \cdot & & & \\ & & & a_{kk} & & & \\ & & & \cdot & 1 & & \\ & & & \vdots & & \ddots & \\ & & & a_{nk} & & & 1 \end{bmatrix} \begin{bmatrix} x_1 \\ \vdots \\ x_{k-1} \\ x_k \\ x_{k+1} \\ \vdots \\ x_n \end{bmatrix} = \begin{bmatrix} b_1 \\ \vdots \\ b_{k-1} \\ b_k \\ b_{k+1} \\ \vdots \\ b_n \end{bmatrix} \tag{3.35}$$

これは，$x_k := \frac{b_k}{a_{kk}}$ を最初に解き，これを残りの等式 $x_i := b_i - a_{ik}x_k$ $(i \neq k)$ に代入することによって解くことができる．基本演算回数はたかだか n に比例する程度である．

[(v) の場合]： 取り替えた行を k 行とすると方程式 $\boldsymbol{Ax} = \boldsymbol{b}$ は次のような形をしている．

$$\begin{bmatrix} 1 & & & & & & \\ & \ddots & & & & & \\ & & 1 & & & & \\ a_{k1} & \cdots & \cdot & a_{kk} & \cdot & \cdots & a_{kn} \\ & & & & 1 & & \\ & & & & & \ddots & \\ & & & & & & 1 \end{bmatrix} \begin{bmatrix} x_1 \\ \vdots \\ x_{k-1} \\ x_k \\ x_{k+1} \\ \vdots \\ x_n \end{bmatrix} = \begin{bmatrix} b_1 \\ \vdots \\ b_{k-1} \\ b_k \\ b_{ks+1} \\ \vdots \\ b_n \end{bmatrix} \tag{3.36}$$

これは，$x_i := b_i \ (i \neq k)$，よって $x_r := b_r - \sum_{i=1,\neq r}^{n} a_{ri} x_I$ の式に代入すれば x_r についても解ける．基本演算回数はたかだか n に比例する程度である．

さて $n \times n$ 行列 $\boldsymbol{A}$ が (i) ～ (v) の行列の積で表されているとしよう．つまり

$$\boldsymbol{A} = \boldsymbol{A}_1 \boldsymbol{A}_2 \cdots \boldsymbol{A}_p, \quad \boldsymbol{A}_i (i = 1, 2, \ldots, p) \text{ は (i) ～ (v) の行列である}$$

とする．じつはこの場合も，次のように (i) ～ (v) の場合の解の求め方を組み合わせることによって連立方程式 $\boldsymbol{A}\boldsymbol{x} = \boldsymbol{b}$ を比較的容易に解くことができるのである．解きたいのは

$$(\boldsymbol{A}_1 \boldsymbol{A}_2 \cdots \boldsymbol{A}_k)\boldsymbol{x} = \boldsymbol{b} \tag{3.37}$$

である．まず

$$\overline{\boldsymbol{b}} := (\boldsymbol{A}_2 \boldsymbol{A}_3 \cdots \boldsymbol{A}_k)\boldsymbol{x} \tag{3.38}$$

とおく．これを式 (3.37) に代入すると

$$\boldsymbol{A}_1 \overline{\boldsymbol{b}} = \boldsymbol{b}$$

である．この方程式は $\boldsymbol{A}_1$ が (i) ～ (v) の行列であるので，先の方法で $\overline{\boldsymbol{b}}$ について解くことができる．$\overline{\boldsymbol{b}}$ について解くことができたら，式 (3.38) に $\overline{\boldsymbol{b}}$ を代入する．$\overline{\boldsymbol{b}}$ はすでに値が求まっているベクトルなので

$$(\boldsymbol{A}_2 \boldsymbol{A}_3 \cdots \boldsymbol{A}_k)\boldsymbol{x} = \overline{\boldsymbol{b}} \tag{3.39}$$

は $\boldsymbol{x}$ に関する方程式となる．これを $\boldsymbol{x}$ について解けばよい．解き方は，再帰的に，つまり $(\boldsymbol{A}_1 \boldsymbol{A}_2 \cdots \boldsymbol{A}_k)\boldsymbol{x} = \boldsymbol{b}$ を解こうとしたときと同じようである．

3×3 の具体例を使って説明しよう．

例 3.3 $\boldsymbol{A} = \begin{bmatrix} 1 & 1 & 1 \\ 1 & 2 & 3 \\ 1 & 4 & 9 \end{bmatrix}$, $\boldsymbol{b} = \begin{bmatrix} 1 \\ 4 \\ 16 \end{bmatrix}$ として，連立方程式 $A\boldsymbol{x} = \boldsymbol{b}$ を解く場合を考える．下三角行列を $\boldsymbol{L} = \begin{bmatrix} 1 & 0 & 0 \\ 1 & 1 & 0 \\ 1 & 3 & 1 \end{bmatrix}$，上三角行列を $\boldsymbol{U} = \begin{bmatrix} 1 & 1 & 1 \\ 0 & 1 & 2 \\ 0 & 0 & 2 \end{bmatrix}$ とすれば，$\boldsymbol{A} = \boldsymbol{L}\boldsymbol{U}$ が成り立つ．解きたいのは $(\boldsymbol{A}\boldsymbol{x} =)\boldsymbol{L}\boldsymbol{U}\boldsymbol{x} = \boldsymbol{b}$ である．まず，$\overline{\boldsymbol{b}} := \boldsymbol{U}\boldsymbol{x}$ とおく．方程式は $\boldsymbol{L}\overline{\boldsymbol{b}} = \boldsymbol{b}$ となり，(ii) の方法を使えば $\overline{\boldsymbol{b}}$ に

ついて簡単に解くことができる．$\bar{b}_1 := b_1/1 = 1$, $\bar{b}_2 := (b_2 - \bar{b}_1)/1 = 3$, $\bar{b}_3 := \{b_3 - (\bar{b}_1 + 3\bar{b}_2)\}/1 = 6$ となる．$\bar{\boldsymbol{b}}$ が求められたので，最初に置き換えた $\bar{\boldsymbol{b}} = \boldsymbol{U}\boldsymbol{x}$ に代入すると，これは $\boldsymbol{x}$ に関する方程式なので，今度は (iii) の方法で解くことができる．$x_3 := \bar{b}_3/2 = 3$, $x_2 = (\bar{b}_2 - 2x_3)/1 = 3 - 2 \times 3 = -3$, $x_1 = \{\bar{b}_1 - (x_2 + x_3)\}/1 = 1$ が得られ $\boldsymbol{A}\boldsymbol{x} = \boldsymbol{b}$ の解

$$\boldsymbol{x} = \begin{bmatrix} 1 \\ -3 \\ 3 \end{bmatrix}$$

が求められた．

どんな正則行列 $\boldsymbol{A}$ に対しても上の $\boldsymbol{A} = \boldsymbol{L}\boldsymbol{U}$ のように下三角行列と上三角行列の積に分解できるのだろうか？　答えは「条件付きで Yes」である（証明は，線形代数のテキスト[26,62] 等を参照）．

定理 3.5　任意の $n \times n$ 実正則行列 $\boldsymbol{A}$ に対して，$\boldsymbol{P}\boldsymbol{A} = \boldsymbol{L}\boldsymbol{U}$ となる置換行列 $\boldsymbol{P}$，下三角行列 $\boldsymbol{L}$，上三角行列 $\boldsymbol{U}$ が存在する．

証明は，線形代数のテキスト[26,62] を参照されたい．

置換行列 $\boldsymbol{P}$ を左から掛ける，つまり行列 $\boldsymbol{A}$ の行の入れ替えを許せばどんな正則行列 $\boldsymbol{A}$ も $\boldsymbol{L}\boldsymbol{U}$ に分解できるという定理である．さらに下三角行列 $\boldsymbol{L}$ の対角成分がすべて 1 である，という条件を付け加えれば，$\boldsymbol{L}, \boldsymbol{U}$ は $\boldsymbol{P}$ に対して唯一に定めることができる．正則行列を下三角行列と上三角行列の積に分解することを **LU 分解** (LU decomposition) という．

例 3.3 で行列 $\boldsymbol{L}, \boldsymbol{U}$ をどのように求めたかを説明しよう．

例 3.4　$\boldsymbol{A} = \begin{bmatrix} 1 & 1 & 1 \\ 1 & 2 & 3 \\ 1 & 4 & 9 \end{bmatrix}$ とし，$\boldsymbol{A} = \boldsymbol{L}\boldsymbol{U}$ となる下三角行列 $\boldsymbol{L}$，上三角行列 $\boldsymbol{U}$ を求める，ただし $\boldsymbol{L}$ の対角成分はすべて 1 である．$\boldsymbol{L}, \boldsymbol{U}$ の未知の成分をそれぞれ $l_{ij}(i > j)$, $u_{ij}(i \leq j)$ とする．

$$\boldsymbol{L} = \begin{bmatrix} 1 & 0 & 0 \\ l_{21} & 1 & 0 \\ l_{31} & l_{32} & 1 \end{bmatrix}, \quad \boldsymbol{U} = \begin{bmatrix} u_{11} & u_{12} & u_{13} \\ 0 & u_{22} & u_{23} \\ 0 & 0 & u_{33} \end{bmatrix}$$

$\boldsymbol{L}$ と $\boldsymbol{U}$ の積 $\boldsymbol{LU}$ を計算し，それが $\boldsymbol{A}$ と等しくなるように方程式をたてる．

$$\boldsymbol{LU} = \begin{bmatrix} u_{11} & u_{12} & u_{13} \\ l_{21}u_{11} & l_{21}u_{12} + u_{22} & l_{21}u_{13} + u_{23} \\ l_{31}u_{11} & l_{31}u_{12} + l_{32}u_{22} & l_{31}u_{13} + l_{32}u_{23} + u_{33} \end{bmatrix} = \begin{bmatrix} 1 & 1 & 1 \\ 1 & 2 & 3 \\ 1 & 4 & 9 \end{bmatrix}$$

上の式から $l_{ij}(i > j)$, $u_{ij}(i \leq j)$ を求めてみよう．まず 1 行目から，$u_{11} = a_{11} = 1$, $u_{12} = a_{12} = 1$, $u_{13} = a_{13} = 1$ が求められる．u_{11} が求まったので，今度は 1 列目から，$l_{21} = a_{21}/u_{11} = 1$, $l_{31} = a_{31}/u_{11} = 1$ が定まる．この時点で値が定まっているのは，$\{u_{11}, u_{12}, u_{13}, l_{21}, l_{31}\}$ である．上の $\boldsymbol{LU}$ の成分のすでに値が求まっている項を右の $\boldsymbol{A}$ の部分に移行してみると

$$\begin{bmatrix} 0 & 0 & 0 \\ 0 & u_{22} & u_{23} \\ 0 & l_{32}u_{22} & l_{32}u_{23} + u_{33} \end{bmatrix}$$
$$= \begin{bmatrix} 1 & 1 & 1 \\ 1 & 2 & 3 \\ 1 & 4 & 9 \end{bmatrix} - \begin{bmatrix} u_{11} & u_{12} & u_{13} \\ l_{21}u_{11} & l_{21}u_{12} & l_{21}u_{13} \\ l_{31}u_{11} & l_{31}u_{12} & l_{31}u_{13} \end{bmatrix} = \begin{bmatrix} 0 & 0 & 0 \\ 0 & 1 & 2 \\ 0 & 3 & 8 \end{bmatrix}$$

が得られる．解けずに残っているサイズがひと回り小さい 2×2 の行列の部分を残差行列と呼ぶ．残差行列に関する方程式

$$\begin{bmatrix} u_{22} & u_{23} \\ l_{32}u_{22} & l_{32}u_{23} + u_{33} \end{bmatrix} = \begin{bmatrix} 1 & 2 \\ 3 & 8 \end{bmatrix}$$

も同様の方法で $u_{22} = 1$, $u_{23} = 3$, $l_{32} = 3/u_{22} = 3$ を得る．さらに計算を進めると

$$\begin{bmatrix} 0 & 0 \\ 0 & u_{33} \end{bmatrix} = \begin{bmatrix} 1 & 2 \\ 3 & 8 \end{bmatrix} - \begin{bmatrix} u_{22} & u_{23} \\ l_{32}u_{22} & l_{32}u_{23} \end{bmatrix} = \begin{bmatrix} 0 & 0 \\ 0 & 2 \end{bmatrix}$$

より $u_{33} = 3$ が求められる．よって

$$
\boldsymbol{L} = \begin{bmatrix} 1 & 0 & 0 \\ 1 & 1 & 0 \\ 1 & 3 & 1 \end{bmatrix}, \quad \boldsymbol{U} = \begin{bmatrix} 1 & 1 & 1 \\ 0 & 1 & 2 \\ 0 & 0 & 2 \end{bmatrix}
$$

が得られた.

$\boldsymbol{L}$ と $\boldsymbol{U}$ がそれぞれ下対角行列，上対角行列であること，さらに $\boldsymbol{L}$ の対角成分がすべて 1 であることから，$\boldsymbol{L}$ と $\boldsymbol{U}$ 行列を記憶しておくための領域は，$n \times n$ の行列 $\boldsymbol{A}$ と同じになる．このことを利用して，残差行列の 0 の部分に求められた $\boldsymbol{L}, \boldsymbol{U}$ の成分を記憶していくようにすると，アルゴリズムは LU 分解を以下のように非常にコンパクトに，しかもかなり具体的に記述できる（ただし LU 分解ができるとあらかじめわかっている行列にのみ適用可能である）.

手続き 3.1（**LU 分解**）

入力： $\boldsymbol{A} \in \mathbb{R}^n$;（ただし LU 分解できる $\boldsymbol{A}$）

出力： $\boldsymbol{L}, \boldsymbol{U}$;（ただし，正方行列の下三角部に $\boldsymbol{L}$，上部に $\boldsymbol{U}$）

```
for (i=1, i<=n, i++)
   for (j=1, j<=n, j++)
      LU[i,j] := A[i,j];

for (i=1, i<=n-1, i++)
   for (j=i+1, j<=n, j++) {
      LU[j,i] := LU[j,i]/LU[i, i];
      for (k=i+1, k<=n, k++)
         LU[j,k] := LU[j,k] - LU[j,i] * LU[i,k];
   }
```

図 3.2 は上の擬似アルゴリズムで例 3.4 を解いた場合の流れを追ったものである.

この方法で問題となるのは，$\boldsymbol{A}$ の 最初の対角成分すなわち a_{11} が 0 である場合，あるいはサイズがひと回り小さくなったときの残差行列の対角成分が 0 となった場合である．対角成分が 0 にならないように，LU 分解の途中で，行

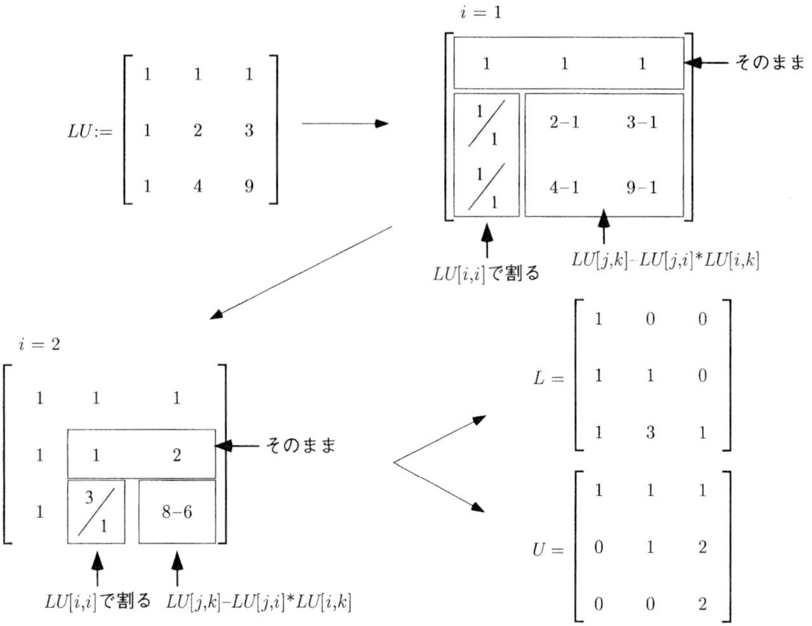

図 **3.2** LU 分解の流れ

の交換を行う．それが置換行列 $\boldsymbol{P}$ の役割である．

話を改訂シンプレックス法に戻そう．基底行列の逆行列を求めたときと同様に考えて，l 回目の基底を B^l とし，x_r $(r \in B^l)$ が出る変数，x_s $(s \in N^l)$ が入る変数であり，r が B^l の k 番目の要素であり，その r が s に置き換わるとしよう．$\boldsymbol{d} = \boldsymbol{A}_{B^l}^{-1}\boldsymbol{A}_s$ とし $\boldsymbol{T}_l$ を単位行列の k 列目を $\boldsymbol{d}$ で置き換えたものとすれば式 (3.31) と (3.32) より $\boldsymbol{A}_{B^l}\boldsymbol{T}_l = \boldsymbol{A}_{B^{l+1}}$ となる．

この関係を利用して，もし初期基底行列 $\boldsymbol{A}_{B^0}$ が $\boldsymbol{A}_{B^0} = \boldsymbol{PLU}$ に分解されていて，l 回までの各繰り返しで $\boldsymbol{T}_i$ $(i = 1, 2, \ldots, l)$ を記憶していれば，$l+1$ 回の繰り返しでの基底行列 $\boldsymbol{A}_{B^{l+1}}$ は

$$\boldsymbol{A}_{B^{l+1}} = \boldsymbol{PLUT}_1\boldsymbol{T}_2\cdots\boldsymbol{T}_l$$

の関係になっていることがわかる．上式の右項に出てくる行列はすべて方程式が解きやすい行列 **(i)** ∼ **(v)** のどれかである．ゆえに $l+1$ 回目の繰り返しで解かなければならない方程式

$$\begin{cases} A_{B^{l+1}}\bar{b} = b & (\bar{b} \text{ について}) \\ y^\top A_{B^{l+1}} = c_{B^{l+1}}^\top & (y \text{ について}) \\ A_{B^{l+1}} d = A_s & (d \text{ について}) \end{cases}$$

を効率よく解くことができる．2番目の方程式 $y^\top A_{B^{l+1}} = c_{B^{l+1}}^\top$ は $T_l^\top \cdots T_2^\top T_1^\top U^\top L^\top P^\top y = c_{B^{l+1}}$ を解けばよいことに注意しよう．置換行列の転置は置換行列に，下対角行列の転置は上対角行列に上対角行列の転置は下対角行列に，**(iv)** の行列の転置は **(v)** の行列になるので解きやすさに問題は生じない．

基底行列の逆行列を更新するにせよ基底行列を分解するにせよ，シンプレックス法が繰り返されると誤差が蓄積されていく．さらに基底行列の分解に関しては，繰り返しの回数以上の行列の積で表されているため，繰り返しの回数が増えれば増えるほど記憶領域を消費する．これら誤差が大きくなることや記憶領域の消費を避けるため，何回かに一度，逆行列を求め直したり分解をし直したりしなければならない．問題の構造等にもよるが，一般的には 15〜20 回に一度という基準が提案されている．

[フィルインの問題]

次の 6×6 の行列 A の LU 分解を考えてみよう．

$$\begin{bmatrix} 6 & 1 & 1 & 1 & 1 & 1 \\ 1 & 1 & 0 & 0 & 0 & 0 \\ 1 & 0 & 1 & 0 & 0 & 0 \\ 1 & 0 & 0 & 1 & 0 & 0 \\ 1 & 0 & 0 & 0 & 1 & 0 \\ 1 & 0 & 0 & 0 & 0 & 1 \end{bmatrix}$$

この行列を LU 分解すると行列 L と U は次のような値になる．

$$\boldsymbol{L} = \begin{bmatrix} 1 & 0 & 0 & 0 & 0 & 0 \\ \frac{1}{6} & 1 & 0 & 0 & 0 & 0 \\ \frac{1}{6} & -\frac{1}{5} & 1 & 0 & 0 & 0 \\ \frac{1}{6} & -\frac{1}{5} & -\frac{1}{4} & 1 & 0 & 0 \\ \frac{1}{6} & -\frac{1}{5} & -\frac{1}{4} & -\frac{1}{3} & 1 & 0 \\ \frac{1}{6} & -\frac{1}{5} & -\frac{1}{4} & -\frac{1}{3} & -\frac{1}{2} & 1 \end{bmatrix}, \quad \boldsymbol{U} = \begin{bmatrix} 6 & 1 & 1 & 1 & 1 & 1 \\ 0 & \frac{5}{6} & -\frac{1}{6} & -\frac{1}{6} & -\frac{1}{6} & -\frac{1}{6} \\ 0 & 0 & \frac{4}{5} & -\frac{1}{5} & -\frac{1}{5} & -\frac{1}{5} \\ 0 & 0 & 0 & \frac{3}{4} & -\frac{1}{4} & -\frac{1}{4} \\ 0 & 0 & 0 & 0 & \frac{2}{3} & -\frac{1}{3} \\ 0 & 0 & 0 & 0 & 0 & \frac{1}{2} \end{bmatrix}$$

この例では，元々の行列 $\boldsymbol{A}$ では 対角成分と第 1 列目，第 1 行目のみ非ゼロでその他の成分は 0 だったものが，LU 分解した後の行列 $\boldsymbol{L}$ と $\boldsymbol{U}$ では，ゼロ成分がなくなりすべて非ゼロとなっている．このような現象を**フィルイン** (fill-in) といい，求められた行列 $\boldsymbol{L}$ と $\boldsymbol{U}$ を用いての 1 次方程式はそれほど効率よく解けるとは限らなくなってしまう（必要となる基本演算の回数が多くなってしまう）．

この現象を避けるために，行列 $\boldsymbol{A}$ を LU 分解するのではなく，行列 $\boldsymbol{A}$ の左から $\boldsymbol{P}$ を掛け，右から $\boldsymbol{Q}$ を掛けた行列 $\boldsymbol{PAQ}$ を LU 分解することを考えよう．ただし $\boldsymbol{P}$ と $\boldsymbol{Q}$ はともに 6×6 の単位行列の 1 行目と 6 行目（1 列目と 6 列目）を交換した置換行列である．

$$\boldsymbol{P} = \boldsymbol{Q} = \begin{bmatrix} 0 & 0 & 0 & 0 & 0 & 1 \\ 0 & 1 & 0 & 0 & 0 & 0 \\ 0 & 0 & 1 & 0 & 0 & 0 \\ 0 & 0 & 0 & 1 & 0 & 0 \\ 0 & 0 & 0 & 0 & 1 & 0 \\ 1 & 0 & 0 & 0 & 0 & 0 \end{bmatrix}$$

つまり $\boldsymbol{PAQ}$ は行列 $\boldsymbol{A}$ の 1 行目と 6 行目，1 列目と 6 列目を交換して得られた以下の行列となる．

$$
\boldsymbol{PAQ} = \begin{bmatrix} 1 & 0 & 0 & 0 & 0 & 1 \\ 0 & 1 & 0 & 0 & 0 & 1 \\ 0 & 0 & 1 & 0 & 0 & 1 \\ 0 & 0 & 0 & 1 & 0 & 1 \\ 0 & 0 & 0 & 0 & 1 & 1 \\ 1 & 1 & 1 & 1 & 1 & 6 \end{bmatrix}
$$

行列 $\boldsymbol{PAQ}$ を LU 分解すると $\boldsymbol{L}, \boldsymbol{U}$ は以下の値となる.

$$
\boldsymbol{L} = \begin{bmatrix} 1 & 0 & 0 & 0 & 0 & 0 \\ 0 & 1 & 0 & 0 & 0 & 0 \\ 0 & 0 & 1 & 0 & 0 & 0 \\ 0 & 0 & 0 & 1 & 0 & 0 \\ 0 & 0 & 0 & 0 & 1 & 0 \\ 1 & 1 & 1 & 1 & 1 & 1 \end{bmatrix}, \quad \boldsymbol{U} = \begin{bmatrix} 1 & 0 & 0 & 0 & 0 & 1 \\ 0 & 1 & 0 & 0 & 0 & 1 \\ 0 & 0 & 1 & 0 & 0 & 1 \\ 0 & 0 & 0 & 1 & 0 & 1 \\ 0 & 0 & 0 & 0 & 1 & 1 \\ 0 & 0 & 0 & 0 & 0 & 1 \end{bmatrix}
$$

$\boldsymbol{P}$ と $\boldsymbol{Q}$ が置換行列であることから $\boldsymbol{PAQ} = \boldsymbol{LU}$ より $\boldsymbol{A} = \boldsymbol{PLUQ}$ を得る. 特に $\boldsymbol{A}$ をこのタイプの $n \times n$ 行列に拡張して考えた場合, 余分な $\boldsymbol{P}$ と $\boldsymbol{Q}$ の部分を考え合わせても, フィルインが起きた場合と比べると, $\boldsymbol{A}$ を係数行列とする 1 次方程式を解くために必要な基本演算は格段に少なくて済むことが理解できるであろう (演習問題 3-5).

● 3.4 ● 様々なピボットアルゴリズム ●

LP をシンプレックス法で数値的に解く場合ピボット列の選択に大きな自由度があるため, その選択方法はアルゴリズムが終了するまでにかかる総ピボット数に強く影響をおよぼす. ピボット列選択の規則を**ピボット規則** (pivot rule) という. 総ピボット数をなるべく少なくするためのピボット規則がいくつか提案されている. ここでは, よく知られている以下の 3 つを紹介しよう.

最もよく知られたピボット列選択規則は Dantzig によって提案された**最大係数規則** (largest coefficient rule) である. 最大係数規則では, 対応する非基底変数が 1 単位増加したときに目的関数の増加が最も大きくなるように列を選択する．シンプレックス法といった場合，暗黙のうちにこのピボット規則を採用している場合が多い．

最大係数規則：シンプレックス法（アルゴリズム 3.1）の **Step 2** において，$\overline{c}_j > 0\ (j \in N)$ となる j が複数個あれば，その中での係数 $\overline{c}_j$ が最大となるものを s として選ぶ，つまり

$$s := \arg\max\{\overline{c}_j | \overline{c}_j > 0,\ j \in N\}$$

とする．

1 回のピボットで得られる目的関数値の増加を最大にする方法として，次の**最大改善規則** (largest improvement rule) が考えられている．

最大改善規則：シンプレックス法（アルゴリズム 3.1）の **Step 2** において，$\overline{c}_j > 0\ (j \in N)$ となる j が複数個あれば，その中で $\overline{c}_j \times R_j$ の最も大きなものを選ぶ．ここで

$$R_j := \min\{\overline{b}_i / \overline{a}_{ij} | \overline{a}_{ij} > 0,\ i \in B\} \quad (j \in N)$$

である．

シンプレックス法は，多面体の頂点から枝を経由して目的関数が増加する頂点へと移っていくアルゴリズムであると考えられる（次の節参照）．次のピボットルールは，目的関数と経由する枝の角度が最も小さい方向を選ぶという基準であり**最急枝規則** (steepest edge rule) と呼ばれている．

最急枝規則：シンプレックス法（アルゴリズム 3.1）の **Step 2** において，$\overline{c}_j > 0\ (j \in N)$ となる j が複数個あれば，その中で $\cos\theta_j$ の最も大きなものを選ぶ．ここで

$$\cos\theta_j := \frac{\overline{c}_j}{\sqrt{1 + \sum_{i \in B} \overline{a}_{ij}^2}}$$

である．

例えば，入る変数として $x_s\ (s \in N)$ が選ばれたとしよう．$\Delta \boldsymbol{x} \in \mathbb{R}^{B \cup N}$ を

以下のように定める.

$$\Delta x_j := \begin{cases} 1 & (j = s) \\ 0 & (j \in N \backslash s) \\ -\overline{a}_{ij} & (i \in B) \end{cases}$$

$\Delta \boldsymbol{x}$ は x_s を入る変数として選んだ場合の解の変化方向であり，$\Delta \boldsymbol{x}$ と目的関数を決めるベクトル $\boldsymbol{c}$ とのなす角を θ_s とすれば

$$\cos\theta_s = \frac{\boldsymbol{c}^\top \Delta \boldsymbol{x}}{\|\boldsymbol{c}\| \|\Delta \boldsymbol{x}\|} = \frac{\overline{c}_s}{\|\boldsymbol{c}\| \sqrt{1 + \sum_{i \in B} \overline{a}_{ij}^2}}$$

が成り立つ．$\|\boldsymbol{c}\|$ は一定なので最急枝規則は，解の変化方向 $\Delta \boldsymbol{x}$ と目的関数方向 $\boldsymbol{c}$ とのなす角の余弦を最大化していることになる.

シンプレックス辞書において係数が非ゼロならば，そこを中心とするピボット演算が可能であることに注意しよう．つまり次の繰り返しでの基底解の実行可能性を考えなければ，ピボット列選択の自由度はさらに広がるのである．そうしたピボット選択の自由度を考慮したピボット演算を使ったアルゴリズムをピボット規則とは分けて考えて，**ピボットアルゴリズム** (pivoting algorithm) という．次の部分では 2 つのピボットアルゴリズム（双対シンプレックス法と criss-cross 法）を紹介する.

[双対シンプレックス法]

次の等式標準形の LP (P) とその双対問題 (D) を考える.

$$\text{(P)} \left| \begin{array}{ll} \text{最大化} & \boldsymbol{c}^\top \boldsymbol{x} \\ \text{条　件} & \boldsymbol{A}\boldsymbol{x} = \boldsymbol{b} \quad (\boldsymbol{x} \geq \boldsymbol{0}) \end{array} \right. \qquad \text{(D)} \left| \begin{array}{ll} \text{最小化} & \boldsymbol{b}^\top \boldsymbol{y} \\ \text{条　件} & \boldsymbol{A}^\top \boldsymbol{y} \geq \boldsymbol{c} \end{array} \right.$$

改訂シンプレックス法 (73 ページ) で説明したように，上の問題 (P) の $m \times m$ 基底行列 $\boldsymbol{A}_B$ がもし存在するとすれば，辞書の係数行列は，その逆行列を用いて次のように表される．ここでは，そのような基底行列が存在すると仮定しよう.

$$\boldsymbol{D}: \quad \begin{array}{c|c|c|} \multicolumn{1}{c}{} & \multicolumn{1}{c}{} & \multicolumn{1}{c}{\boldsymbol{x}_N} \\ \cline{2-3} x_f & \boldsymbol{c}_B{}^\top(\boldsymbol{A}_B)^{-1}\boldsymbol{b} & [\boldsymbol{c}_N - \boldsymbol{c}_B{}^\top(\boldsymbol{A}_B)^{-1}\boldsymbol{A}_N]^\top \\ \cline{2-3} \boldsymbol{x}_B & (\boldsymbol{A}_B)^{-1}\boldsymbol{b} & -(\boldsymbol{A}_B)^{-1}\boldsymbol{A}_N \\ \cline{2-3} \end{array} \tag{3.29'}$$

上の辞書において，シンプレックス法の最適性条件

$$[\boldsymbol{c}_N - \boldsymbol{c}_B{}^\top(\boldsymbol{A}_B)^{-1}\boldsymbol{A}_N]^\top \leq \boldsymbol{0}^\top \tag{3.40}$$

が成り立つとき，その辞書を**双対実行可能辞書** (dual feasible dictionary) と呼ぶ．なぜならば $\boldsymbol{y} \in \mathbb{R}^m$ を $\boldsymbol{y}^\top = \boldsymbol{c}_B^\top(\boldsymbol{A}_B)^{-1}$ とおくと

$$(\boldsymbol{A}_B)^\top \boldsymbol{y} - \boldsymbol{c}_B = \boldsymbol{A}_B(\boldsymbol{A}_B)^{-1}\boldsymbol{c}_B - \boldsymbol{c}_B = \boldsymbol{0}$$

$$(\boldsymbol{A}_N)^\top \boldsymbol{y} - \boldsymbol{c}_N = -[\boldsymbol{c}_N - \boldsymbol{c}_B{}^\top(\boldsymbol{A}_B)^{-1}\boldsymbol{A}_N] \geq \boldsymbol{0}$$

が成り立ち，双対問題の条件を満たすからである．このときの双対問題の目的関数の値は $\boldsymbol{b}^\top\boldsymbol{y} = \boldsymbol{c}_B^\top(\boldsymbol{A}_B)^{-1}\boldsymbol{b} = x_f$ となる．

さらに双対実行可能辞書に対する基底解 $\boldsymbol{x} = \begin{bmatrix} \boldsymbol{x}_B \\ \boldsymbol{x}_N \end{bmatrix} = \begin{bmatrix} (\boldsymbol{A}_B)^{-1}\boldsymbol{b} \\ \boldsymbol{0} \end{bmatrix}$ に対して $\boldsymbol{x}_B = (\boldsymbol{A}_B)^{-1}\boldsymbol{b} \geq \boldsymbol{0}$ ならば $\boldsymbol{x}$ は主問題の実行可能解である．つまり最適辞書とは，対応する基底解が主問題の実行可能解でありかつ，双対実行可能辞書であることとなる．双対変数を上記のような $\boldsymbol{y}$ で定義すれば，最適辞書では対応する基底解が主問題の実行可能解であり，$\boldsymbol{y}$ は双対問題の実行可能解であり，それぞれの目的関数値が一致し，系 2.1 より最適性が示される．

では双対実行可能辞書であるにもかかわらず，対応する基底解が実行可能でない場合，つまり，$x_{B(r)} = \bar{b}_r < 0$ $(r \in \{1, 2, \ldots, n\})$ が存在する場合どうしたらよいか？　**双対シンプレックス法** (dual simplex method) は，双対実行可能辞書に対してピボット演算を繰り返し施し，双対実行可能性を保持したまま双対問題の目的関数値を最小化することを考えたピボットアルゴリズムである．

シンプレックス辞書が，(r, s) を中心としたピボット演算でどのように変化するのかを思い出してみよう（式 (3.12), (3.13)）．

$$
\begin{array}{|lll}
\text{最大化} & x_f = \bar{c}_0 + \displaystyle\sum_{j \in N \backslash s} \bar{c}_j x_j + \bar{c}_s & \\
\text{条　件} & x_i = \bar{b}_i - \displaystyle\sum_{j \in N \backslash s} \bar{a}_{ij} x_j - \bar{a}_{is} x_s & (i \in B \backslash r) \\
& x_r = \bar{b}_r - \displaystyle\sum_{j \in N \backslash s} \bar{a}_{rj} x_j - \bar{a}_{rs} x_s & \\
& (x_i, x_j \geq 0 \ (i \in B, j \in N)) &
\end{array}
$$

$$\Downarrow (r,s) \text{ 上でピボット演算}$$

$$
\begin{array}{|ll}
\text{最大化} & x_f = \left(\bar{c}_0 + \frac{\bar{b}_r}{\bar{a}_{rs}} \bar{c}_s\right) + \displaystyle\sum_{j \in N \backslash s} \left(\bar{c}_j - \frac{\bar{a}_{rj}}{\bar{a}_{rs}} \bar{c}_s\right) x_j - \frac{1}{\bar{a}_{rs}} \bar{c}_s x_r \\
\text{条　件} & x_i = \left(\bar{b}_i - \frac{\bar{b}_r}{\bar{a}_{rs}} \bar{a}_{is}\right) - \displaystyle\sum_{j \in N \backslash s} \left(\bar{a}_{ij} - \frac{\bar{a}_{rj}}{\bar{a}_{rs}} \bar{a}_{is}\right) x_j + \frac{1}{\bar{a}_{rs}} \bar{a}_{is} x_r \\
& \qquad (i \in B \backslash r) \\
& x_s = \frac{\bar{b}_r}{\bar{a}_{rs}} - \displaystyle\sum_{j \in N \backslash s} \frac{\bar{a}_{rj}}{\bar{a}_{rs}} x_j - \frac{1}{\bar{a}_{rs}} x_r \\
& (x_i, x_j \geq 0 \ (i \in B, j \in N))
\end{array}
$$

目的関数の変化

$$\bar{c}_0 + \frac{\bar{c}_s}{\bar{a}_{rs}} \bar{b}_r$$

と辞書の双対実行可能性 $\bar{c}_s \leq 0$ より，もし

$$\frac{\bar{b}_r}{\bar{a}_{rs}} > 0$$

ならば目的関数は減少する（正確には増加しない）ことになる．新たに得られる辞書の双対実行可能性より，目的関数の $x_{B(r)}$ の項に対する係数 $\frac{\bar{c}_s}{\bar{a}_{rs}}$ が非正（0 以下）でなくてはならないので $\bar{a}_{rs} < 0$ でなくてはならない．よって

$$\bar{b}_r < 0, \quad \bar{a}_{rs} < 0$$

なる (r,s) を中心にピボット演算をする必要がある．さらに，ピボット演算後の目的関数の $x_{B(r)}$ 以外の項に関する係数の双対実行可能性に関しても考慮しなければならない．つまり

$$\bar{c}_j - \frac{\bar{c}_s}{\bar{a}_{rs}} \bar{a}_{rj} \leq 0 \quad (j \neq s, j \in N)$$

を満たさなければならない．このような (r,s) は

$$\bar{a}_{rs} < 0, \quad \bar{c}_s/\bar{a}_{rs} = \min\{-\bar{c}_j/\bar{a}_{rj} | \bar{a}_{rj} < 0, j \in N\} \tag{3.41}$$

となる r,s で達成される．このような (r,s) を中心にピボット演算を行えば，双対実行可能性を保持したまま，双対問題の目的関数値を減少させる（少なくとも増加させない）ことができる．以上が双対シンプレックス法の概要である．

自明な双対実行可能辞書が得られる場合として，不等式標準形の LP で，目的関数の係数ベクトル $\boldsymbol{c}$ が $\boldsymbol{c} \leq \boldsymbol{0}$ を満たすものを採用するが，特に不等式標準形である必要はなく，双対実行可能辞書を作れるような基底行列が存在すればよいことに注意しよう．

アルゴリズム **3.4** ［双対シンプレックス法］

入力： 不等式標準形の LP (3.9)，ただし，$c_i \leq 0 \ (i = 1, 2, \ldots, m)$

出力： 辞書 $\boldsymbol{D}$

初期化： $N := \{1, 2, \ldots, n\}$; $B := \{n+1, n+2, \ldots, n+m\}$

$$\boldsymbol{D} := \begin{array}{r|c|cccc|} \multicolumn{1}{r}{} & \multicolumn{1}{c}{} & x_1 & x_2 & \cdots & \multicolumn{1}{c}{x_n} \\ \hline z & 0 & c_1 & c_2 & \cdots & c_n \\ \hline x_{n+1} & b_1 & -a_{11} & -a_{12} & \cdots & -a_{1n} \\ \vdots & \vdots & \vdots & \vdots & & \vdots \\ x_{n+m} & b_m & -a_{m1} & -a_{m2} & \cdots & -a_{mn} \\ \hline \end{array}$$

Step 1（最適性判定）：

$\bar{b}_i \geq 0 \ (\forall i \in B)$ ならば $\boldsymbol{D}$ を出力し終了する（終了 $\mathbf{1}'$）

Step 2（ピボット行選択）：

r を $\{i | \bar{b}_i < 0, \ i \in B\}$ の中から 1 つ選ぶ

Step 3（双対非有界性判定）：

$\bar{a}_{rj} \leq 0 \ (\forall j \in N)$ ならば $\boldsymbol{D}$ を出力し終了する（終了 $\mathbf{2}'$）

Step 4（ピボット列選択）：

$\bar{a}_{rs} < 0$ かつ $\bar{c}_s/\bar{a}_{rs} = \min\{\bar{c}_j/\bar{a}_{rj} | \bar{a}_{rj} < 0, \ j \in N\}$

となる s を 1 つ選ぶ

Step 5 （(r,s) 上のピボット演算）：

式 (3.15) で得られた辞書 $\boldsymbol{D}'$ に対し $\boldsymbol{D} := \boldsymbol{D}'$ とする

$N := N - s + r$; $B := B - r + s$; として **Step 1** へ

Step 4 でのピボット列選択の部分を**双対の比のテスト** (dual ratio-test) という．シンプレックス法の場合と同様に，双対シンプレックス法の記述から明らかなように以下の 2 つの性質がわかる．

性質 3.4 不等式標準形の LP (P)（ただし，$\boldsymbol{c} \leq \boldsymbol{0}$）に，双対シンプレックス法（アルゴリズム 3.4）を適用し，**Step 1** の終了 **1′** でアルゴリズムが終了したとき，そのときの実行可能基底解は入力の LP (P) の最適解である．

証明 性質 3.1 と同じ命題である． ■

性質 3.5 不等式標準形の LP（ただし，$\boldsymbol{c} \leq \boldsymbol{0}$）に双対シンプレックス法（アルゴリズム 3.4）を適用し，**Step 3** の終了 **2′** でアルゴリズムが終了したとき，(P) は実行不可能でありかつ，その双対問題 (D) は非有界である．

証明 k 回目の繰り返しで，**Step 2** の終了 **2′** でアルゴリズムが終了したとしよう．そのときの基底を B，非基底を N とする．辞書の x_r $(r \in B)$ に関する等式で

$$x_r = \bar{b}_r - \textstyle\sum_{j \in N} \bar{a}_{r1} x_j$$
$$\text{ただし } \bar{b}_r < 0,\ -\bar{a}_{rj} \leq 0 \quad (j \in N)$$

が得られている．$x_j \geq 0$ $(j \in N)$ より，上の等式を満たすような $x_r \geq 0$ は存在しない．ゆえに (P) は実行不可能である．(P) が実行不可能かつその双対問題 (D) が実行可能ならば，LP の基本定理（定理 2.3）より (D) は非有界である． ■

双対シンプレックス法においても，シンプレックス法と同様に辞書が退化し

ていると巡回 が起こりうる．回避手段として，シンプレックス法の場合と同様に，辞書式摂動法や Bland の規則が有効である．

説明の最後に双対シンプレックス法の実行例を取り上げよう．

$$
\begin{array}{|ll}
\text{最大化} & -2x_1 - 8x_2 - 6x_3 \\
\text{条　件} & \begin{cases} 2x_1 + 3x_2 \leq -2 \\ 2x_1 - 2x_2 + 2x_3 \leq -3 \\ -x_1 + 2x_2 - x_3 \leq -1 \end{cases} \\
 & (x_1, x_2, x_3 \geq 0)
\end{array}
\tag{3.42}
$$

スラック変数 x_4, x_5, x_6 を導入し初期双対実行可能辞書を作る．

$$
\begin{array}{|ll}
\text{最大化} & x_f = 0 - 2x_1 - 8x_2 - 6x_3 \\
\text{条　件} & x_4 = -2 + 2x_4 + 3x_2 \\
 & x_5 = -3 + 2x_4 - 2x_2 + 2x_3 \\
 & x_6 = -1 - x_4 + 2x_2 - x_3 \\
 & (x_1,\ x_2,\ \ldots,\ x_6 \geq 0)
\end{array}
\tag{3.43}
$$

この問題に双対シンプレックス法を適用し，各反復の辞書を行列表現したのが表 3.3 である．

表 3.3 双対シンプレックス法の実行例

初期双対実行可能辞書

		x_1	x_2	x_3
x_f	0	−2	−8	−6
x_4	−2	2*	3	0
x_5	−3	2	−2	2
x_6	−1	−1	2	−1

⟶ ピボット (4, 1)

1 反復後の辞書

		x_4	x_2	x_3
x_f	−2	−1	−5	−6
x_1	1	1/2	−3/2	0
x_5	−1	1*	−5	2
x_6	−2	−1/2	7/2	−1

ピボット (5, 4) ↙

2 反復後の辞書

		x_5	x_2	x_3
x_f	−3	−1	−10	−4
x_1	3/2	1/2	1	−1
x_4	1	1	5	−2
x_6	−5/2	−1/2	1*	0

⟶ ピボット (6, 2)

最適辞書

		x_5	x_6	x_3
x_f	−28	−6	−10	−4
x_1	4	1	1	−1
x_4	27/2	7/2	5	−2
x_2	5/2	1/2	1	0

上の実行例に用いた問題は，3.1 節で導入した，シンプレックス法の説明に用

いた例題 (3.1) の双対問題を，不等式標準形の最大化問題に変換した問題である．元々の問題をシンプレックス法で解いた場合の各反復の辞書 (3.2), (3.5), (3.7), (3.8) と，双対問題を双対シンプレックス法で解いた場合の各反復での辞書 (表 3.3) を見比べると，どちらかの係数行列を転置して，符号を逆転させると一致することがわかる．双対シンプレックス法は，シンプレックス法の双対バージョンであり，基本的なアイデアはまったく同じであることが理解できるであろう．

[criss-cross 法，十文字法]

シンプレックス法は主問題の実行可能基底解を，双対シンプレックス法は双対問題の実行可能基底解を順次たどる解法である．この節の最後に紹介するのは，主実行可能性も双対実行可能性も想定しない基底解を次々とたどっていく，Terlaky[68] と Wang[72] により独立に開発されたピボットアルゴリズム：**criss-cross 法** (criss-cross method) または**十文字法**と呼ばれるピボットアルゴリズムである．特徴として次の 3 つが挙げられる．(i) ピボットアルゴリズムである，(ii) 実行可能性も双対実行可能も想定しない，(iii) ピボット行，列の選択に Bland の規則のように最小添字規則を用いる．

criss-cross 法はピボットアルゴリズムであるため，辞書の概念さえ理解していれば容易に理解可能である．次のアルゴリズム 3.5 が criss-cross 法の記述となる．

アルゴリズム **3.5** [**criss-cross 法**]

入力： 任意の不等式標準形の LP（$\boldsymbol{b} \geq \boldsymbol{0}$ や $\boldsymbol{c} \leq \boldsymbol{0}$ である必要はない）

出力： 辞書 $\boldsymbol{D}$

初期化： $N := \{1, 2, \ldots, n\}$; $B := \{n+1, n+2, \ldots, n+m\}$

$$\boldsymbol{D} := \begin{array}{r|c|cccc|} \multicolumn{1}{r}{} & \multicolumn{1}{c}{} & x_1 & x_2 & \cdots & \multicolumn{1}{c}{x_n} \\ \hline x_f & 0 & c_1 & c_2 & \cdots & c_n \\ \hline x_{n+1} & b_1 & -a_{11} & -a_{12} & \cdots & -a_{1n} \\ \vdots & \vdots & \vdots & \vdots & & \vdots \\ x_{n+m} & b_m & -a_{m1} & -a_{m2} & \cdots & -a_{mn} \\ \hline \end{array}$$

Step 1（最適性判定）：

$R := \{i \in B \mid \bar{b}_i < 0\}$; $S := \{j \in N \mid \bar{c}_j > 0\}$ とする

$R \cup S = \emptyset$ ならば終了（終了 **1**）

Step 2：

$p := \min R \cup S$ とする

$p \in B$ ならば $r := p$ とし **Step 2-1** へ

$p \in N$ ならば $s := p$ とし **Step 2-2** へ

Step 2-1（実行不可能性判定）：

$J := \{j \in N \mid \bar{a}_{rj} < 0\}$ とする

$J = \emptyset$ ならば終了する（終了 **2**）

$s := \min J$ として **Step 3** へ

Step 2-2（双対実行不可能性判定）：

$I := \{i \in B \mid \bar{a}_{is} > 0\}$ とする

$I = \emptyset$ ならば終了する（終了 **3**）

$r := \min I$ として **Step 3** へ

Step 3（ピボット演算）：

式 (3.15) で得られた辞書 $\boldsymbol{D}'$ に対し $\boldsymbol{D} := \boldsymbol{D}'$ とする

$N := N - s + r$; $B := B - r + s$; として **Step 1** へ

まず **Step 1** では，辞書の最適性を確かめる．もし最適ならば終了する（終了 **1**）．そうでない場合は，最適性を阻害する変数のうち，添字の一番小さいものを選ぶ．具体的には，$R := \{i \in B \mid \bar{b}_i < 0\}$, $S := \{j \in N \mid \bar{c}_j > 0\}$ とし，$p := \min\{R \cup S\}$ とする．

もし p が基底に入っているならば，辞書の実行不可能性をチェックする．実行不可能ならば終了し（終了 **2**），実行不可能でないならば，辞書が実行不可能でないことを示す最小の変数の添字を s とする．具体的には $s := \min\{j \in N \mid \bar{a}_{rj} < 0\}$ で求められる．$(r = p, s)$ 上でピボット演算をし次の繰り返しに進む．

もし p が非基底ならば，辞書の双対実行不可能性をチェックする．辞書が双対実行不可能ならば終了し（終了 **3**），双対実行不可能でないならばそのことを示す最小の変数の添字を r とする．具体的には $r := \min\{i \in B \mid \bar{a}_{is} > 0\}$ で求められる．$(r, s = p)$ 上でピボット演算をし次の繰り返しに進む．

アルゴリズムをよりわかりやすくするために，図 3.3 に流れ図を記した．ただし流れ図の中では，各繰り返しでの基底変数の添字 B，非基底変数の添字 N は小さい順に並べ替えてあると考える．

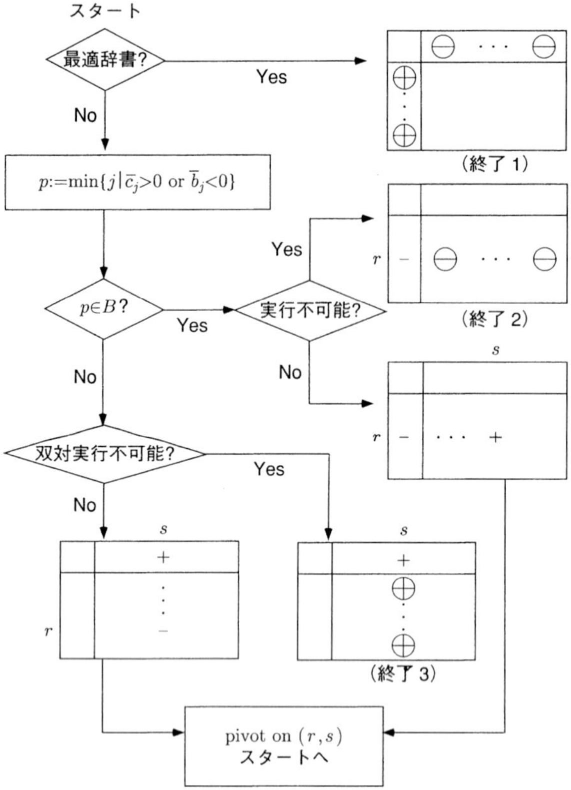

図 **3.3**　criss-cross 法の流れ

さらに理解を深めるために，criss-cross 法の実行例を示そう．解く問題は，次の不等式標準形の LP である．

$$
\begin{array}{|ll}
\text{最大化} & 2x_1 + 3x_2 - 2x_3 \\
\text{条　件} & \left\{\begin{array}{rl} 3x_1 - 2x_2 - x_3 & \le -3 \\ -2x_1 - x_2 + 2x_3 & \le -3 \\ 2x_1 + x_2 & \le 6 \end{array}\right. \\
& (x_1, x_2, x_3 \ge 0)
\end{array}
\tag{3.44}
$$

スラック変数を導入し初期辞書を作るところは通常のシンプレックス法と同じである．表 3.4 に criss-cross 法が各繰り返しで生成する辞書を示す．

criss-cross 法が **終了 1**，**終了 2** または **終了 3** で終了したときの辞書の符号パターンは図 3.4 のようになる．ただし $+, -, \oplus, \ominus$ はそれぞれ正，負，非負，非正の数を表す．

さらにそれらの辞書は問題 (P) の最適辞書，実行不可能を示す辞書，双対問題が実行不可能であることを示す辞書であることが次のように証明できる．

表 3.4 criss-cross 法の実行例

初期辞書

		x_1	x_2	x_3
x_f	0	2	3	−2
x_4	−3	−3*	2	1
x_5	−3	2	1	−2
x_6	6	−2	−1	0

$\longrightarrow$ ピボット (4, 1)

1 反復後の辞書

		x_2	x_3	x_4
x_f	−2	13/3	−4/3	−2/3
x_1	−1	2/3*	1/3	−1/3
x_5	−5	7/3	−4/3	−2/3
x_6	8	−7/3	−2/3	2/3

ピボット (1, 2) $\swarrow$

2 反復後の辞書

		x_1	x_3	x_4
x_f	9/2	13/2	−7/2	3/2
x_2	3/2	3/2	−1/2	1/2
x_5	−3/2	7/2	−5/2	1/2
x_6	9/2	−7/2*	1/2	−1/2

$\longrightarrow$ ピボット (6, 1)

3 反復後の辞書

		x_3	x_4	x_6
x_f	90/7	−18/7	4/7	−13/7
x_1	9/7	1/7	−1/7*	−2/7
x_2	24/7	−2/7	2/7	−3/7
x_5	3	−2	0	−1

ピボット (1, 4) $\swarrow$

最適辞書

		x_1	x_3	x_6
x_f	18	−4	−2	−3
x_2	6	−2	0	−1
x_4	9	−7	1	−2
x_5	3	0	−2	−1

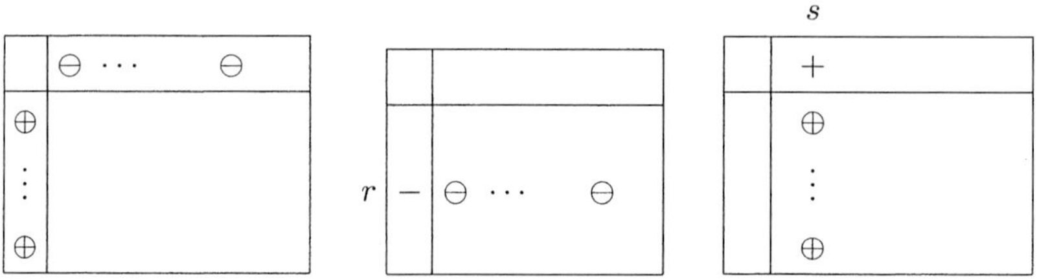

(a) 終了 **1** で得られる辞書　(b) 終了 **2** で得られる辞書　(c) 終了 **3** で得られる辞書

図 **3.4**　criss-cross 法で最終的に得られる辞書の符号パターン

性質 3.6　任意の不等式標準形の LP に criss-cross 法 (3.5) を適用し，もし **Step1** の **終了 1** でアルゴリズムが終了したとき，そのときの基底解は最適解である．

証明　シンプレックス法での性質 3.1 と同じ命題である．■

性質 3.7　任意の不等式標準形の LP に criss-cross 法 (3.5) を適用し，もし **Step 2-1** の **終了 2** でアルゴリズムが終了したとき，主問題 (P) は実行不可能である．

証明　性質 3.5 より明らか．■

性質 3.8　任意の不等式標準形の LP に criss-cross 法 (3.5) を適用し，もし，**Step 2-2** の **終了 3** でアルゴリズムが終了したとき，双対問題 (D) は実行不可能である．

証明　[演習問題 **3-4**]　■

上の 3 つの定理から，criss-cross 法が有限回で終了すれば，(i) 最適解を持つ，(ii) 主問題が実行不可能である，(iii) 双対問題が実行不可能である，のどれか 1 つの性質が証明されることがわかる．

さて残された問題，criss-cross 法は有限回で終了するか？に関しては，巡回が起こったと仮定して，辞書の符号パターンにおける矛盾を代数的に証明することができる．詳しくは，Terlaky[67]，Fukuda–Matsui[18] を参考にされたい．また criss–cross 法は，LP を特殊ケースとして含む，線形相補性問題（LCP）に対する解法として一般化されている[19]．第 5 章では，線形相補性問題に対する criss–cross 法の有限収束性の証明を行っているので、大いに参考になるであろう．

[その他のピボットアルゴリズム]

双対シンプレックス法や criss-cross 法の他，パラメータを用いたパラメトリックシンプレックス法，ネットワーク最適化に特化したネットワークシンプレックス法等，様々なシンプレックス法のバリエーションが存在する．パラメトリックシンプレックス法に関しては，数値実験も報告されている Vanderbei[71] が詳しい．ネットワークシンプレックス法に関しては，猿渡[63] に詳しく説明されている．

● 3.5 ● 幾何学的性質 ●

この章の最後のトピックとして，シンプレックス法の幾何学的な側面について考えよう．まずは基本的な概念の定義から始める．

[超平面と半空間]

定義 3.1 $\mathbf{0}$ でない $\mathbb{R}^n$ 次元のベクトル $\boldsymbol{\alpha}$ とスカラー β で次のように定義される集合

$$H^0 := \{\boldsymbol{x} \in \mathbb{R}^n | \boldsymbol{\alpha}^\top \boldsymbol{x} = \beta\} \tag{3.45}$$

を $\mathbb{R}^n$ の超平面といい

$$H^+ := \{\boldsymbol{x} \in \mathbb{R}^n | \boldsymbol{\alpha}^\top \boldsymbol{x} \leq \beta\} \tag{3.46}$$

を半空間という．

例えば $\mathbb{R}^2$ の超平面は，図 3.5 のように直線になり，半空間はその直線で分割された $\mathbb{R}^2$ の片側になる．ベクトル $\boldsymbol{\alpha}$ は超平面の法線ベクトルになっている．

[凸多面体]

凸多面体とは，有限個の半空間の共通部分であり，以下のように定義される．

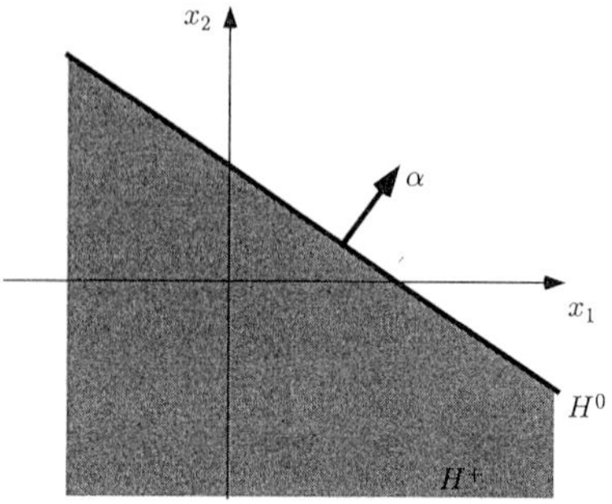

図 **3.5** $\mathbb{R}^2$ の超平面 H^0 と 半空間 H^+

定義 3.2 $P \subseteq \mathbb{R}^n$ が**凸多面体** (polyhedron) であるとは

$$P = \{\boldsymbol{x} \in \mathbb{R}^n | \boldsymbol{A}\boldsymbol{x} \leq \boldsymbol{b}\} \tag{3.47}$$

となるような $m \times n$ 行列 $\boldsymbol{A}$ と m 次元ベクトル $\boldsymbol{b}$ が存在することである.

不等式標準形の LP の実行可能解の集合 $X = \{\boldsymbol{x} \in \mathbb{R}^n | \boldsymbol{A}\boldsymbol{x} \leq \boldsymbol{b},\ \boldsymbol{x} \geq \boldsymbol{0}\}$, 等式標準形の LP の実行可能解の集合 $X = \{\boldsymbol{x} \in \mathbb{R}^n | \boldsymbol{A}\boldsymbol{x} = \boldsymbol{b},\ \boldsymbol{x} \geq \boldsymbol{0}\}$ は $\mathbb{R}^n$ 中の凸多面体となる. 凸多面体が凸集合であることは容易に確かめられる (凸集合の定義については付録を参照).

さて凸多面体の頂点とはどんなものだろうか? 1.3 節で見たように直感的には点として尖った部分で, 多面体の他のどんな 2 点を使っても, それらの凸結合で表せない点のことである. きちんと定義すると次のようになる.

定義 3.3 P を $\mathbb{R}^n$ の凸多面体とする. $\boldsymbol{x} \in P$ が次の性質を満たすとき, $\boldsymbol{x}$ は**頂点** (extreme point) あるいは**端点** (vertex) であるという.

$$\begin{cases} \exists \lambda \in (0,1) \\ \boldsymbol{x} = \lambda \boldsymbol{x}^1 + (1-\lambda)\boldsymbol{x}^2 \end{cases} \Rightarrow \boldsymbol{x}^1 = \boldsymbol{x}^2 = \boldsymbol{x} \tag{3.48}$$

LP の実行可能領域である多面体

$$P := \{\boldsymbol{x} \in \mathbb{R}^n | \boldsymbol{A}\boldsymbol{x} \leq \boldsymbol{b}, \boldsymbol{x} \geq \boldsymbol{0}\}$$

について調べてみよう. P 中の点, スラック変数を加えて考えた空間の多面体

$$P' := \{\boldsymbol{x} \in \mathbb{R}^{(n+m)} | [\boldsymbol{A}, \boldsymbol{I}]\boldsymbol{x} = \boldsymbol{b}, \boldsymbol{x} \geq \boldsymbol{0}\}$$

の点と 1 対 1 の対応関係がとれることに注意しよう．記述を複雑にしないため

$P := \{\boldsymbol{x} \in \mathbb{R}^n | \boldsymbol{A}\boldsymbol{x} = \boldsymbol{b}, \boldsymbol{x} \geq \boldsymbol{0}\}$

（ただし $\boldsymbol{A} \in \mathbb{R}^{m \times n}$ は m 本の線形独立な列ベクトルを含んでいる）

を考える．次の性質が成り立つ．

補助定理 3.1 $\boldsymbol{x} \in P$ とし，$I := \{i | x_i > 0\}$ とする．$\boldsymbol{x} \in P$ が頂点であるための必要十分条件は，$\boldsymbol{A}_I$ が線形独立であることである．

証明 $(\Rightarrow)$ $\boldsymbol{A}_I$ が線形従属であるとする．$\boldsymbol{A}_I \boldsymbol{p}_I = 0, \boldsymbol{p}_I \neq \boldsymbol{0}$ となる $\boldsymbol{p}_I$ が存在する．$\boldsymbol{d} \in \mathbb{R}^n$ を

$$d_i := \begin{cases} p_i & (i \in I) \\ 0 & (i \notin I) \end{cases}$$

とすれば

$$\begin{cases} \boldsymbol{x}^1 := \boldsymbol{x} + \varepsilon \boldsymbol{d} \in P \\ \boldsymbol{x}^2 := \boldsymbol{x} - \varepsilon \boldsymbol{d} \in P \end{cases}$$

となる十分小さな $\varepsilon > 0$ が存在する．このとき，$\boldsymbol{x} = \frac{\boldsymbol{x}^1 + \boldsymbol{x}^2}{2}$ となり $\boldsymbol{x}$ は頂点ではない．

$(\Leftarrow)$ $\boldsymbol{x}$ は頂点ではないとする．つまり，$\lambda \in (0,1)$, $\boldsymbol{x} = \lambda \boldsymbol{x}^1 + (1-\lambda)\boldsymbol{x}^2$, $\boldsymbol{x} \neq \boldsymbol{x}^1, \boldsymbol{x} \neq \boldsymbol{x}^2$ となる $\lambda, \boldsymbol{x}^1, \boldsymbol{x}^2 \in P$ が存在するとしよう．I の決め方から

$$i \in I \Rightarrow x_i^1 = x_i^2 = 0$$

であることがわかる．$\boldsymbol{x} = \lambda \boldsymbol{x}^1 + (1-\lambda)\boldsymbol{x}^2$ より $\boldsymbol{x} - \boldsymbol{x}^2 = \lambda(\boldsymbol{x} - \boldsymbol{x}^2)$ が得られる．ここで $\boldsymbol{d} = \boldsymbol{x} - \boldsymbol{x}^2$ とすれば，$\boldsymbol{A}\boldsymbol{d} = \boldsymbol{0}$, $\boldsymbol{d} \neq \boldsymbol{0}$, $d_i = 0$ $(i \notin I)$ である．これは $\boldsymbol{A}_I$ が線形従属であることを表している． ■

上の性質を使うと次の定理が導かれる．

定理 3.6 $\boldsymbol{A} \in \mathbb{R}^{m \times n}$ とする．ただし $\boldsymbol{A}$ は m 本の線形独立な列ベクトルを含む．$\boldsymbol{x} \in \mathbb{R}^n$ が凸多面体 $P = \{\boldsymbol{x} \in \mathbb{R}^n | \boldsymbol{A}\boldsymbol{x} = \boldsymbol{b}, \boldsymbol{x} \geq \boldsymbol{0}\}$ の頂点で

あることの必要十分条件は，$\boldsymbol{x}$ が P を実行可能解集合とする LP の実行可能基底解であることである．

証明 ($\Leftarrow$) 明らか．

($\Rightarrow$) $\boldsymbol{x}$ を P の頂点とする．補助定理 3.1 より，$I := \{i | x_i > 0\}$ とすれば A_I は線形独立である．$\boldsymbol{A}$ は m 本の線形独立な列ベクトルを含むので，$\boldsymbol{A}_B$ が正則である $I \subseteq B$ となる B が存在する．$\boldsymbol{x}$ は実行可能な解であるので明らかに $\boldsymbol{A}^{-1}\boldsymbol{b} \geq \boldsymbol{0}$ である．よって $\boldsymbol{x}$ は B を基底とする実行可能基底解である．■

ここで注意しなければならないのは，凸多面体 P の頂点と実行可能基底解が 1 対 1 に対応するのであって，頂点と実行可能なシンプレックス辞書が 1 対 1 に対応するのではないということである．次の例でそのことを確かめておこう．

例 3.5

$$\begin{array}{|ll} \text{最大化} & 2x_1 + x_2 \\ \text{条　件} & \begin{cases} x_1 + x_2 \leq 1 \\ x_1 \qquad\ \ \leq 1 \end{cases} \\ & (x_1, x_2 \geq 0) \end{array} \tag{3.49}$$

この LP の実行可能領域は図 3.6 のように図示することができる．スラック変数を含めた空間での実行可能解 $(x_1, x_2, x_3, x_4) = (1, 0, 0, 0)$ は頂点となっているが，この頂点に対応する辞書は次の 2 通り存在する．

$$\begin{array}{|ll} \text{最大化} & z = 2 - 2x_3 - x_2 \\ \text{条　件} & x_1 = 1 - \ \ x_3 - x_2 \\ & x_4 = 0 + \ \ x_3 + x_2 \\ & (x_1, x_2, x_3, x_4 \geq 0) \end{array} \quad \begin{array}{|ll} \text{最大化} & z = 2 - 2x_4 + x_2 \\ \text{条　件} & x_1 = 1 - \ \ x_4 \\ & x_3 = 0 + \ \ x_4 - x_2 \\ & (x_1, x_2, x_3, x_4 \geq 0) \end{array} \tag{3.50}$$

この状態の辞書を退化しているという．

[シンプレックス法の幾何学]

シンプレックス法が次々と生成する実行可能基底解は，多面体の頂点であることがわかった．そのことを次の具体的な LP で確かめてみよう．

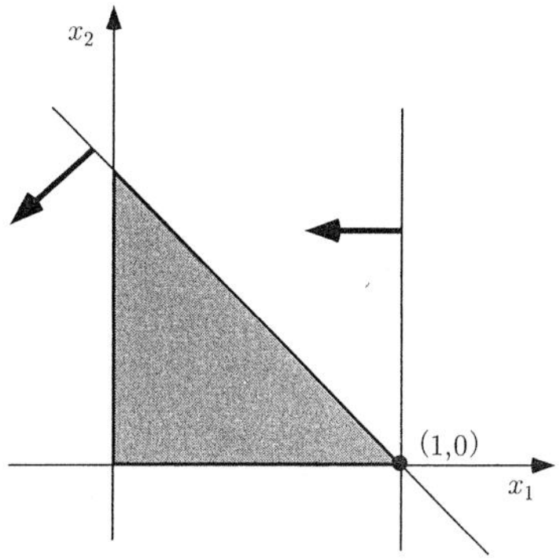

図 **3.6** 退化した凸多面体

例 3.6

$$
\left|\begin{array}{ll}
\text{最大化} & 2x_1 + x_2 + 3x_3 \\
\text{条　件} & \begin{cases} 2x_1 & \leq 4 \\ x_1 \quad + 2x_3 & \leq 8 \\ \quad + 3x_2 + x_3 & \leq 6 \end{cases} \\
 & (x_1, x_2, x_3 \geq 0)
\end{array}\right. \tag{3.51}
$$

この問題をシンプレックス法を用いて解くと，生成される辞書と対応する実行可能基底解は表 3.5 のようになる．

各反復での実行可能基底解の (x_1, x_2, x_3) の部分にのみ着目すると

$$
\begin{aligned}
\text{(原点)}\quad P_0 :\ (0,0,0) \quad &\Rightarrow P_1 :\ (0,0,4) \\
\Rightarrow P_2 :\ (0,2/3,4) \ &\Rightarrow P_3 :\ (2,1,3)
\end{aligned}
$$

と変化していることがわかる．図 3.7 に，例 3.6 の実行可能領域とシンプレックス法によって生成された頂点の列を順に追ったものを示している．

[Klee–Minty の多面体]

LP の実行可能領域は凸多面体となる．多面体の頂点と実行可能基底解は 1 対 1 に対応する．シンプレックス法はその凸多面体の頂点を目的関数が増加する方向へと順次たどっていく方法である．

ではシンプレックス法はどのくらい早く解を求めることができるか？　残念

表 **3.5**　例 3.6 をシンプレックス法で解いたときの各反復での辞書

初期辞書

		x_1	x_2	x_3
x_f	0	2	1	3
x_4	4	−2	0	0
x_5	8	−1	0	−2*
x_6	6	0	−3	−1

⟶ ピボット (5, 3)

1 反復後の辞書

		x_1	x_2	x_5
x_f	12	1/2	1	−3/2
x_4	4	−2	0	0
x_3	4	−1/2	0	−1/2
x_6	2	1/2	−3*	1/2

ピボット (6, 2) ↙

2 反復後の辞書

		x_1	x_6	x_5
x_f	38/3	2/3	−1/3	−4/3
x_4	4	−2	0	0
x_3	4	−1/2	0	−1/2
x_2	2/3	1/6	−1/3	1/6

⟶ ピボット (4, 1)

最適辞書

		x_4	x_6	x_5
x_f	14	−1/3	−1/3	−4/3
x_1	2	−1/2	0	0
x_3	3	1/4	0	−1/2
x_2	1	−1/12	−1/3	1/6

ながら理論的にはシンプレックス法は，必ずしもよい解法であるとはいえないのである．アルゴリズムの最悪の計算量が，行列の大きさである m や n の指数回かかってしまうからである．通常，最悪の計算量がこれらの値の多項式である場合，その解法はよいとされる．

次の LP の例を考えてみよう．

$$\begin{array}{ll} \text{最大化} & \displaystyle\sum_{j=1}^{n} 10^{n-j} x_j \\ \text{条　件} & \displaystyle 2\sum_{j=1}^{i-1} 10^{i-j} x_j + x_i \leq 100^{i-1} \quad (i = 1, 2, \ldots, n) \\ & (x_j \geq 0 \ (j = 1, 2, \ldots, n)) \end{array}$$

この問題の実行可能領域は，**Klee–Minty の多面体**と呼ばれ，n 次元立方体を，その組み合わせ的構造（端点の数および隣接関係）を変えずに，巧妙に変化させたものである[35]．最大係数規則を採用したシンプレックス法を用いて，原点からスタートし最適解が求まるまでに，ピボット演算の回数が指数回 $(2^n - 1)$ 回かかってしまうのである．

幸いなことに Klee–Minty による問題例は例外であって，実際の問題をシンプレックス法で解いてみると，制約条件の数倍程度の繰り返しの回数で最適解が求められるとの報告もある．

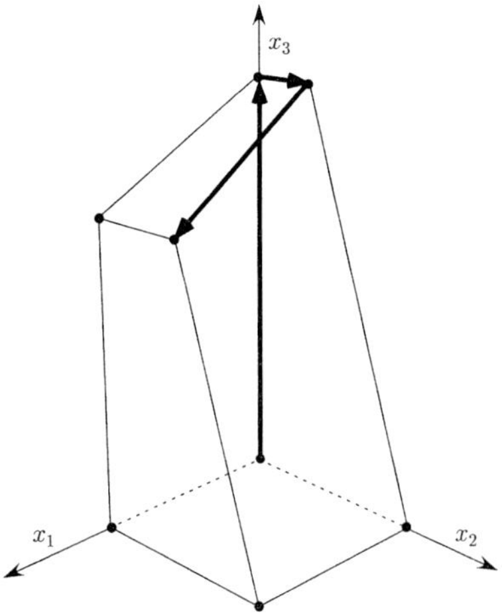

図 **3.7** 例 3.6 をシンプレックス法で解いた場合に生成される点列

演習問題

3-1 第 1 章の例 1.1 の生産計画問題

$$
\left|\begin{array}{ll}
\text{最大化} & 2x_1 + 3x_2 + 2x_3 \\
\text{条　件} & \begin{cases} x_1 + x_2 + 2x_3 \leq 24 \\ 3x_1 + x_2 \leq 16 \\ 2x_2 + x_3 \leq 12 \end{cases} \\
 & (x_1, x_2, x_3 \geq 0)
\end{array}\right.
$$

をシンプレックス法で解け.

3-2 次の LP を 2 段階シンプレックス法で解け.

$$
\left|\begin{array}{ll}
\text{最大化} & 2x_1 + 3x_2 - 2x_3 \\
\text{条　件} & \begin{cases} 3x_1 - 2x_2 - x_3 \leq -3 \\ -2x_1 - x_2 + 2x_3 \leq -3 \\ 2x_1 + x_2 \leq 6 \end{cases} \\
 & (x_1, x_2, x_3 \geq 0)
\end{array}\right.
$$

3-3 定理 3.3 を証明せよ.

3-4 シンプレックス法の説明部分での問題 (3.1)

$$\left|\begin{array}{ll} \text{最大化} & 2x_1+3x_2+x_3 \\ \text{条　件} & \begin{cases} 2x_1+2x_2-\ \ x_3 \le 2 \\ 3x_1-2x_2+2x_3 \le 8 \\ \qquad\ \ 2x_2-\ \ x_3 \le 6 \end{cases} \\ & (x_1,x_2,x_3 \ge 0) \end{array}\right.$$

をシンプレックス法で解いたときの最適辞書は

$$\left|\begin{array}{lrl} \text{最大化} & x_f = & 28-4x_4-(27/2)x_1-(5/2)x_5 \\ \text{条　件} & x_2 = & 6-\ x_4-\ (7/2)x_1-(1/2)x_5 \\ & x_3 = & 10-\ x_4-\qquad 5x_1-\qquad x_5 \\ & x_6 = & 4+\ x_4+\qquad 2x_1 \\ & & (x_1,x_2,\ldots,x_6 \ge 0) \end{array}\right.$$

である．ただし，x_4, x_5, x_6 はそれぞれ 1, 2, 3 番目の不等式に対するスラック変数である．双対問題の最適解を求めよ．

3-5 $\boldsymbol{A}, \boldsymbol{P}, \boldsymbol{Q} \in \mathbb{R}^{n\times n}$ を

$$\boldsymbol{A} = \begin{bmatrix} n & 1 & 1 & \cdots & 1 \\ 1 & 1 & 0 & \cdots & 0 \\ 1 & 0 & \ddots & \ddots & \vdots \\ \vdots & \vdots & \ddots & \ddots & 0 \\ 1 & 0 & \cdots & 0 & 1 \end{bmatrix}, \quad \boldsymbol{P} = \boldsymbol{Q} = \begin{bmatrix} 0 & 0 & \cdots & 0 & 1 \\ 0 & 1 & 0 & \cdots & 0 \\ \vdots & 0 & \ddots & \ddots & \vdots \\ 0 & \vdots & \ddots & 1 & 0 \\ 1 & 0 & \cdots & 0 & 0 \end{bmatrix}$$

とする．$\boldsymbol{P}$ と $\boldsymbol{Q}$ は $n \times n$ の単位行列の 1 行目と n 行目を交換した行列である．

(1) $\boldsymbol{A}$ と $\boldsymbol{PAQ}$ をそれぞれ LU 分解せよ．

(2) (i) $\boldsymbol{A}$ を LU 分解した結果を $\boldsymbol{A} = \boldsymbol{L}_1\boldsymbol{U}_1$ とする．$\boldsymbol{PAQ}$ を LU 分解した結果を $\boldsymbol{PAQ} = \boldsymbol{L}_2\boldsymbol{U}_2$ とすると，(ii) $\boldsymbol{A} = \boldsymbol{PL}_2\boldsymbol{U}_2\boldsymbol{Q}$ と表せる．行列 $\boldsymbol{A}$ を (i) のように分解したものを利用したときと，(ii) のように分解したものを利用したとき，それぞれ 1 次方程式 $\boldsymbol{Ax} = \boldsymbol{b}$ を解くために必要な基本演算回数を概算せよ．

3-6 性質 3.8 を証明せよ．

4 内　点　法

シンプレックス法が LP の実行可能領域つまり凸多面体の端点を，目的関数を改善するようにたどる方法であったのに対して，内点法は凸多面体の内部に点列を発生させていくアルゴリズムである．

主問題のみの実行可能領域を考えるか，双対問題のみの実行可能領域を考えるか，あるいは両方の実行可能領域を考えるか，次に発生させる解をどのように作るか等によって様々なバリエーションがある．本書では，理論的に美しく実用上も優れているとされる主双対パス追跡法を紹介する．

なお，この章はテキスト[38, 39, 61, 71, 73)] を参考に記してある．

● 4.1 ●　自己双対型線形計画問題　●

$\boldsymbol{A} \in \mathbb{R}^{m\times n}$ を実行列，$\boldsymbol{c} \in \mathbb{R}^n, \boldsymbol{b} \in \mathbb{R}^m$ を定数ベクトルとする．これらで定義される以下の不等式標準形の線形計画問題，主問題と双対問題のペアを考えよう．

$$
\text{(P)}\left|\begin{array}{ll} \text{最大化} & \boldsymbol{c}^\top \boldsymbol{x} \\ \text{条　件} & \boldsymbol{A}\boldsymbol{x} \le \boldsymbol{b} \quad (\boldsymbol{x} \ge \boldsymbol{0}) \end{array}\right.
\qquad
\text{(D)}\left|\begin{array}{ll} \text{最小化} & \boldsymbol{b}^\top \boldsymbol{y} \\ \text{条　件} & \boldsymbol{A}^\top \boldsymbol{y} \ge \boldsymbol{c} \quad (\boldsymbol{y} \ge \boldsymbol{0}) \end{array}\right.
$$

双対定理（定理 2.2）と強双対定理（定理 2.6）より，$\boldsymbol{x} \in \mathbb{R}^n, \boldsymbol{y} \in \mathbb{R}^m$ がそれぞれ (P), (D) の最適解であるための必要十分条件は

$$
\left\{\begin{array}{rrl} & \boldsymbol{A}\boldsymbol{x} \le & \boldsymbol{b} \\ -\boldsymbol{A}^\top \boldsymbol{y} & \le & -\boldsymbol{c} \\ \boldsymbol{b}^\top \boldsymbol{y} & -\boldsymbol{c}^\top \boldsymbol{x} \le & \boldsymbol{0} \\ \multicolumn{3}{l}{(\boldsymbol{y} \ge \boldsymbol{0}, \boldsymbol{x} \ge \boldsymbol{0})} \end{array}\right. \tag{4.1}
$$

である．なお 3 番目の不等式は，$\boldsymbol{b}^\top \boldsymbol{y} = \boldsymbol{c}^\top \boldsymbol{x}$ とすべきだが，弱双対定理より $\boldsymbol{c}^\top \boldsymbol{x} \le \boldsymbol{b}^\top \boldsymbol{y}$ がつねに成り立つので $\boldsymbol{b}^\top \boldsymbol{y} \le \boldsymbol{c}^\top \boldsymbol{x}$ とすれば十分である．

不等式系 (4.1) の解の性質を調べるために，スラック変数 $\boldsymbol{z} \in \mathbb{R}^m$, $\boldsymbol{w} \in \mathbb{R}^n$, $\rho \in \mathbb{R}$ と定数ベクトルに対応する変数 $\tau \in \mathbb{R}$ を導入し，次の等式系に変形する．

$$\left\{\begin{array}{rrrrrl} & \boldsymbol{A}\boldsymbol{x} & -\tau\boldsymbol{b} + \boldsymbol{z} & & = \boldsymbol{0} & (\boldsymbol{x} \ge \boldsymbol{0}, \boldsymbol{z} \ge \boldsymbol{0}) \\ -\boldsymbol{A}^\top\boldsymbol{y} & & +\tau\boldsymbol{c} & +\boldsymbol{w} & = \boldsymbol{0} & (\boldsymbol{y} \ge \boldsymbol{0}, \boldsymbol{w} \ge \boldsymbol{0}) \\ \boldsymbol{b}^\top\boldsymbol{y} & -\boldsymbol{c}^\top\boldsymbol{x} & & +\rho & = 0 & (\tau \ge 0,\ \rho \ge 0) \end{array}\right. \tag{4.2}$$

等式系 (4.2) は自明な解 $(\boldsymbol{x}, \boldsymbol{y}, \boldsymbol{z}, \boldsymbol{w}, \tau, \rho) = (\boldsymbol{0}, \boldsymbol{0}, \boldsymbol{0}, \boldsymbol{0}, 0, 0)$ を持つことに注意しよう．しかしながら，この自明な解自体に意味はなく，自明でない解を求めることに意味がある．そのことを示すのが次の 4 つの性質である．

性質 4.1 $(\boldsymbol{x}, \boldsymbol{y}, \boldsymbol{z}, \boldsymbol{w}, \tau, \rho)$ が等式系 (4.2) の解ならば，$\tau\rho = 0$ である．

証明

$$\begin{aligned} 0 \le \tau\rho &= \tau\boldsymbol{c}^\top\boldsymbol{x} - \tau\boldsymbol{b}^\top\boldsymbol{y} \qquad\qquad (\rho = \boldsymbol{c}^\top\boldsymbol{x} - \boldsymbol{b}^\top\boldsymbol{y}) \\ &= (\boldsymbol{A}^\top\boldsymbol{y} - \boldsymbol{w})^\top\boldsymbol{x} - (\boldsymbol{A}\boldsymbol{x} + \boldsymbol{z})^\top\boldsymbol{y} \\ &= -\boldsymbol{w}^\top\boldsymbol{x} - \boldsymbol{z}^\top\boldsymbol{y} \le 0 \end{aligned}$$

より $\tau\rho = 0$ を得る． ■

性質 4.2 (P), (D) の最適解 $(\boldsymbol{x}^*, \boldsymbol{y}^*)$ を $\boldsymbol{z}^* := \boldsymbol{b} - \boldsymbol{A}\boldsymbol{x}^*$, $\boldsymbol{w}^* := \boldsymbol{A}^\top\boldsymbol{y}^* - \boldsymbol{c}$, $\tau := 1$, $\rho := 0$ とすれば，$(\boldsymbol{x}^*, \boldsymbol{y}^*, \boldsymbol{z}^*, \boldsymbol{w}^*, \tau, \rho)$ は式 (4.2) を満たす．

証明 明らか． ■

性質 4.3 $(\boldsymbol{x}, \boldsymbol{y}, \boldsymbol{z}, \boldsymbol{w}, \tau, \rho)$ が等式系 (4.2) の解であり，$\tau > 0$ すなわち $\rho = 0$ であるならば，$(\boldsymbol{x}/\tau, \boldsymbol{y}/\tau)$ は (P), (D) の最適解である．

証明 系 2.1 より明らか． ■

性質 4.4 $(\boldsymbol{x}, \boldsymbol{y}, \boldsymbol{z}, \boldsymbol{w}, \tau, \rho)$ が等式系 (4.2) の解であり，$\rho > 0$ すなわち

$\tau = 0$ であるならば，(P), (D) の少なくとも一方は実行不可能である．

証明 [演習問題 4-1] ■

これらの性質から，もし等式系 (4.2) がつねに $\tau > 0$ あるいは $\rho > 0$ であるような解を持つことが示せれば

(i) (P), (D) はともに最適解を持つ

(ii) (P), (D) のいずれかは実行不可能である

のいずれか一方のみが必ず成り立つということを示すことができる．これは基本定理（定理 2.7）そのものである．

[自己双対型線形計画問題]

今後は，等式系 (4.2) での「自明でない解」の存在性と求め方（アルゴリズム）について議論しよう．そのために次の歪対称行列と呼ばれる正方行列のクラスを定義する．

定義 4.1（**歪対称行列,** skew symmetric matrix） $n \times n$ 実行列 $\boldsymbol{M}$ が $\boldsymbol{M} = -\boldsymbol{M}^\top$ を満たすとき $\boldsymbol{M}$ を歪対称行列と呼ぶ．

歪対称行列に対して次の性質が成り立つ．

性質 4.5 $n \times n$ 行列 $\boldsymbol{M}$ を歪対称行列とする．任意の $\boldsymbol{x} \in \mathbb{R}^n$ に対して

$$\boldsymbol{x}^\top \boldsymbol{M} \boldsymbol{x} = 0$$

が成り立つ．

証明 $\boldsymbol{x}^\top \boldsymbol{M} \boldsymbol{x} = \boldsymbol{x}^\top \boldsymbol{M}^\top \boldsymbol{x} = -\boldsymbol{x}^\top \boldsymbol{M} \boldsymbol{x}$ より明らかに $\boldsymbol{x}^\top \boldsymbol{M} \boldsymbol{x} = 0$ である． ■

歪対称行列を用いた特殊な線形計画問題を導入しよう．$\boldsymbol{M} \in \mathbb{R}^{n \times n}$ を歪対称行列とし，$\boldsymbol{q} \in \mathbb{R}^n$ を非負つまり，$\boldsymbol{q} \geq \boldsymbol{0}$ の定数ベクトルとする．以下の線形計画問題を考える．

$$
(\mathrm{P_{SD}}) \left|
\begin{array}{ll}
\text{最小化} & \boldsymbol{q}^\top \boldsymbol{x} \\
\text{条　件} & \boldsymbol{M}\boldsymbol{x} \geq -\boldsymbol{q},\ \boldsymbol{x} \geq \boldsymbol{0} \\
 & (\boldsymbol{M} = -\boldsymbol{M}^\top,\ \boldsymbol{q} \geq \boldsymbol{0})
\end{array}
\right.
\tag{4.3}
$$

問題 $(\mathrm{P_{SD}})$ に対して次の性質が成り立つ．

> **性質 4.6** $(\mathrm{P_{SD}})$ の双対問題は $(\mathrm{P_{SD}})$ 自身である．つまり $(\mathrm{P_{SD}})$ は自己双対型である．

証明 [演習問題 4-2] ■

> **性質 4.7** $(\mathrm{P_{SD}})$ は自明な最適解 $\boldsymbol{x}^* = \boldsymbol{0}$ を持つ．したがって最適値は 0 である．

証明 $\boldsymbol{q} \geq \boldsymbol{0}$ より $\boldsymbol{x} = \boldsymbol{0}$ は $(\mathrm{P_{SD}})$ の実行可能解である．目的関数値は $\boldsymbol{q}^\top \boldsymbol{x} \geq 0$ なので，$\boldsymbol{x} = \boldsymbol{0}$ は最適解であることも明らか． ■

なぜこのような特殊な LP をわざわざ導入するのか？　LP を解くために導いた等式系 (4.2)

$$
\left\{
\begin{array}{rrrrrl}
 & \boldsymbol{A}\boldsymbol{x} & -\tau\boldsymbol{b} & +\boldsymbol{z} & & = \boldsymbol{0} \quad (\boldsymbol{x} \geq \boldsymbol{0}, \boldsymbol{z} \geq \boldsymbol{0}) \\
-\boldsymbol{A}^\top\boldsymbol{y} & & +\tau\boldsymbol{c} & & +\boldsymbol{w} & = \boldsymbol{0} \quad (\boldsymbol{y} \geq \boldsymbol{0}, \boldsymbol{w} \geq \boldsymbol{0}) \\
\boldsymbol{b}^\top\boldsymbol{y} & -\boldsymbol{c}^\top\boldsymbol{x} & & & +\rho & = 0 \quad (\tau \geq 0,\ \rho \geq 0)
\end{array}
\right.
$$

を思い出そう．次のように行列 $\boldsymbol{M}'$，ベクトル $\boldsymbol{x}'$，$\boldsymbol{q}$ を定義する．

$$
\boldsymbol{M}' := \begin{bmatrix} \boldsymbol{O} & -\boldsymbol{A} & \boldsymbol{b} \\ \boldsymbol{A}^\top & \boldsymbol{O} & -\boldsymbol{c} \\ -\boldsymbol{b}^\top & \boldsymbol{c}^\top & 0 \end{bmatrix}, \quad \boldsymbol{x}' := \begin{bmatrix} \boldsymbol{y} \\ \boldsymbol{x} \\ \tau \end{bmatrix}, \quad \boldsymbol{q} := \boldsymbol{0}
\tag{4.4}
$$

$\boldsymbol{M}'$ は $(n+m+1) \times (n+m+1)$ の歪対称行列であり，$\boldsymbol{q} \geq \boldsymbol{0}$ なので，等式系 (4.2) を解くことは，$\boldsymbol{M}'$ を入力行列，$\boldsymbol{q}$ を定数ベクトルとする次の問題

$$
\left|
\begin{array}{ll}
\text{最小化} & \boldsymbol{0}^\top \boldsymbol{x}' \\
\text{条　件} & \boldsymbol{M}'\boldsymbol{x}' \geq \boldsymbol{0} \quad (\boldsymbol{x}' \geq \boldsymbol{0})
\end{array}
\right.
\tag{4.5}
$$

を解くことに他ならない．ただし必要なものは自明でない解である．

表記をなるべく複雑にしないため，問題 $(\mathrm{P_{SD}})$ をスラック変数 $\boldsymbol{z} \in \mathbb{R}^n$ を導入したものへと書き換えておく．

$$
(\mathrm{P_{SD}}) \left| \begin{array}{ll} \text{最小化} & \boldsymbol{q}^\top \boldsymbol{x} \\ \text{条　件} & \boldsymbol{M}\boldsymbol{x} + \boldsymbol{q} = \boldsymbol{z} \quad (\boldsymbol{x} \geq \boldsymbol{0}, \boldsymbol{z} \geq \boldsymbol{0}) \\ & (\boldsymbol{M} = -\boldsymbol{M}^\top,\ \boldsymbol{q} \geq \boldsymbol{0}) \end{array} \right. \tag{4.6}
$$

以降 $(\mathrm{P_{SD}})$ という場合は (4.6) をさすものとする．

相補性定理（定理 2.8）より，問題 $(\mathrm{P_{SD}})$ の最適性条件がわかる．

性質 4.8 問題 $(\mathrm{P_{SD}})$ の実行可能解 $(\boldsymbol{x}, \boldsymbol{z})$ が最適解であることの必要十分条件は，$x_i \cdot z_i = 0$ $(i = 1, 2, \ldots, n)$ である．

証明 自己双対性と相補性定理（定理 2.8）より明らか． ■

この性質は，問題 $(\mathrm{P_{SD}})$ を

$$
(\mathrm{P_{SD}}) \left| \begin{array}{ll} \text{最小化} & \boldsymbol{x}^\top \boldsymbol{z} \\ \text{条　件} & \boldsymbol{M}\boldsymbol{x} + \boldsymbol{q} = \boldsymbol{z} \quad (\boldsymbol{x} \geq \boldsymbol{0}, \boldsymbol{z} \geq \boldsymbol{0}) \\ & (\boldsymbol{M} = -\boldsymbol{M}^\top,\ \boldsymbol{q} \geq \boldsymbol{0}) \end{array} \right.
$$

と考えても差し支えないということである．

強相補性定理（定理 2.9）は $(\mathrm{P_{SD}})$ の自明でない最適解の存在を保証する．

定理 4.1 歪対称行列 $\boldsymbol{M}$ を係数行列，$\boldsymbol{q} \geq \boldsymbol{0}$ を定数ベクトルとする $(\mathrm{P_{SD}})$ は以下を満たす最適解 $(\boldsymbol{x}^*, \boldsymbol{z}^*)$ を持つ．

$$
\boldsymbol{x}^* + \boldsymbol{z}^* > \boldsymbol{0}
$$

証明 問題 $(\mathrm{P_{SD}})$ の自己双対性と強相補性定理（定理 2.9）より明らか． ■

この節で説明したことをまとめると次のようになる．

LP の主問題と双対問題のペア

$$
(\mathrm{P}) \left| \begin{array}{ll} \text{最大化} & \boldsymbol{c}^\top \boldsymbol{x} \\ \text{条　件} & \boldsymbol{A}\boldsymbol{x} \leq \boldsymbol{b} \quad (\boldsymbol{x} \geq \boldsymbol{0}) \end{array} \right. \qquad (\mathrm{D}) \left| \begin{array}{ll} \text{最小化} & \boldsymbol{b}^\top \boldsymbol{y} \\ \text{条　件} & \boldsymbol{A}^\top \boldsymbol{y} \geq \boldsymbol{c} \quad (\boldsymbol{y} \geq \boldsymbol{0}) \end{array} \right.
$$

を解く（主問題と双対問題の最適解を一度に求める）ためには，次の等式系 (4.2) の解を求めればよい．ただし，自明でない解が必要．

$$\begin{cases} \quad\quad \boldsymbol{Ax} - \tau \boldsymbol{b} + \boldsymbol{z} = \boldsymbol{0} & (\boldsymbol{x} \geq \boldsymbol{0},\ \boldsymbol{z} \geq \boldsymbol{0}) \\ -\boldsymbol{A}^\top \boldsymbol{y} + \tau \boldsymbol{c} + \boldsymbol{w} = \boldsymbol{0} & (\boldsymbol{y} \geq \boldsymbol{0}, \boldsymbol{w} \geq \boldsymbol{0}) \\ \boldsymbol{b}^\top \boldsymbol{y} - \boldsymbol{c}^\top \boldsymbol{x} + \rho = 0 & (\tau \geq 0,\ \rho \geq 0) \end{cases}$$

上の等式系を解くことは

$$\boldsymbol{M}' := \begin{bmatrix} \boldsymbol{O} & -\boldsymbol{A} & \boldsymbol{b} \\ \boldsymbol{A}^\top & \boldsymbol{O} & -\boldsymbol{c} \\ -\boldsymbol{b}^\top & \boldsymbol{c}^\top & 0 \end{bmatrix}, \quad \boldsymbol{x}' := \begin{bmatrix} \boldsymbol{y} \\ \boldsymbol{x} \\ \tau \end{bmatrix}, \quad \boldsymbol{q} := \boldsymbol{0}$$

とすれば，これらを入力行列，定数ベクトルとする次の LP

$$\left|\begin{array}{ll} \text{最小化} & \boldsymbol{0}^\top \boldsymbol{x}' \\ \text{条　件} & \boldsymbol{M}'\boldsymbol{x}' \geq \boldsymbol{0} \quad (\boldsymbol{x}' \geq \boldsymbol{0}) \end{array}\right.$$

を解くことに他ならない．

上の LP を解くためにより一般的な下の問題 ($\mathrm{P_{SD}}$) を考える．

$$(\mathrm{P_{SD}}) \left|\begin{array}{ll} \text{最小化} & \boldsymbol{x}^\top \boldsymbol{z} \\ \text{条　件} & \boldsymbol{Mx} + \boldsymbol{q} = \boldsymbol{z} \quad (\boldsymbol{x} \geq \boldsymbol{0}, \boldsymbol{z} \geq \boldsymbol{0}) \\ & (\boldsymbol{M} = -\boldsymbol{M}^\top,\ \boldsymbol{q} \geq \boldsymbol{0}) \end{array}\right.$$

この問題は，入力行列 $\boldsymbol{M}$ が歪対称と特殊であるため LP となるが，$\boldsymbol{M}$ が歪対称行列でなければ LP とならないことに注意しよう．

● 4.2 ●　中心パスと近傍　●

内点法は前の節で導入した特殊な問題，($\mathrm{P_{SD}}$) の実行可能領域の内部に次々と点列を作っていくという方法である．どのように作っていくかの基準として中心パスとその近傍という重要な概念がある．この節ではそれらを中心に説明する．

まず最初に，よく使う記号を定義しておく．

- $\mathcal{X}_+ := \{(\boldsymbol{x}, \boldsymbol{z}) | \boldsymbol{Mx} + \boldsymbol{q} = \boldsymbol{z},\ \boldsymbol{x} \geq \boldsymbol{0},\ \boldsymbol{z} \geq \boldsymbol{0}\}$（実行可能解の集合）

- $\mathcal{X}_{++} := \{(\boldsymbol{x}, \boldsymbol{z}) | \boldsymbol{M}\boldsymbol{x} + \boldsymbol{q} = \boldsymbol{z},\ \boldsymbol{x} > \boldsymbol{0},\ \boldsymbol{z} > \boldsymbol{0}\}$（実行可能内点集合）
- $\mathcal{X}^* := \{(\boldsymbol{x}, \boldsymbol{z}) | (\boldsymbol{x}, \boldsymbol{z}) \in \mathcal{X}_+, \boldsymbol{x}^\top \boldsymbol{z} = 0\}$（最適解の集合）
- $\hat{\mathcal{X}}^* := \{(\boldsymbol{x}, \boldsymbol{z}) | (\boldsymbol{x}, \boldsymbol{z}) \in \mathcal{X}^*, \boldsymbol{x} + \boldsymbol{z} > 0\}$（強相補性を満たす最適解の集合）
- $\boldsymbol{x} \in \mathbb{R}^n$ に対し，i 行 i 列の対角部分が $\boldsymbol{x}$ の第 i 要素であり，その他の成分が 0 である正方行列を

$$\mathrm{diag}[\boldsymbol{x}] = \begin{bmatrix} x_1 & & O \\ & \ddots & \\ O & & x_n \end{bmatrix}$$

で表す．

問題 $(\mathrm{P_{SD}})$ において，$\boldsymbol{M}\boldsymbol{x} + \boldsymbol{q} = \boldsymbol{x}\ (\boldsymbol{x} > \boldsymbol{0}, \boldsymbol{z} > \boldsymbol{0})$ を満たす点 $(\boldsymbol{x}, \boldsymbol{z})$ を内点 (interior point) という．多くの内点法がそうであるのと同様に $(\mathrm{P_{SD}})$ が以下の条件を満たすと仮定する．

> **仮定 4.1（実行可能内点の存在）** 問題 $(\mathrm{P_{SD}})$ の実行可能内点集合は空でない．つまり $(\boldsymbol{x}, \boldsymbol{z}) \in \mathcal{X}_{++}$ が存在する．

実行可能内点が存在するということは，かなりきつい条件のように感じるが，問題 $(\mathrm{P_{SD}})$ に対し次のように人工問題を作ると，必ず内点を持つ問題となる．

手続き 4.1　[内点を持つ人工問題の作り方]

入力： 問題 $(\mathrm{P_{SD}})$ を決める係数行列 $\boldsymbol{M}$ とベクトル $\boldsymbol{q}$

出力： $(\mathrm{P_{SD}})$ と等価な $(\mathrm{P'_{SD}})$ を決定する $\overline{\boldsymbol{M}}$，$\overline{\boldsymbol{q}}$ とその内点 $(\overline{\boldsymbol{x}}^0, \overline{\boldsymbol{z}}^0)$

Step 1： $\boldsymbol{x}^0 > 0$ を適当に決める（例えば $\boldsymbol{x}^0 := \boldsymbol{e}$ など）

Step 2： μ^0 を $\mu^0 > \frac{\boldsymbol{q}^\top \boldsymbol{x}^0}{n+1}$ となるように定める

Step 3： $\boldsymbol{z}^0$ を $z_i^0 := \frac{\mu^0}{x_i^0}\ (i = 1, 2, \ldots, n)$ で定める

Step 4： $\boldsymbol{r} \in \mathbb{R}^n$ を $\boldsymbol{r} := \boldsymbol{z}^0 - \boldsymbol{M}\boldsymbol{x}^0 - \boldsymbol{q}$ とする

Step 5： $q_{n+1} := (n+1)\mu^0 - \boldsymbol{q}^\top \boldsymbol{x}^0$ とする

Step 6： $\overline{\boldsymbol{M}}, \overline{\boldsymbol{q}}, (\overline{\boldsymbol{x}}^0, \overline{\boldsymbol{z}}^0)$ を以下のように定める

$$\overline{\boldsymbol{M}} = \begin{bmatrix} \boldsymbol{M} & \boldsymbol{r} \\ -\boldsymbol{r}^\top & 0 \end{bmatrix}, \quad \overline{\boldsymbol{q}} = \begin{bmatrix} \boldsymbol{q} \\ q_{n+1} \end{bmatrix}, \quad \overline{\boldsymbol{x}}^0 = \begin{bmatrix} \boldsymbol{x}^0 \\ 1 \end{bmatrix}, \quad \overline{\boldsymbol{z}}^0 = \begin{bmatrix} \boldsymbol{z}^0 \\ \mu^0 \end{bmatrix}$$

Step 7：$\overline{\boldsymbol{M}}, \overline{\boldsymbol{q}}, (\overline{\boldsymbol{x}}^0, \overline{\boldsymbol{z}}^0)$ を出力し終了する

この人工問題の作り方に対し以下の性質が成り立つ．

性質 4.9 $\boldsymbol{M} \in \mathbb{R}^{n \times n}$ を歪対称行列，$\boldsymbol{q} \in \mathbb{R}^n$ を非負のベクトルとする．$\overline{\boldsymbol{M}}, \overline{\boldsymbol{q}}, (\overline{\boldsymbol{x}}^0, \overline{\boldsymbol{z}}^0)$ を手続き 4.1 で求めたものとすると以下の性質が成り立つ．

(i) $\overline{\boldsymbol{M}}$ は歪対称行列であり，$\overline{\boldsymbol{q}} \geq \boldsymbol{0}$ である．したがって次の LP は自己双対型の LP である．

$$(\mathrm{P'_{SD}}) \left| \begin{array}{ll} \text{最小化} & \overline{\boldsymbol{q}}^\top \overline{\boldsymbol{x}} \\ \text{条　件} & \overline{\boldsymbol{M}}\overline{\boldsymbol{x}} + \overline{\boldsymbol{q}} = \overline{\boldsymbol{z}} \quad (\overline{\boldsymbol{x}} \geq \boldsymbol{0}, \overline{\boldsymbol{z}} \geq \boldsymbol{0}) \end{array} \right. \tag{4.7}$$

(ii) $(\mathrm{P'_{SD}})$ の最適解を $(\overline{\boldsymbol{x}}^*, \overline{\boldsymbol{z}}^*)$ とすれば $\overline{x}^*_{n+1} = 0$ となる

(iii) $\overline{\boldsymbol{M}}\overline{\boldsymbol{x}}^0 + \overline{\boldsymbol{q}} = \overline{\boldsymbol{z}}^0$ $(\overline{\boldsymbol{x}}^0 > \boldsymbol{0}, \overline{\boldsymbol{z}}^0 > \boldsymbol{0})$ が成り立つ．つまり $(\overline{\boldsymbol{x}}^0, \overline{\boldsymbol{z}}^0)$ は $(\mathrm{P'_{SD}})$ の内点である．さらに $\overline{\boldsymbol{X}}^0 \overline{\boldsymbol{z}}^0 = \mu^0 \boldsymbol{e}$ が成り立つ．ただし $\overline{\boldsymbol{X}}^0 := \mathrm{diag}[\overline{\boldsymbol{x}}^0]$ である

証明　(i) の証明：作り方から $\boldsymbol{M}$ の歪対称性と $\overline{\boldsymbol{q}} \geq \boldsymbol{0}$ は明らかである．特に $\overline{q}_{n+1} > 0$ である．よって $(\mathrm{P'_{SD}})$ は自己双対型の LP である．

(ii) の証明：(i) より $(\mathrm{P'_{SD}})$ の最適値は 0 である．最適解を $(\overline{\boldsymbol{x}}^*, \overline{\boldsymbol{z}}^*)$ とすれば $\overline{q}_{n+1} > 0$ であるので $\overline{x}^*_{n+1} = 0$ である．

(iii) の証明：作り方より明らか．■

$(\overline{\boldsymbol{x}}^*, \overline{\boldsymbol{z}}^*)$ を $(\mathrm{P'_{SD}})$ の最適解とする．上の性質の (ii) より $\overline{x}^*_{n+1} = 0$ であるので，$(\overline{\boldsymbol{x}}^*, \overline{\boldsymbol{z}}^*)$ からそれぞれ $n+1$ 番目の要素を取り除いた n 次元ベクトルを $(\boldsymbol{x}^*, \boldsymbol{z}^*)$ とすれば，$(\boldsymbol{x}^*, \boldsymbol{z}^*)$ は元の問題 $(\mathrm{P_{SD}})$ の実行可能解になっている．さらに目的関数値は 0 であるので元の問題の最適解である．よって，人工問題 $(\mathrm{P'_{SD}})$ を解くことによって元の問題 $(\mathrm{P_{SD}})$ が解けることが上の性質からわかる．

内点の存在を仮定すると，以下のように，問題 $(\mathrm{P_{SD}})$ の目的関数 $\boldsymbol{q}^\top \boldsymbol{x} = \boldsymbol{x}^\top \boldsymbol{z}$ の順位集合 $\{(\boldsymbol{x}, \boldsymbol{z}) | \boldsymbol{x}^\top \boldsymbol{z} \leq \alpha\}$ と実行可能領域の共通部分が有界であることが証明される．

補助定理 4.1　問題 ($\mathrm{P_{SD}}$) が仮定 4.1 を満たすならば，任意の $\alpha \geq 0$ に対して集合

$$\{(\boldsymbol{x},\boldsymbol{z}) | (\boldsymbol{x},\boldsymbol{z}) \in \mathcal{X}_+, \boldsymbol{x}^\top \boldsymbol{z} \leq \alpha\}$$

は有界である．

証明　$(\boldsymbol{x}^0,\boldsymbol{z}^0) \in \mathcal{X}_{++}$ とし，$(\boldsymbol{x}^0,\boldsymbol{z}^0) \in \mathcal{X}_+$ かつ $\boldsymbol{x}^\top \boldsymbol{z} \leq \alpha$ であるとする．性質 4.5 より任意の $\boldsymbol{x}$ について

$$0 = (\boldsymbol{x}-\boldsymbol{x}^0)^\top \boldsymbol{M}(\boldsymbol{x}-\boldsymbol{x}^0) = (\boldsymbol{x}-\boldsymbol{x}^0)^\top(\boldsymbol{z}-\boldsymbol{z}^0)$$

が成り立つ．これを展開して移項すれば

$$(\boldsymbol{z}^0)^\top \boldsymbol{x} + (\boldsymbol{x}^0)^\top \boldsymbol{z} = \boldsymbol{x}^\top \boldsymbol{z} + (\boldsymbol{x}^0)^\top(\boldsymbol{z}^0)$$

であり，$\boldsymbol{x}^\top \boldsymbol{z} \leq \alpha$ より

$$(\boldsymbol{z}^0)^\top \boldsymbol{x} + (\boldsymbol{x}^0)^\top \boldsymbol{z} \leq \alpha + (\boldsymbol{x}^0)^\top(\boldsymbol{z}^0)$$

を得る．$(\boldsymbol{x},\boldsymbol{z}) \in \mathcal{X}_+$，$(\boldsymbol{x}^0,\boldsymbol{z}^0) \in \mathcal{X}_{++}$ より $\boldsymbol{x},\boldsymbol{z} \geq \boldsymbol{0}$，$\boldsymbol{x}^0,\boldsymbol{z}^0 > \boldsymbol{0}$ であるので，各 $i = 1,2,\ldots,n$ に対して

$$z_i^0 x_i \leq \alpha + (\boldsymbol{x}^0)^\top(\boldsymbol{z}^0), \quad x_i^0 z_i \leq \alpha + (\boldsymbol{x}^0)^\top(\boldsymbol{z}^0)$$

が成り立つ．それぞれ z_i^0, x_i^0 で割ると

$$x_i \leq \frac{\alpha + (\boldsymbol{x}^0)^\top(\boldsymbol{z}^0)}{z_i^0}, \quad z_i \leq \frac{\alpha + (\boldsymbol{x}^0)^\top(\boldsymbol{z}^0)}{x_i^0}$$

を得る．よって $\{(\boldsymbol{x},\boldsymbol{z}) | (\boldsymbol{x},\boldsymbol{z}) \in \mathcal{X}_+, \boldsymbol{x}^\top \boldsymbol{z} \leq \alpha\}$ は有界である．■

上の補助定理より，すぐさま以下のことがわかる．

系 4.1（内点の存在が保証する最適解の有界性）　問題 ($\mathrm{P_{SD}}$) が仮定 4.1 を満たしているとする．このとき最適解の集合 $\mathcal{X}^*$ は有界である．ゆえに $\hat{\mathcal{X}}^*$ も有界である．

証明　$\boldsymbol{x}$ が最適解ならば，$\boldsymbol{x}^\top \boldsymbol{s} = 0$ である．補助定理 4.1 において，$\alpha = 0$ と

すれば $\mathcal{X}^*$ は有界であることが示せる．ゆえに $\hat{\mathcal{X}}^*$ も有界である． ■

[中心パス]

$\mu > 0$ に関する次の方程式系を考えよう．

$$\begin{cases} \boldsymbol{M}\boldsymbol{x} + \boldsymbol{q} = \boldsymbol{z} \quad (\boldsymbol{x} \geq \boldsymbol{0}, \quad \boldsymbol{z} \geq \boldsymbol{0}) \\ \boldsymbol{X}\boldsymbol{z} = \mu \boldsymbol{e} \end{cases} \tag{4.8}$$

ただし $\boldsymbol{X} := \mathrm{diag}[x]$ であり $\boldsymbol{e}$ はすべての要素が 1 の n 次元ベクトルとする．この方程式の第 1 式は，$(\boldsymbol{x}, \boldsymbol{z})$ が実行可能領域の点であることを意味する．第 2 式は，$\boldsymbol{x}, \boldsymbol{z}$ のそれぞれの成分の積 $x_i z_i$ が μ で一定であるという式である．また $\mu = 0$ を許せば，式 (4.8) は $(\boldsymbol{x}, \boldsymbol{z})$ が最適解であるための必要十分条件となる．

方程式 (4.8) に対して次の定理が成り立つ．なお証明については，長くなってアルゴリズムの説明を妨げる可能性があるので次節で考えよう．

定理 4.2 問題 ($\mathrm{P_{SD}}$) が仮定 4.1 を満たしているとする，つまり $(\boldsymbol{x}, \boldsymbol{z}) \in \mathcal{X}_{++}$ となる $\boldsymbol{x}, \boldsymbol{z}$ が存在するならば，任意の $\mu > 0$ に対し $\boldsymbol{x}, \boldsymbol{z}$ に関する方程式 (4.8) は唯一の解を持つ．

上の定理を認めると，方程式 (4.8) はそれぞれの $\mu > 0$ に対し唯一の解を持つ．その唯一の解をパラメータ μ で $(\hat{\boldsymbol{x}}(\mu), \hat{\boldsymbol{z}}(\mu))$ と表す．μ をある値から徐々に減少させ，唯一である解 $(\hat{\boldsymbol{x}}(\mu), \hat{\boldsymbol{z}}(\mu))$ を追う．それがパス追跡法の基本的なアイデアである．

中心パス (path of centers) とは，この $(\hat{\boldsymbol{x}}(\mu), \hat{\boldsymbol{z}}(\mu))$ をすべての $\mu > 0$ に関して集めたもので次のような集合である．

$$\{(\hat{\boldsymbol{x}}(\mu), \hat{\boldsymbol{z}}(\mu)) | \mu > 0\}$$

この中心パスに対して次の性質が成り立つ．

性質 4.10 $\overline{\mu} > 0$ とする．問題 ($\mathrm{P_{SD}}$) が仮定 4.1 を満たしているならば集合

$$\{(\hat{\boldsymbol{x}}(\mu), \hat{\boldsymbol{z}}(\mu)) | 0 < \mu \leq \overline{\mu}\}$$

は有界である．

証明 中心パス上の点を $(\hat{\boldsymbol{x}}, \hat{\boldsymbol{z}}) \in \{(\hat{\boldsymbol{x}}(\mu), \hat{\boldsymbol{z}}(\mu)) | 0 < \mu \leq \overline{\mu}\}$ とすると $\hat{\boldsymbol{x}}^\top \hat{\boldsymbol{z}} \leq \overline{\mu} n$ を満たす．$(\boldsymbol{x}^0, \boldsymbol{z}^0) \in \mathcal{X}_{++}$ とすれば，補助定理 4.1 の証明と同様に

$$\hat{x}_i \leq \frac{\mu\overline{\mu} + (\boldsymbol{x}^0)^\top(\boldsymbol{z}^0)}{z_i^0}, \quad \hat{z}_i \leq \frac{\mu\overline{\mu} + (\boldsymbol{x}^0)^\top(\boldsymbol{z}^0)}{x_i^0}$$

を得る．よって有界である． ■

さらに中心パスの収束先に関する次の定理が成り立つ．

定理 4.3 仮定 4.1 つまり $(\boldsymbol{x}, \boldsymbol{z}) \in \mathcal{X}_{++}$ となる $\boldsymbol{x}, \boldsymbol{z}$ が存在するならば，$\lim_{\mu \to 0} \hat{\boldsymbol{x}}(\mu) = \hat{\boldsymbol{x}}^*$, $\lim_{\mu \to 0} \hat{\boldsymbol{z}}(\mu) = \hat{\boldsymbol{z}}^*$ となる $(\hat{\boldsymbol{x}}^*, \hat{\boldsymbol{z}}^*) \in \hat{\mathcal{X}}^*$ が唯一に存在する．

この定理の証明も次節で扱うとしよう．

中心パスは有界であり（性質 4.10），各 μ に対する中心パス上の点は唯一であること（定理 4.2），さらに収束先は唯一の強相補性最適解であること（定理 4.3）を考え合わせると，中心パス上の点をある程度の近さで追っていけば，強相補性最適解を見つけることができそうである．次は中心パスへの近さについて考えよう．

[中心パスの近傍]

パラメータ $\beta \in [0, 1]$ を使って中心パスからの近傍 $\mathcal{N}_2(\beta)$ を次のように定義する．

$$\begin{aligned} \mathcal{N}_2(\beta) &:= \{(\boldsymbol{x}, \boldsymbol{z}) \in \mathcal{X}_{++} | \|\boldsymbol{X}\boldsymbol{z} - \mu(\boldsymbol{x}, \boldsymbol{z})\boldsymbol{e}\|_2 \leq \beta\mu(\boldsymbol{x}, \boldsymbol{z})\} \\ & \left(\text{ただし } \mu(\boldsymbol{x}, \boldsymbol{z}) := \frac{\boldsymbol{x}^\top \boldsymbol{z}}{n}\right) \end{aligned} \tag{4.9}$$

例えば，$\beta = 0$ としてみよう．$(\boldsymbol{x}, \boldsymbol{z}) \in \mathcal{N}_2(0)$, $\mu := \frac{\boldsymbol{x}^\top \boldsymbol{z}}{n}$ とすれば，$\boldsymbol{X}\boldsymbol{z} = \mu\boldsymbol{e}$ を満たす，つまり中心パス上の点である．逆に $(\boldsymbol{x}, \boldsymbol{z})$ が中心パス上の点ならば，$(\boldsymbol{x}, \boldsymbol{z}) \in \mathcal{N}_2(0)$ も明らかである．よって $\mathcal{N}_2(0)$ は中心パスに一致する．

さらに $\beta = 1$ の場合を考えてみよう．$\mathcal{N}_2(1)$ は $x_i z_i > 0$ であるので $\mathcal{X}_{++}$ に一致することがわかる．さらに $\beta_1 < \beta_2$ ならば $\mathcal{N}_2(\beta_1) \subset \mathcal{N}_2(\beta_2)$ となる．

上の例では l_2 ノルムを使っているので $\mathcal{N}_2$ という表記になっている．他に様々な近似の定義が考えられている[38]．

次の具体的な例で考えてみよう．

例 4.1

$$\boldsymbol{M} = \begin{bmatrix} 0 & 1 \\ -1 & 0 \end{bmatrix}, \quad \boldsymbol{q} = \begin{bmatrix} 1 \\ 1 \end{bmatrix}$$

とする．中心パスは，$x_2 = \frac{1}{2}$ を漸近線とする双曲線の一部となり，図 4.1 のようになる．ただし $\boldsymbol{x}$ の空間に描いたものである（ x_1 と x_2 のスケールの違いに注意）．$\boldsymbol{x} = \begin{bmatrix} 1/2 \\ 1 \end{bmatrix}$ とすると $\boldsymbol{z} = \begin{bmatrix} 2 \\ 1/2 \end{bmatrix}$ となる．$\mu = \boldsymbol{x}^\top \boldsymbol{z} = \frac{3}{4}$，$\boldsymbol{Xz} - \mu \boldsymbol{e} = \begin{bmatrix} 1/4 \\ -1/4 \end{bmatrix}$ なので

$$\frac{1}{4} \cdot \frac{3}{4} < \|\boldsymbol{Xz} - \mu \boldsymbol{e}\| = \frac{\sqrt{2}}{4} < \frac{1}{2} \cdot \frac{3}{4}$$

が満たされ，$(\boldsymbol{x}, \boldsymbol{z}) \in \mathcal{N}_2(\frac{1}{2})$ であるが $(\boldsymbol{x}, \boldsymbol{z}) \notin \mathcal{N}_2(\frac{1}{4})$ であることがわかる（図 4.1）．

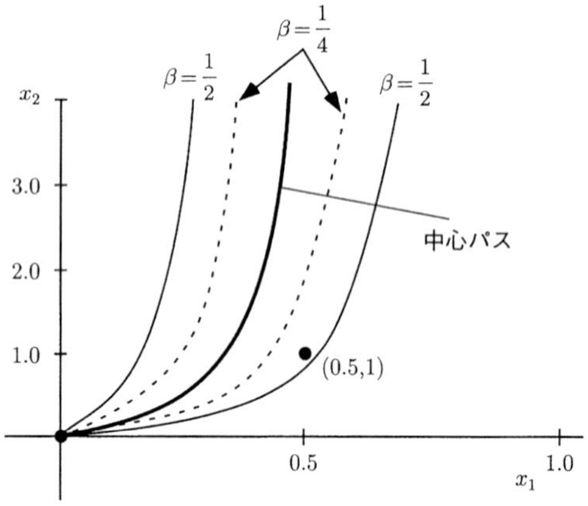

図 **4.1** 中心パスと近傍

● 4.3 ● 主双対パス追跡法 ●

[主双対パス追跡法の概要]

総じて内点法は，LP の実行可能領域の内部に点列を次々に発生させていく方法である．そのための指標として，前の節では中心パスとその近傍という概念を説明した．この節では，それらを利用した点列の発生のさせ方を考える．

いま実行可能領域の内点 $(\boldsymbol{x}, \boldsymbol{z}) \in \mathcal{X}_{++}$ が 1 つ与えられているとしよう．次に発生させる点を今の点からの差分 $\Delta\boldsymbol{x}, \Delta\boldsymbol{z}$ を用いて $(\boldsymbol{x}+\Delta\boldsymbol{x}, \boldsymbol{z}+\Delta\boldsymbol{z})$ で表し，それが何を満たせば好ましいのか，次の δ をパラメータに持つ方程式を考える．

$$\begin{cases} \boldsymbol{M}(\boldsymbol{x}+\Delta\boldsymbol{x})+\boldsymbol{q}=\boldsymbol{z}+\Delta\boldsymbol{z} \\ (\boldsymbol{X}+\Delta\boldsymbol{X})(\boldsymbol{z}+\Delta\boldsymbol{z})=\delta\mu\boldsymbol{e} \quad (\delta\in[0,1]) \\ \mu=\boldsymbol{x}^{\top}\boldsymbol{z} \\ (\text{ただし}, \boldsymbol{X}:=\mathrm{diag}[\boldsymbol{x}],\ \Delta\boldsymbol{X}:=\mathrm{diag}[\Delta\boldsymbol{x}]) \end{cases} \tag{4.10}$$

1 番目の式は, 次の点も実行可能領域の点であることを意味している (非負条件があるがこれは後で考える)．2 番目の式は, $\delta=0$ とした場合, $(\boldsymbol{X}+\Delta\boldsymbol{X})(\boldsymbol{z}+\Delta\boldsymbol{z})=0$ であるので $(\Delta\boldsymbol{x}, \Delta\boldsymbol{z})$ は $\boldsymbol{X}\boldsymbol{z}$ を小さくする方向であると考えられる．$\delta=1$ とした場合，次の点 $(\boldsymbol{x}+\Delta\boldsymbol{x}, \boldsymbol{z}+\Delta\boldsymbol{z})$ が $\mu=\boldsymbol{x}^{\top}\boldsymbol{z}$ とした場合の中心パス上の点であることを表すので，$(\Delta\boldsymbol{x}, \Delta\boldsymbol{z})$ は中心パス上の点に近づく方向であると考えられる．

式 (4.10) は非線形方程式であるため, 簡単に $(\Delta\boldsymbol{x}, \Delta\boldsymbol{z})$ を求めることはできない．そこで, $(\Delta\boldsymbol{x}, \Delta\boldsymbol{z})$ に関する 2 次の項を無視し, さらに $(\boldsymbol{x}, \boldsymbol{z})$ が $\boldsymbol{M}\boldsymbol{x}+\boldsymbol{q}=\boldsymbol{z}$ を満たすので代入すると

$$\boldsymbol{M}\Delta\boldsymbol{x}=\Delta\boldsymbol{z} \tag{4.11}$$

$$\boldsymbol{X}\boldsymbol{z}+\boldsymbol{X}\Delta\boldsymbol{z}+\boldsymbol{Z}\Delta\boldsymbol{x}=\delta\mu\boldsymbol{e} \tag{4.12}$$

が得られる．ただし $\boldsymbol{Z}=\mathrm{diag}[\boldsymbol{z}]$ である．一般に，非線形方程式を 1 次近似して得られた方程式を**ニュートン方程式** (Newton equation) という．ニュートン方程式 (4.11), (4.12) は次のように解くことができる．まず，式 (4.12) の第 2

式を $\Delta \boldsymbol{z}$ について解くと

$$\Delta \boldsymbol{z} = \delta\mu \boldsymbol{X}^{-1}\boldsymbol{e} - \boldsymbol{z} - \boldsymbol{X}^{-1}\boldsymbol{Z}\Delta \boldsymbol{x}$$

を得る．これを式 (4.11) に代入し $\Delta \boldsymbol{x}$ について解くと

$$\Delta \boldsymbol{x} = (\boldsymbol{M} + \boldsymbol{X}^{-1}\boldsymbol{Z})^{-1}(\delta\mu \boldsymbol{X}^{-1}\boldsymbol{e} - \boldsymbol{z})$$

を得る．まとめるとニュートン方程式 (4.11), (4.12) の解は

$$\begin{cases} \Delta \boldsymbol{x} = (\boldsymbol{M} + \boldsymbol{X}^{-1}\boldsymbol{Z})^{-1}(\delta\mu \boldsymbol{X}^{-1}\boldsymbol{e} - \boldsymbol{z}) \\ \Delta \boldsymbol{z} = \delta\mu \boldsymbol{X}^{-1}\boldsymbol{e} - \boldsymbol{z} - \boldsymbol{X}^{-1}\boldsymbol{Z}\Delta \boldsymbol{x} \\ \left(\mu = \frac{\boldsymbol{x}^\top \boldsymbol{z}}{n}, \delta \in [0,1]\right) \end{cases} \tag{4.13}$$

となる．ここで注意したいのは，$\boldsymbol{X}^{-1}\boldsymbol{Z}$ の対角要素はすべて正であり $\boldsymbol{M}$ は歪対称行列であることから，$\boldsymbol{M} + \boldsymbol{X}^{-1}\boldsymbol{Z}$ は正定値行列となり，ニュートン方程式 (4.11), (4.12) の解はそれぞれの $\delta \in [0,1]$ に対して式 (4.13) の唯一である．

$(\Delta \boldsymbol{x}, \Delta \boldsymbol{z})$ はニュートン方程式 (4.11), (4.12) を解いて得られた解なので，**ニュートン方向** (Newton direction) と呼ばれる．特に，$\delta = 0$ として求められた $(\Delta \boldsymbol{x}, \Delta \boldsymbol{z})$ を**予測方向** (predictor) といい，$\delta = 1$ として求められた $(\Delta \boldsymbol{x}, \Delta \boldsymbol{z})$ を **修正方向** (corrector) という．式 (4.10) でわかるように，予測方向はなるべく $\boldsymbol{X}\boldsymbol{z}$ を $\boldsymbol{0}$ にしようとする方向，修正方向は中心パスに近づく方向である．本書で紹介する内点法，主双対パス追跡法（予測子・修正子法）では，各繰り返しで，予測方向に進む（予測ステップ）ことと修正方向に進む（修正ステップ）ことを繰り返す．

具体例 4.1 で $\boldsymbol{x} = \begin{bmatrix} 1/2 \\ 1 \end{bmatrix}$ に対してニュートン方向を計算してみよう．$\delta = 0$ としたとき $\Delta \boldsymbol{x} = \begin{bmatrix} -1/6 \\ 1/6 \end{bmatrix}$ となり，$\delta = 1$ とすると $\Delta \boldsymbol{x} = \begin{bmatrix} -1/6 \\ -3/4 \end{bmatrix}$ が得られる．図 4.2 はこれらのベクトルを描いたものである．

さて準備が整ったので，内点法のアルゴリズム：**主双対パス追跡法（予測子・修正子法）**を紹介しよう．

アルゴリズム 4.1 [主双対パス追跡法（予測子・修正子法）]

入力： 自己双対型の LP (4.3)

$\varepsilon > 0$: 精度パラメータ

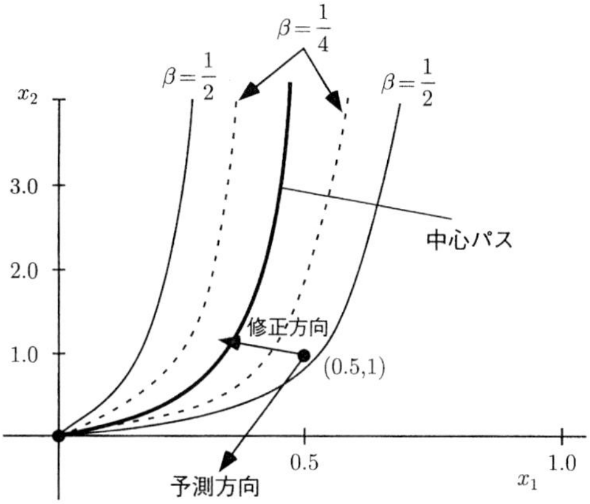

図 4.2 予測方向，修正方向

$\theta_2 := 1$: 修正ステップパラメータ

$(\boldsymbol{x}^0, \boldsymbol{z}^0)$: $(\boldsymbol{x}^0, \boldsymbol{z}^0) \in \mathcal{N}_2(\frac{1}{4})$ となる初期実行可能内点

出力： LP (4.3) の強相補性最適解の近似解

初期化： $(\boldsymbol{x}, \boldsymbol{z}) := (\boldsymbol{x}^0, \boldsymbol{z}^0)$ とする

Step 0（終了判定）：

もし $\boldsymbol{x}^\top \boldsymbol{z} < \varepsilon$ ならば $(\boldsymbol{x}, \boldsymbol{z})$ を出力し終了する

そうでなければ **Step 1** へ

Step 1（予測ステップ）：

$\mu := \frac{\boldsymbol{x}^\top \boldsymbol{z}}{n}$ を計算する

式 (4.13) において $\delta = 0$ とし $(\Delta\boldsymbol{x}, \Delta\boldsymbol{z})$ を求める

$\theta_1 := \max\{\theta | (\boldsymbol{x} + \theta\Delta\boldsymbol{x}, \boldsymbol{z} + \theta\Delta\boldsymbol{z}) \in \mathcal{N}_2(\frac{1}{2})\}$ を求める

$\begin{cases} \boldsymbol{x} := \boldsymbol{x} + \theta_1 \Delta\boldsymbol{x} \\ \boldsymbol{z} := \boldsymbol{z} + \theta_1 \Delta\boldsymbol{z} \end{cases}$ として **Step 2** へ

Step 2（修正ステップ）：

$\mu := \frac{\boldsymbol{x}^\top \boldsymbol{z}}{n}$ を計算する

式 (4.13) において $\delta = 1$ とし $(\Delta\boldsymbol{x}, \Delta\boldsymbol{z})$ を求める

$\begin{cases} \boldsymbol{x} := \boldsymbol{x} + \theta_2 \Delta\boldsymbol{x} \\ \boldsymbol{z} := \boldsymbol{z} + \theta_2 \Delta\boldsymbol{z} \end{cases}$ として **Step 0** へ

[内点法の実行例]

第 1 章で取り上げた，生産計画問題（例 1.1）を上の主双対パス追跡法で実際に解いてみる．

$$
\left|\begin{array}{ll}
\text{最大化} & 2x_1 + 3x_2 + 2x_3 \\
\text{条　件} & \left\{\begin{array}{rrrl} x_1 + & x_2 + & 2x_3 & \leq 24 \\ 3x_1 + & x_2 & & \leq 16 \\ & 2x_2 + & x_3 & \leq 12 \end{array}\right. \\
& (x_1, x_2, x_3 \geq 0)
\end{array}\right.
$$

4.1 節の議論と人工問題の作り方（手続き 4.1）より

$$
\boldsymbol{M} = \begin{bmatrix}
0 & 0 & 0 & -1 & -1 & -2 & 24 & -19 \\
0 & 0 & 0 & -3 & -1 & 0 & 16 & -11 \\
0 & 0 & 0 & 0 & -2 & -1 & 12 & -8 \\
1 & 3 & 0 & 0 & 0 & 0 & -2 & -1 \\
1 & 1 & 2 & 0 & 0 & 0 & -3 & 0 \\
2 & 0 & 1 & 0 & 0 & 0 & -2 & 0 \\
-24 & -16 & -12 & 2 & 3 & 2 & 0 & 46 \\
19 & 11 & 8 & 1 & 0 & 0 & -46 & 0
\end{bmatrix}, \quad \boldsymbol{q} = \begin{bmatrix} 0 \\ 0 \\ 0 \\ 0 \\ 0 \\ 0 \\ 0 \\ 8 \end{bmatrix}
$$

として自己双対型の LP (4.7) を解く．精度パラメータを $\varepsilon = 1.0 \times 10^{-6}$ としたとき 8 回の繰り返しでアルゴリズムは終了する．表 4.1 に各繰り返しでの変数の値と予測ステップパラメータ：θ_1 の値を記す．

表 4.1　主双対パス追跡法の実行例

繰り返し	$\overline{x}_1$	$\overline{x}_2$	$\overline{x}_3$	$\overline{x}_4$	$\overline{x}_5$	$\overline{x}_6$	$\overline{x}_7$	$\overline{x}_8$	θ_1
初期値:	1	1	1	1	1	1	1	1	0.523
1 回目:	0.423489	0.582153	0.734630	1.01223	0.752319	1.42048	0.616071	0.477	0.538
2 回目:	0.237792	0.361408	0.558122	1.22481	0.659928	2.04745	0.460507	0.220374	0.541
3 回目:	0.196011	0.264425	0.465943	1.48039	0.618225	2.65207	0.409583	0.101152	0.629
4 回目:	0.190666	0.217606	0.414521	1.69265	0.606755	3.0979	0.391851	0.0375273	0.777
5 回目:	0.191726	0.197778	0.391133	1.81006	0.612008	3.32003	0.386032	0.00836858	0.926
6 回目:	0.192262	0.192709	0.385093	1.84344	0.615103	3.37983	0.384716	0.000619275	0.993
7 回目:	0.192307	0.192310	0.384618	1.84613	0.615385	3.384581	0.384616	4.334924×10^{-6}	0.999
8 回目:	0.192307	0.192307	0.384615	1.84615	0.615385	3.384615	0.384615	4.334925×10^{-9}	

$x_7 > 0$ の値に収束しているので，元々の LP は最適解を持つことがわかる．最適解は $(x_1^*, x_2^*, x_3^*) = (\overline{x}_4^*/\overline{x}_7^*, \overline{x}_5^*/\overline{x}_7^*, \overline{x}_6^*/\overline{x}_7^*) \fallingdotseq (4.8, 1.6, 8.8)$ と計算された．さらに双対問題

$$
\left|\begin{array}{ll}
\text{最小化} & 24y_1 + 16y_2 + 12y_3 \\
\text{条　件} & \begin{cases} y_1 + 3y_2 \geq 2 \\ y_1 + y_2 + 2y_3 \geq 3 \\ 2y_1 + y_3 \geq 2 \end{cases} \\
 & (y_1, y_2, y_3 \geq 0)
\end{array}\right.
$$

の最適解は $(y_1^*, y_2^*, y_3^*) = (\overline{x}_1^*/\overline{x}_7^*, \overline{x}_2^*/\overline{x}_7^*, \overline{x}_3^*/\overline{x}_7^*) \fallingdotseq (0.5, 0.5, 1.0)$ と計算されていることがわかる.

● 4.4 ● アルゴリズムの妥当性 ●

この節では，前の節で導入した主双対パス追跡法のアルゴリズムが矛盾なく繰り返され，有限回の繰り返しの後，最適解の近似解を出力し終了することを示す．前半部分ではアルゴリズム中に各繰り返しで行われるニュートンステップの妥当性を考え，後半部では中心パスに関する性質について，4.2 節で紹介した定理 4.2，定理 4.3 の証明を与える．

まず前の節で導入したニュートン方向 $(\Delta\boldsymbol{x}, \Delta\boldsymbol{z})$ の性質を導入しよう．$(\boldsymbol{x}, \boldsymbol{z}) \in \mathcal{X}_{++}$ とする．$(\Delta\boldsymbol{x}, \Delta\boldsymbol{z})$ を式 (4.13) で求めたニュートン方向とする．記述を複雑にしないため以下のように記号を決めておく．

$$
\begin{aligned}
&\boldsymbol{x}(\theta) := \boldsymbol{x} + \theta\Delta\boldsymbol{x}, \qquad \boldsymbol{z}(\theta) := \boldsymbol{z} + \theta\Delta\boldsymbol{z}, \\
&\mu(\theta) := \mu(\boldsymbol{x}(\theta), \boldsymbol{z}(\theta)), \ \ \boldsymbol{X}(\theta) := \boldsymbol{X} + \theta\Delta\boldsymbol{X}
\end{aligned} \tag{4.14}
$$

これらに対し以下の性質が成り立つ．

性質 4.11（ニュートン方向の基本性質） 方程式 (4.11), (4.12) の解 $(\Delta\boldsymbol{x}, \Delta\boldsymbol{z})$ に対して以下の 3 つが成り立つ．

(i) $\Delta\boldsymbol{x}^\top\Delta\boldsymbol{z} = 0$ である，つまり $\Delta\boldsymbol{x}$ と $\Delta\boldsymbol{z}$ は直交する

(ii) $\mu(\theta) = (1 - \theta + \delta\theta)\mu(\boldsymbol{x}, \boldsymbol{z})$

(iii) $\boldsymbol{X}(\theta)\boldsymbol{z}(\theta) - \mu(\theta)\boldsymbol{e} = (1-\theta)(\boldsymbol{X}\boldsymbol{z} - \mu(\boldsymbol{x}, \boldsymbol{z})\boldsymbol{e}) + \theta^2\Delta\boldsymbol{X}\Delta\boldsymbol{z}$

証明 [演習問題 **4-3**] ■

アルゴリズムが矛盾なく繰り返すことを示すための主要な性質を示すために，

次の対角行列を使ったニュートン方向のスケーリングを考える．

$$\boldsymbol{X}^p := \begin{bmatrix} x_1^p & & O \\ & \ddots & \\ O & & x_n^p \end{bmatrix}, \quad \boldsymbol{Z}^p := \begin{bmatrix} z_1^p & & O \\ & \ddots & \\ O & & z_n^p \end{bmatrix}$$

補助定理 4.2 対角行列 $\boldsymbol{X}^{\frac{1}{2}}, \boldsymbol{X}^{-\frac{1}{2}}, \boldsymbol{Z}^{\frac{1}{2}}, \boldsymbol{Z}^{-\frac{1}{2}}$ を用いてスケーリングしたニュートン方向を次のように定義する．

$$\begin{aligned} \boldsymbol{u} &:= \boldsymbol{X}^{-\frac{1}{2}}\boldsymbol{Z}^{\frac{1}{2}}\Delta\boldsymbol{x} \\ \boldsymbol{v} &:= \boldsymbol{X}^{\frac{1}{2}}\boldsymbol{Z}^{-\frac{1}{2}}\Delta\boldsymbol{z} \\ \boldsymbol{w} &:= \boldsymbol{u}+\boldsymbol{v} \\ &= \boldsymbol{X}^{-\frac{1}{2}}\boldsymbol{Z}^{-\frac{1}{2}}(\boldsymbol{Z}\Delta\boldsymbol{x}+\boldsymbol{X}\Delta\boldsymbol{z}) \\ &= \boldsymbol{X}^{-\frac{1}{2}}\boldsymbol{Z}^{-\frac{1}{2}}(\delta\mu(\boldsymbol{x},\boldsymbol{z})\boldsymbol{e}-\boldsymbol{X}\boldsymbol{z}) \end{aligned} \tag{4.15}$$

次の 3 つが成り立つ．ただし，$\boldsymbol{U} := \mathrm{diag}[\boldsymbol{u}]$ である．

(i) $\|\Delta\boldsymbol{X}\Delta\boldsymbol{z}\| = \|\boldsymbol{U}\boldsymbol{v}\| \le \frac{1}{2}\|\boldsymbol{w}\|^2$

(ii) $\delta = 0$ ならば $\|\boldsymbol{w}\|^2 = n\mu(\boldsymbol{x},\boldsymbol{z})$

(iii) $\delta = 1$ かつ $(\boldsymbol{x},\boldsymbol{z}) \in \mathcal{N}_2(\beta)$ ならば $\|\boldsymbol{w}\|^2 \le \frac{\beta^2\mu(\boldsymbol{x},\boldsymbol{z})}{1-\beta}$

証明 (i) の証明：$\boldsymbol{u}^\top\boldsymbol{v} = \Delta\boldsymbol{x}^\top\Delta\boldsymbol{z} = 0$ である．よって

$$\|\boldsymbol{w}\|^2 = \|\boldsymbol{u}+\boldsymbol{v}\| = \boldsymbol{u}^\top\boldsymbol{u}+\boldsymbol{v}^\top\boldsymbol{v} = \sum_{j=1}^n (u_j^2+v_j^2)$$

となる．よって

$$\begin{aligned} \|\boldsymbol{w}\|^4 &= \left(\sum_{j=1}^n (u_j^2+v_j^2)\right)^2 \\ &\ge \sum_{j=1}^n (u_j^2+v_j^2)^2 \\ &= \sum_{j=1}^n \left((u_j^2-v_j^2)^2+4u_j^2v_j^2\right) \end{aligned}$$

$$\geq 4\sum_{j=1}^{n} u_j^2 v_j^2 = 4\|\boldsymbol{U}\boldsymbol{v}\|^2$$

を得る．

(ii) の証明：式 (4.15) の最後の式に $\delta = 0$ を代入すると $\boldsymbol{w} = \boldsymbol{X}^{\frac{1}{2}}\boldsymbol{Z}^{\frac{1}{2}}\boldsymbol{e}$ となる．よって $\|\boldsymbol{w}\|^2 = \boldsymbol{x}^\top \boldsymbol{z} = n\mu(\boldsymbol{x}, \boldsymbol{z})$ である．

(iii) の証明：$\mu := \mu(\boldsymbol{x}, \boldsymbol{z})$ とする．

$$\begin{aligned}(\boldsymbol{x}, \boldsymbol{z}) \in \mathcal{N}_2(\beta) \ &\Rightarrow \ \sum_{j=1}^{n}(x_j z_j - \mu)^2 \leq \beta^2\mu^2 \\ &\Rightarrow \ |x_j z_j - \mu| \leq \beta\mu \quad (j = 1, 2, \ldots, n)\end{aligned} \tag{4.16}$$

最後の式から

$$(1-\beta)\mu \leq x_j z_j \leq (1+\beta)\mu \tag{4.17}$$

を得る．式 (4.15) の最後の式に $\delta = 1$ すると

$$\begin{aligned}\|\boldsymbol{w}\|^2 = \sum_{j=1}^{n}\left(\frac{\mu}{\sqrt{x_j z_j}} - \sqrt{x_j z_j}\right)^2 &= \sum_{j=1}^{n}\frac{(\mu - x_j z_j)^2}{x_j z_j} \\ \text{式 (4.17)} &\leq \frac{1}{(1-\beta)\mu}\sum_{j=1}^{n}(\mu - x_j z_j)^2 \\ \text{式 (4.16)} &\leq \frac{\beta^2\mu^2}{(1-\beta)\mu} = \frac{\beta^2\mu}{(1-\beta)}\end{aligned}$$

が得られる． ■

修正ステップの妥当性を示す次の定理が成り立つ．

定理 4.4 主双対パス追跡法（アルゴリズム 4.1）の**修正ステップ**において，$\boldsymbol{x}^+ := \boldsymbol{x} + \theta_2\Delta\boldsymbol{x}$, $\boldsymbol{z}^+ := \boldsymbol{z} + \theta_2\Delta\boldsymbol{z}$, $\mu^+ := \mu(\boldsymbol{x}^+, \boldsymbol{z}^+)$ とする．
$(\boldsymbol{x}, \boldsymbol{z}) \in \mathcal{N}_2(\frac{1}{2})$ ならば以下の 3 つが成り立つ．

- **(i)** $\boldsymbol{x}^+ > \boldsymbol{0}$, $\boldsymbol{z}^+ > \boldsymbol{0}$ （修正ステップは実行可能である）
- **(ii)** $\mu^+ = \mu(\boldsymbol{x}, \boldsymbol{z})$ （双対ギャップは不変である）
- **(iii)** $(\boldsymbol{x}^+, \boldsymbol{z}^+) \in \mathcal{N}_2(\frac{1}{4})$ （中心方向に近づく）

証明 (ii) の証明：修正ステップでは $\delta = 1$ で，ステップパラメータは $\theta_2 = 1$

なので，性質 4.11 の (ii) より $\mu^+ = \mu(\boldsymbol{x}, \boldsymbol{z})$ である．

(iii) の証明：性質 4.11 の (iii) と補助定理 4.2 の (i), (iii) から $\boldsymbol{X}^+ := \mathrm{diag}[\boldsymbol{x}^+]$ とすれば

$$\begin{aligned}\|\boldsymbol{X}^+\boldsymbol{z} - \mu^+\| &= \|\Delta\boldsymbol{X}\Delta\boldsymbol{z}\| \\ &= \|\boldsymbol{U}\boldsymbol{v}\| \\ &\le \frac{1}{2}\|\boldsymbol{w}\| \\ &\le \frac{1}{4}\mu(\boldsymbol{x}, \boldsymbol{z}) = \frac{1}{4}\mu^+\end{aligned}$$

が成り立つ．よって $(\boldsymbol{x}^+, \boldsymbol{z}^+) \in \mathcal{N}_2(\frac{1}{4})$ である．

最後に (i) の証明：$\theta \in [0, 1]$ に対し

$$\begin{aligned}&\boldsymbol{x}(\theta) := \boldsymbol{x} + \theta\Delta\boldsymbol{x}, \qquad \boldsymbol{z}(\theta) := \boldsymbol{z} + \theta\Delta\boldsymbol{z}, \\ &\mu(\theta) := \mu(\boldsymbol{x}(\theta), \boldsymbol{z}(\theta)),\ \ \boldsymbol{X}(\theta) := \boldsymbol{X} + \theta\Delta\boldsymbol{X}\end{aligned}$$

とする．性質 4.11 の (iii) より

$$\boldsymbol{X}(\theta)\boldsymbol{z}(\theta) - \mu(\theta)\boldsymbol{e} = (1-\theta)(\boldsymbol{X}\boldsymbol{z} - \mu(\boldsymbol{x}, \boldsymbol{z})\boldsymbol{e}) + \theta^2\Delta\boldsymbol{X}\Delta\boldsymbol{z}$$

さらにノルムの三角不等式から

$$\|\boldsymbol{X}(\theta)\boldsymbol{z}(\theta) - \mu(\theta)\boldsymbol{e}\| \le (1-\theta)\|\boldsymbol{X}\boldsymbol{z} - \mu(\boldsymbol{x}, \boldsymbol{z})\boldsymbol{e}\| + \theta^2\|\Delta\boldsymbol{X}\Delta\boldsymbol{z}\| \tag{4.18}$$

が成り立つ．$(\boldsymbol{x}, \boldsymbol{z}) \in \mathcal{N}_2(\frac{1}{2})$ より $\|\boldsymbol{X}\boldsymbol{z} - \mu(\boldsymbol{x}, \boldsymbol{z})\boldsymbol{e}\| \le \mu(\boldsymbol{x}, \boldsymbol{z})$ であり，$\|\Delta\boldsymbol{X}\Delta\boldsymbol{z}\| = \|\boldsymbol{U}\boldsymbol{v}\| \le \frac{1}{4}$ であるので上式は

$$\begin{aligned}\|\boldsymbol{X}(\theta)\boldsymbol{z}(\theta) - \mu(\theta)\boldsymbol{e}\| &\le (1-\theta)\frac{1}{2}\mu(\boldsymbol{x}, \boldsymbol{z}) + \theta^2\frac{1}{4}\mu(\boldsymbol{x}, \boldsymbol{z}) \\ &= \frac{1}{4}\mu(\boldsymbol{x}, \boldsymbol{z})(1-\theta)^2 + \frac{1}{4}\mu(\boldsymbol{x}, \boldsymbol{z}) \\ &\le \frac{1}{2}\mu(\boldsymbol{x}, \boldsymbol{z})\end{aligned}$$

となる．上の不等式から

$$-\frac{1}{2}\mu(\boldsymbol{x}, \boldsymbol{z}) \le x_j(\theta)z_j(\theta) - \mu(\boldsymbol{x}, \boldsymbol{z}) \le \frac{1}{2}\mu(\boldsymbol{x}, \boldsymbol{z})$$

が得られる．(ii) より修正ステップでは $\mu(\theta) = \mu(\boldsymbol{x}, \boldsymbol{z})$ なので

$$-\frac{1}{2}\mu(\boldsymbol{x},\boldsymbol{z}) \le x_j(\theta)z_j(\theta) - \mu(\boldsymbol{x},\boldsymbol{z}) \le \frac{1}{2}\mu(\boldsymbol{x},\boldsymbol{z})$$
$$\frac{1}{2}\mu(\boldsymbol{x},\boldsymbol{z}) \le x_j(\theta)z_j(\theta) \le \frac{3}{2}\mu(\boldsymbol{x},\boldsymbol{z})$$

が得られる．$\mu(\boldsymbol{x},\boldsymbol{z}) > 0$ であることを考えると，上の不等式は任意の $\theta \in [0,1]$ で $x_j(\theta)$ と $z_j(\theta)$ がともに正であることを意味する．ゆえに修正ステップは実行可能であることがわかった． ■

定理 4.5 主双対パス追跡法（アルゴリズム 4.1）の**予測ステップ**において，$(\boldsymbol{x},\boldsymbol{z}) \in \mathcal{N}_2(\frac{1}{4})$ であるとする．$\theta_1 := \max\{\theta | (\boldsymbol{x}+\theta\Delta\boldsymbol{z}, \boldsymbol{z}+\theta\Delta\boldsymbol{z}) \in \mathcal{N}_2(\frac{1}{2})\}$, $\boldsymbol{x}^+ := \boldsymbol{x}+\theta_1\Delta\boldsymbol{x}$, $\boldsymbol{z}^+ := \boldsymbol{z}+\theta_1\Delta\boldsymbol{z}$, $\mu^+ := \mu(\boldsymbol{x}^+,\boldsymbol{z}^+)$ とすると，次の 2 つが成り立つ．

(i) $\mu^+ = (1-\theta_1)\mu(\boldsymbol{x},\boldsymbol{z})$ （双対ギャップは減少する）

(ii) $\theta_1 \ge \frac{1}{2\sqrt{n}}$ である

証明 (i) の証明：予測ステップでは，$\delta = 0$ であるので性質 4.11 の (ii) より明らかである．

(ii) の証明：定理 4.4(i) の証明と同様に不等式

$$\|\boldsymbol{X}(\theta)\boldsymbol{z}(\theta) - \mu(\theta)\boldsymbol{e}\| \le (1-\theta)\|\boldsymbol{X}\boldsymbol{z} - \mu(\boldsymbol{x},\boldsymbol{z})\boldsymbol{e}\| + \theta^2\|\Delta\boldsymbol{X}\Delta\boldsymbol{z}\|$$

を得る．$(\boldsymbol{x},\boldsymbol{z}) \in \mathcal{N}_2(\frac{1}{4})$ であることと，補助定理 4.2 の (i), (ii) から $\|\Delta\boldsymbol{X}\Delta\boldsymbol{z}\| = \|\boldsymbol{U}\boldsymbol{v}\| \le \frac{1}{2}\|\boldsymbol{w}\| = \frac{1}{2}n\mu(\boldsymbol{x},\boldsymbol{z})$ であることがわかるので，それらを上の不等式に代入すると

$$\|\boldsymbol{X}(\theta)\boldsymbol{z}(\theta) - \mu(\theta)\boldsymbol{e}\| \le (1-\theta)\frac{1}{4}\mu(\boldsymbol{x},\boldsymbol{z}) + \theta^2\frac{1}{2}n\mu(\boldsymbol{x},\boldsymbol{z})$$

が得られる．ここで $\theta \le \frac{1}{2\sqrt{n}}$ としよう．$\frac{1}{2}\theta^2 n \le \frac{1}{8}$ が成り立つ．さらに $n \ge 1$ より $(1-\theta) \ge (1-\frac{1}{2\sqrt{n}}) \ge \frac{1}{2}$ なので，これらを代入すると

$$\begin{aligned}\|\boldsymbol{X}(\theta)\boldsymbol{z}(\theta) - \mu(\theta)\boldsymbol{e}\| &\le (1-\theta)\frac{1}{4}\mu(\boldsymbol{x},\boldsymbol{z}) + \frac{1}{8}\mu(\boldsymbol{x},\boldsymbol{z}) \\ &\le (1-\theta)\frac{1}{4}\mu(\boldsymbol{x},\boldsymbol{z}) + \frac{1}{4}(1-\theta)\mu(\boldsymbol{x},\boldsymbol{z}) \\ &= (1-\theta)\frac{1}{2}\mu(\boldsymbol{x},\boldsymbol{z})\end{aligned}$$

$$= \frac{1}{2}\mu(\theta)$$

が得られる．定理 4.4(i) の証明と同様にして，この不等式は，任意の $\theta \in [0, \frac{1}{2\sqrt{n}}]$ に対し $(\boldsymbol{x}+\theta\Delta\boldsymbol{x}, \boldsymbol{z}+\theta\Delta\boldsymbol{z})$ は実行可能でありかつ，$(\boldsymbol{x}+\theta\Delta\boldsymbol{x}, \boldsymbol{z}+\theta\Delta\boldsymbol{z}) \in \mathcal{N}_2(\frac{1}{2})$ であることを示している．ゆえに

$$\theta_1 := \max\left\{\theta | (\boldsymbol{x}+\theta\Delta\boldsymbol{z}, \boldsymbol{z}+\theta\Delta\boldsymbol{z}) \in \mathcal{N}_2\left(\frac{1}{2}\right)\right\} \geq \frac{1}{2\sqrt{n}}$$

である． ■

これら 2 つの定理より，もし $(\boldsymbol{x}^0, \boldsymbol{z}^0) \in \mathcal{N}_2(\frac{1}{4})$ であるような問題 $(\mathrm{P_{SD}})$ の初期内点が求まっているとすれば，主双対パス追跡法（アルゴリズム 4.1）は矛盾なく繰り返すという次の定理が得られる．

定理 4.6 任意の自己双対型 LP $(\mathrm{P_{SD}})$ に対し，主双対パス追跡法（アルゴリズム 4.1）は矛盾なく繰り返し，たかだか $2\sqrt{n}\log\frac{\mu^0 n}{\varepsilon}$ の繰り返しの後終了し，強相補性最適解の近似解を出力する．

証明 目的関数値 $\boldsymbol{x}^\top\boldsymbol{z}$ は初期値 $n\mu^0$ から各反復で少なくとも $(1-\frac{1}{2\sqrt{n}})$ の比で減少するので

$$\left(1-\frac{1}{2\sqrt{n}}\right)^k n\mu^0 \leq \varepsilon \tag{4.19}$$

を満たす k の十分条件を求めればよい．上の式の両対数をとれば

$$k\log(1-\frac{1}{2\sqrt{n}}) + \log(n\mu^0) \leq \log\varepsilon$$
$$-k\log(1-\frac{1}{2\sqrt{n}}) \geq \log(n\mu^0) - \log\varepsilon$$

が得られる．ここで，$0<\rho<1$ に対して，$-\log(1-\rho) \geq \rho$ であるので，もし k が

$$k\rho \geq \log(n\mu^0) - \log\varepsilon = \log\frac{n\mu^0}{\varepsilon}$$

を満たせば，式 (4.19) を満たすことがわかる． ■

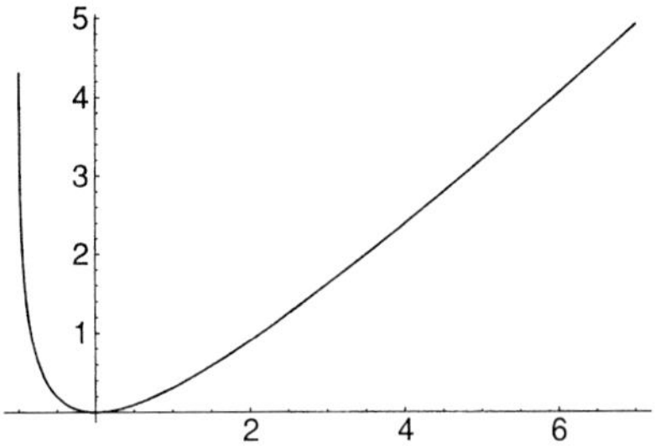

図 **4.3** 関数 ψ の概形

[対数罰金関数と中心パス]

中心パスの性質を知るために，内点法で重要な役割を果たす対数型罰金関数を導入し，それらの関係を調べよう．

関数 $\psi : (-1, \infty) \to \mathbb{R}$ を

$$\psi(t) := t - \log(1 + t)$$

とする．図 4.3 は関数 ψ の概形である．さらに 関数 ψ は以下の性質を持つことが容易に確かめられる．

性質 4.12（関数 ψ の性質）

- **(i)** 任意の $t > -1$ について，$\phi(t) \geq 0$ である
- **(ii)** ψ は狭義凸関数である（凸関数，狭義凸関数の定義は付録を参照のこと）
- **(iii)** $\lim_{t \to \infty} \psi(t) = +\infty$
- **(iv)** $\lim_{t \downarrow -1} \psi(t) = +\infty$

この関数 ψ を使って関数 $\Psi : \boldsymbol{z} \in \mathbb{R}^n : \boldsymbol{z} + \boldsymbol{e} > 0 \to \mathbb{R}$ を次のように定義する．

$$\Psi(\boldsymbol{z}) = \sum_{j=1}^{n} \psi(z_j)$$

ただし $\boldsymbol{e}$ はすべての要素が 1 の n 次元ベクトルであり，$\boldsymbol{z} + \boldsymbol{e} > 0$ はすべての i について $z_i > -1$ であることと等価である．関数 Ψ に関しても以下のような性質があり，やはり容易に示すことができる．

性質 4.13（関数 Ψ の性質）

(i) 任意の $\boldsymbol{z} > -\boldsymbol{e}$ に対して $\Psi(\boldsymbol{z}) \geq \boldsymbol{0}$ である

(ii) Ψ は狭義凸関数である

(iii) $\boldsymbol{z}$ の要素のうち 1 つでも ∞ に発散するか，-1 に近づくのであれば，Ψ は ∞ に発散する

上の関数 Ψ を使い，f_μ を次のように定義する．正の数 $\mu > 0$ に対する $f_\mu : \mathcal{X}_{++} \to \mathbb{R}$ を

$$f_\mu(\boldsymbol{x}, \boldsymbol{z}) := \Psi\left(\frac{1}{\mu}\boldsymbol{X}\boldsymbol{z} - \boldsymbol{e}\right) \tag{4.20}$$

と定義する．ただし $\boldsymbol{X} := \mathrm{diag}[\boldsymbol{x}]$ である．Ψ の定義から，以下のように変形することができる．

$$\begin{aligned}
f_\mu(\boldsymbol{x}, \boldsymbol{z}) &= \Psi\left(\frac{1}{\mu}\boldsymbol{X}\boldsymbol{z} - \boldsymbol{e}\right) = \sum_{i=1}^{n} \psi\left(\frac{x_i z_i}{\mu} - 1\right) \\
&= \sum_{i=1}^{n}\left(\frac{x_i z_i}{\mu} - 1\right) - \sum_{i=1}^{n} \log \frac{x_i z_i}{\mu} \\
&= \frac{\boldsymbol{x}^\top \boldsymbol{z}}{\mu} - \sum_{i=1}^{n} \log x_i z_i - n + n \log \mu \qquad (4.21)\\
f_\mu(\boldsymbol{x}) &= \frac{\boldsymbol{q}^\top \boldsymbol{x}}{\mu} - \sum_{i=1}^{n} \log x_i (\boldsymbol{M}\boldsymbol{x} + \boldsymbol{q})_i - n + n \log \mu \qquad (4.22)
\end{aligned}$$

関数 f_μ は，問題 (SP) に対するパラメータ $\mu > 0$ の**対数罰金関数** (logarithmic penalty function) と呼ばれ，以下の性質を持つことが容易にわかる．

性質 4.14（関数 f_μ の性質） 集合 $\mathcal{X}_{++}$ が空でない，すなわち仮定 4.1 を満たしているとすると，以下が成り立つ．

(i) 任意の $\boldsymbol{x} \in \mathcal{X}_{++}$ に対して，$f_\mu(\boldsymbol{x}, \boldsymbol{z}) \geq 0$ であり，よって下に有界である

(ii) f_μ は狭義凸関数である

図 4.4 は，例 4.1 の場合の罰金関数 f_μ (式 4.22) の概形である．

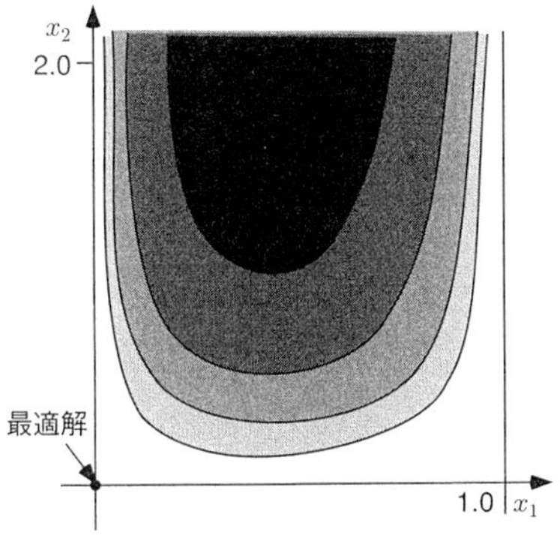

(a) $\mu = 1.5$

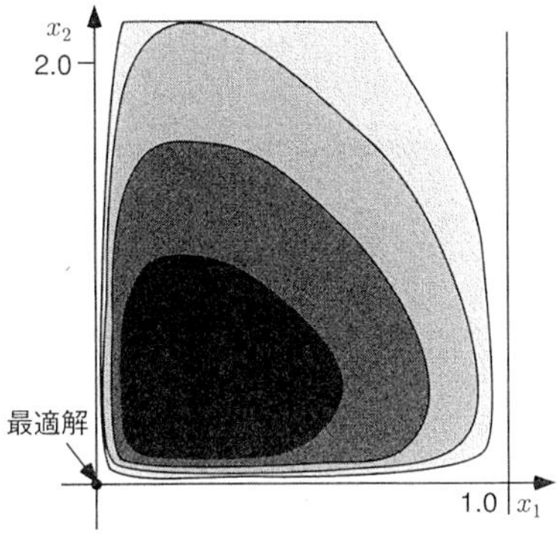

(b) $\mu = 0.3$

図 **4.4** 対数罰金関数の等高線の概形

さらに対数罰金関数 f_μ の性質を調べるため，f_μ の準位集合を

$$\mathcal{L}_\mu(\alpha) := \{(\boldsymbol{x}, \boldsymbol{z}) \in \mathcal{X}_{++} : f_\mu(\boldsymbol{x}, \boldsymbol{z}) \leq \alpha\}$$

と定義する．次の補助定理が成り立つ．

補助定理 4.3 問題 ($\mathrm{P_{SD}}$) が仮定 4.1 を満たしているとする，つまり $(\boldsymbol{x}^0, \boldsymbol{z}^0) \in \mathcal{X}_{++}$ となる $(\boldsymbol{x}^0, \boldsymbol{z}^0)$ が存在するとする．次の 2 つが成り立つ．

(i) f_μ の順位集合 $\mathcal{L}_\mu(\alpha)$ が，非空で有界な正領域の部分閉集合となるような α が存在する

(ii) $f_\mu(\boldsymbol{x}, \boldsymbol{z})$ は $(\boldsymbol{x}, \boldsymbol{z}) \in \mathcal{X}_{++}$ で唯一の最小解を持つ

証明 仮定より，$(\boldsymbol{x}^0, \boldsymbol{z}^0 = \boldsymbol{M}\boldsymbol{x} + \boldsymbol{q}) > \boldsymbol{0}$ が存在する．$\alpha = f_\mu(\boldsymbol{x}^0, \boldsymbol{z}^0)$ とすれば，$(\boldsymbol{x}^0, \boldsymbol{z}^0) \in \mathcal{L}_\mu(\alpha)$ であり，f_μ の準位集合は非空である．有界で閉集合であることを示せばよい．$(\boldsymbol{x}, \boldsymbol{z}) \in \mathcal{L}_\mu(\alpha)$ とすると

$$f_\mu(\boldsymbol{x}, \boldsymbol{z}) = \sum_{i=1}^{n} \psi\left(\frac{x_i z_i}{\mu} - 1\right) \leq \alpha$$

が成り立つ．上式の和の中の各項が非負であることから，各 i について

$$\psi\left(\frac{x_i z_i}{\mu} - 1\right) \leq \alpha$$

である．$\psi(t)$ が狭義凸関数であり，$\lim_{t\downarrow -1}\psi(t)=+\infty$, $\lim_{t\to+\infty}\psi(t)=+\infty$ であることから，$\psi(t)>\alpha\ (t<-a)$, $\psi(-a)=\alpha$, $\psi(t)>\alpha\ (t>b)$, $\psi(b)=\alpha$ となる $a\in[0,1)$, $b\in[0,+\infty)$ が一意に定まる．これら a,b と任意の i に関して

$$-a\le\frac{x_iz_i}{\mu}-1\le b$$

であり

$$(1-a)\mu\le x_iz_i\le(1+b)\mu \tag{4.23}$$

が成り立つ．これは

$$\boldsymbol{x}^\top\boldsymbol{z}=\sum_{i=1}^{n}x_iz_i\le n(1+b)\mu$$

を意味する．$(\boldsymbol{x},\boldsymbol{z})\in\mathcal{X}_+$ であるので性質 4.10 が適用できて

$$x_i\le\frac{n(1+b)\mu+(\boldsymbol{x}^0)^\top(\boldsymbol{z}^0)}{z_i^0},\quad z_i\le\frac{n(1+b)\mu+(\boldsymbol{x}^0)^\top(\boldsymbol{z}^0)}{x_i^0}$$

を得る．これらの上界を表す式と，式 (4.23) の下界を考え合わせれば

$$x_i\ge\frac{(1-a)\mu x_i^0}{n(1+b)\mu+(\boldsymbol{x}^0)^\top(\boldsymbol{z}^0)}>0,\quad z_i\ge\frac{(1-a)\mu z_i^0}{n(1+b)\mu+(\boldsymbol{x}^0)^\top(\boldsymbol{z}^0)}>0$$

が得られる．よって $\mathcal{L}_\mu(\alpha)$ 正の領域の有界な部分集合であることがわかった．さらに関数 f_μ の連続性から $\mathcal{L}_\mu(\alpha)$ は閉集合であり，(i) が成り立つことが証明された．

(i) より $\alpha\ge0$ について $\mathcal{L}_\mu(\alpha)$ は非空有界閉集合である．f_μ の連続性から f_μ は $\mathcal{L}_\mu(\alpha)$ 上で最小値をとる．f_μ 狭義凸性から最小解は唯一である．さらに最小値は有界であるので $+\infty>x_iz_i>0\ (i=1,2,\ldots,n)$ となり $x_i\ge0$, $z_i\ge0$ より最適解が正領域にあることがわかる． ■

上の補助定理より対数罰金関数 $f_\mu(\boldsymbol{x},\boldsymbol{z})$ の最適解が，中心パス上の点つまり式 (4.8) の μ に対する唯一の解となるという次の定理が成り立つ．

定理 4.2′ 問題 ($\mathrm{P_{SD}}$) が仮定 4.1 を満たしているとする．つまり $(\boldsymbol{x},\boldsymbol{z})\in\mathcal{X}_{++}$ となる $\boldsymbol{x},\boldsymbol{z}$ が存在するならば，任意の $\mu>0$ に対し $\boldsymbol{x},\boldsymbol{z}$ に関する

方程式 (4.8)

$$\begin{cases} \boldsymbol{M}\boldsymbol{x} + \boldsymbol{q} = \boldsymbol{z} \quad (\boldsymbol{x} \geq \boldsymbol{0}, \boldsymbol{z} \geq \boldsymbol{0}) \\ \boldsymbol{X}\boldsymbol{z} = \mu \boldsymbol{e} \end{cases}$$

は唯一の解を持つ.

証明　仮定 4.1 と補助定理 4.3 より，$f_\mu(\boldsymbol{x}, \boldsymbol{z})$ は $(\boldsymbol{x}, \boldsymbol{z}) \in \mathcal{X}_{++}$ で唯一の最小解を持つ．この最小解が式 (4.8) を満たすことを示す．簡単のため，対数型罰金関数は式 (4.22) を使って考える．

$f_\mu(\boldsymbol{x})$ の定義域 $\boldsymbol{x} > \boldsymbol{0}, \boldsymbol{M}\boldsymbol{x} > \boldsymbol{0}$ は開集合であるので，$\boldsymbol{x}$ が最小解であるための必要十分条件は $\nabla f_\mu(\boldsymbol{x}) = \boldsymbol{0}$ である．行列の要素 $\boldsymbol{M}$ の各成分を m_{ij} $(i, j = 1, 2, \ldots, n)$ とする．各変数 x_j $(j = 1, 2, \ldots, n)$ について

$$\frac{\partial f_\mu(\boldsymbol{x})}{\partial x_j} = \frac{(\boldsymbol{M}\boldsymbol{x} + \boldsymbol{q})_j}{\mu} + \frac{1}{\mu}\sum_{i=1}^{n} x_j m_{ij} - \frac{1}{x_j} - \sum_{i=1}^{n} \frac{m_{ij}}{(\boldsymbol{M}\boldsymbol{x} + \boldsymbol{q})_i}$$

であるので

$$\nabla f_\mu(\boldsymbol{x}) = \frac{\boldsymbol{z}}{\mu} - \boldsymbol{x}^{-1} + \frac{1}{\mu}\boldsymbol{M}^\top \boldsymbol{x} - \boldsymbol{M}^\top \boldsymbol{z}^{-1}$$

となる．ただし，$\boldsymbol{z} = \boldsymbol{M}\boldsymbol{x} + \boldsymbol{q}$ であり，$\boldsymbol{x}^{-1}, \boldsymbol{z}^{-1}$ はそれぞれ，$\frac{1}{x_j}, \frac{1}{z_j}$ を成分とする n 次元ベクトルである．歪対称性 $\boldsymbol{M}^\top = -\boldsymbol{M}$ を用いれば，$\boldsymbol{x}$ が最小解であるための必要十分条件である $\nabla f_\mu(\boldsymbol{x}) = \boldsymbol{0}$ は

$$\frac{\boldsymbol{z}}{\mu} - \boldsymbol{x}^{-1} = \boldsymbol{M}\left(\frac{\boldsymbol{x}}{\mu} - \boldsymbol{z}^{-1}\right) \tag{4.24}$$

となる．$\boldsymbol{x}$ $(\boldsymbol{z})$ が式 (4.24) を満たすとしよう．両辺に $(\boldsymbol{x}/\mu) - \boldsymbol{z}^{-1}$ を左から掛けて，さらに歪対称性から

$$\left(\frac{\boldsymbol{x}}{\mu} - \boldsymbol{z}^{-1}\right)^\top \left(\frac{\boldsymbol{z}}{\mu} - \boldsymbol{x}^{-1}\right) = 0$$

を得る．$\boldsymbol{X} := \mathrm{diag}[\boldsymbol{x}]$，$\boldsymbol{Z} := \mathrm{diag}[\boldsymbol{z}]$ とおけば上の式は

$$\left(\frac{\boldsymbol{X}\boldsymbol{z}}{\mu} - \boldsymbol{e}\right)^\top \boldsymbol{Z}^{-1}\boldsymbol{X}^{-1}\left(\frac{\boldsymbol{X}\boldsymbol{z}}{\mu} - \boldsymbol{e}\right) = 0$$

と変形できる．$\boldsymbol{x}, \boldsymbol{z} > \boldsymbol{0}$ であるので，上の式は $\boldsymbol{X}\boldsymbol{z} - \mu\boldsymbol{e} = \boldsymbol{0}$ と等価である．

よって，$f_\mu(\boldsymbol{x},\boldsymbol{z})$ の $\mathcal{X}_{++}$ での唯一の最小解は，式 (4.8) を満たすことが証明された． ■

方程式 (4.8) は $\mu>0$ に対し唯一の解を持つ．その唯一の解をパラメータ μ で $(\hat{\boldsymbol{x}}(\mu),\hat{\boldsymbol{z}}(\mu))$ と表し，すべての $\mu>0$ に関して集めたもの $\{(\hat{\boldsymbol{x}}(\mu),\hat{\boldsymbol{z}}(\mu))|\mu>0\}$ を中心パスと呼ぶ．μ をある値から徐々に減少させ，中心パスを近似的に追う．それがパス追跡法の基本的なアイデアであった．次の部分では，$(\hat{\boldsymbol{x}}(\mu),\hat{\boldsymbol{z}}(\mu))$ の収束先について考える．

非負ベクトル $\boldsymbol{x}$ に対して以下を定義する．

$$\sigma(\boldsymbol{x}):=\{i:x_i>0\}$$

$(\boldsymbol{x},\boldsymbol{z})\in\mathcal{X}_+$ が問題 $(\mathrm{P_{SD}})$ の最適解であるための必要十分条件は，$\sigma(\boldsymbol{x})\cap\sigma(\boldsymbol{z})=\emptyset$ となることである．さらに，最適解の中でも特に $\sigma(\boldsymbol{x})\cup\sigma(\boldsymbol{z})=\{1,2,\ldots,n\}$ であるとき $(\boldsymbol{x},\boldsymbol{z})$ を強相補性最適解と呼ぶ．問題 $(\mathrm{P_{SD}})$ は自明な最適解 $(\boldsymbol{x},\boldsymbol{z})=(\mathbf{0},\mathbf{0})$ を持っており（性質 4.7），したがって強相補性定理（定理 2.9）から，強相補性最適解を持つことがわかる．以下の補助定理は，中心パス上から強相補性最適解に収束する部分点列を取り出せることを示すものである．

補助定理 4.4 問題 $(\mathrm{P_{SD}})$ が実行可能内点の存在の仮定（仮定 4.1）を満たし，$\{\mu_k|k=1,2,\ldots\}$ を $\mu_k>0$, $\mu_k\to 0$ を満たす無限数列とする．点列 $\{(\hat{\boldsymbol{x}}(\mu_k),\hat{\boldsymbol{z}}(\mu_k))\}$ は，強相補性最適解 $(\hat{\boldsymbol{x}}^*,\hat{\boldsymbol{z}}^*)$ に収束する部分点列を持つ．

証明 $\{\mu_k|k=1,2,\ldots\}$ を $\mu_k>0$，$\mu_k\to 0$ を満たす無限数列とする．性質 4.10 より，$\{(\hat{\boldsymbol{x}}(\mu_k),\hat{\boldsymbol{z}}(\mu_k))\}$ は有界であることから，ある部分添字集合 $\mathbb{K}=\{k_1,k_2,\ldots\}\subseteq\{1,2,\ldots\}$ に関して収束する部分点列 $\{(\hat{\boldsymbol{x}}(\mu_k),\hat{\boldsymbol{z}}(\mu_k))|k\in\mathbb{K}\}$ が存在する．収束先を $(\hat{\boldsymbol{x}}^*,\hat{\boldsymbol{z}}^*)$ としよう．$\boldsymbol{Mx}+\boldsymbol{q}$ は $\boldsymbol{x}$ に関して連続であるので，$\hat{\boldsymbol{z}}^*=\boldsymbol{M}\hat{\boldsymbol{x}}^*+\boldsymbol{q}$ を満たす．$(\hat{\boldsymbol{x}}(\mu_k),\hat{\boldsymbol{z}}(\mu_k))\subset\mathcal{X}_+$ であり，$\mathcal{X}_+$ は閉集合であるので，$(\hat{\boldsymbol{x}}^*,\hat{\boldsymbol{z}}^*)\in\mathcal{X}_+$ である．さらに $(\hat{\boldsymbol{x}}^*,\hat{\boldsymbol{z}}^*)$ が中心パス上の点であることと，$\boldsymbol{M}$ の歪対称性から，$\boldsymbol{q}^\top\hat{\boldsymbol{x}}(\mu_k)=\hat{\boldsymbol{x}}(\mu_k)^\top\hat{\boldsymbol{z}}(\mu_k)=n\mu_k\to 0$ が成り立つ．よって $\boldsymbol{q}^\top\hat{\boldsymbol{x}}^*=0$ すなわち $(\hat{\boldsymbol{x}}^*,\hat{\boldsymbol{z}}^*)$ は $(\mathrm{P_{SD}})$ の最適解であることがわかる．

ここで $\boldsymbol{M}$ の歪対称性と $\hat{\boldsymbol{z}}^* = \boldsymbol{M}\hat{\boldsymbol{x}}^* + \boldsymbol{q}$, $\hat{\boldsymbol{z}}^*(\mu_k) = \boldsymbol{M}\hat{\boldsymbol{x}}^*(\mu_k) + \boldsymbol{q}$ より，任意の k について

$$(\hat{\boldsymbol{x}}(\mu_k) - \hat{\boldsymbol{x}}^*)^\top (\hat{\boldsymbol{z}}(\mu_k) - \hat{\boldsymbol{z}}^*) = 0$$

が成り立つ．$\hat{\boldsymbol{x}}(\mu_k)^\top \hat{\boldsymbol{z}}(\mu_k) = n\mu_k$ と $(\hat{\boldsymbol{x}}^*)^\top \hat{\boldsymbol{z}}^* = 0$ を代入し，さらに $\sigma(\hat{\boldsymbol{x}}^*)$ と $\sigma(\hat{\boldsymbol{z}}^*)$ を用いて要素ごとに書き直せば

$$\sum_{j \in \sigma(\hat{\boldsymbol{x}}^*)} \hat{x}_j^* \hat{z}_j(\mu_k) + \sum_{j \in \sigma(\hat{\boldsymbol{z}}^*)} \hat{x}_j(\mu_k) \hat{z}_j^* = n\mu_k$$

を得る．両辺を μ_k で割り，さらに $\hat{x}_j(\mu_k)\hat{z}_j(\mu_k) = \mu_k$ を満たしていることを用いれば

$$\sum_{j \in \sigma(\hat{\boldsymbol{x}}^*)} \frac{\hat{x}_j^*}{\hat{x}_j(\mu_k)} + \sum_{j \in \sigma(\hat{\boldsymbol{z}}^*)} \frac{\hat{z}_j^*}{\hat{z}_j(\mu_k)} = n$$

を得る．ここで $k \to \infty (k \in \mathbb{K})$ とすれば，$\frac{\hat{x}_j^*}{\hat{x}_j(\mu_k)} \to 1$, $\frac{\hat{z}_j^*}{\hat{z}_j(\mu_k)} \to 1$ であるので収束先では，$\sigma(\hat{\boldsymbol{x}}^*)$ の要素の個数と $\sigma(\hat{\boldsymbol{z}}^*)$ の要素の個数の和が n と等しくなる．$(\hat{\boldsymbol{x}}^*, \hat{\boldsymbol{z}}^*)$ は最適解であるので $\sigma(\hat{\boldsymbol{x}}^*) \cup \sigma(\hat{\boldsymbol{z}}^*) = \{1, 2, \ldots, n\}$ となり，これは，$(\hat{\boldsymbol{x}}^*, \hat{\boldsymbol{z}}^*)$ が強相補性最適解であることを意味する． ■

さらに収束先の強相補性最適解は，次の**解析的中心** (analytical center) として特徴づけることができる．

定義 4.2（解析的中心） $\mathcal{T}$ を $\mathbb{R}^p$ の非負領域中の，非空かつ有界な凸集合であるとする．$\sigma(\mathcal{T})$ を

$$\sigma(\mathcal{T}) = \{i : \text{ある } \boldsymbol{x} \in \mathcal{T} \text{ について } x_i > 0\}$$

とする．$\mathcal{T}$ の**解析的中心**を，$\sigma(\boldsymbol{x})$ が空ならば $\boldsymbol{0} \in \mathbb{R}^p$，そうでなければ

$$\prod_{i \in \sigma(\mathcal{T})} x_i \quad (\boldsymbol{x} \in \mathcal{T}) \tag{4.25}$$

を最大化するベクトルとして定義する．

定理 4.7（解析的中心の一意性） $\mathbb{R}^p$ の非負領域中の，非空コンパクトな

凸集合 $\mathcal{T}$ に対して，解析的中心は一意に定まる．

証明　$\sigma(\mathcal{T})$ が空である場合は自明である．$\sigma(\mathcal{T})$ を非空とする．$\mathcal{T}$ の凸性から，すべての $i \in \sigma(\mathcal{T})$ に対して，$x_i > 0$ であるようなベクトルが存在する．さらに $\mathcal{T}$ のコンパクト性から，関数 (4.25) は正領域のあるベクトルにおいて，正の値の最大値を持つことがわかる．よって最大値を与える $\boldsymbol{x}$ に関して，$i \in \sigma(\mathcal{T})$ に関する正領域上での議論に制限しても一般性は失わない．集合 $\{\boldsymbol{x} : x_i > 0,\ i \in \sigma(\mathcal{T})\}$ 上で関数

$$\log \prod_{i\in\sigma(\mathcal{T})} x_i = \sum_{i\in\sigma(\mathcal{T})} \log x_i$$

を考えよう．対数関数の狭義単調増加性により，$\Pi_{i\in\sigma(\mathcal{T})}x_i$ が正領域のベクトル $\boldsymbol{x}$ で最大値を与えるのであれば，$\boldsymbol{x}$ は $\log \Pi_{i\in\sigma(\mathcal{T})}x_i$ の最大値を与え，また逆も真である．さらにこの関数は狭義凹関数であるので，最大値を与える $\boldsymbol{x}$ が一意に定まることがわかり，以上から定理を得る．■

問題 $(\mathrm{P_{SD}})$ の最適解の集合 $\mathcal{X}^*$ は凸でコンパクトなので，解析的中心が唯一に存在する．次の定理では，中心パスがこの最適解の集合の解析的中心に収束することを示す．

定理 4.8（中心パスと最適解の解析的中心）　中心パス $\{(\hat{\boldsymbol{x}}(\mu), \hat{\boldsymbol{s}}(\mu))|\mu > 0\}$ は最適解の集合

$$\mathcal{X}^* = \{(\boldsymbol{x}, \boldsymbol{z}) : \boldsymbol{z} = \boldsymbol{M}\boldsymbol{x} + \boldsymbol{q}, \boldsymbol{x} \geq \boldsymbol{0}, \boldsymbol{q}^\top \boldsymbol{x} = \boldsymbol{x}^\top \boldsymbol{z} = 0\}$$

の解析的中心に収束する．

証明　補助定理 4.10 より，中心パスは収束する部分点列を持つ．収束する部分点列に対するパラメータを $\{\mu_k | k = 1, 2, \ldots\}$, $\mu_k \to 0$ とし，$(\hat{\boldsymbol{x}}(\mu_k), \hat{\boldsymbol{z}}(\mu_k)) \to (\hat{\boldsymbol{x}}^*, \hat{\boldsymbol{z}}^*)$ とする．補助定理 4.4 より，$(\boldsymbol{x}^*, \boldsymbol{z}^*)$ は強相補性最適解である．

いま $(\overline{\boldsymbol{x}}, \overline{\boldsymbol{z}})$ を問題 $(\mathrm{P_{SD}})$ の最適解とする．$\overline{\boldsymbol{z}} = \boldsymbol{M}\overline{\boldsymbol{x}} + \boldsymbol{q}$ が成り立つ．$\hat{\boldsymbol{z}}(\mu_k) = \boldsymbol{M}\hat{\boldsymbol{x}}(\mu_k) + \boldsymbol{q}$ と $\boldsymbol{M}$ の歪対称性から

$$(\hat{\boldsymbol{x}}(\mu_k) - \overline{\boldsymbol{x}})^\top (\hat{\boldsymbol{z}}(\mu_k) - \overline{\boldsymbol{z}}) = 0$$

であり，$\hat{\boldsymbol{x}}(\mu_k)^\top \hat{\boldsymbol{z}}(\mu_k) = n\mu_k$ と $\overline{\boldsymbol{x}}^\top \overline{\boldsymbol{z}} = 0$ を代入して整理すれば

$$\sum_{j=1}^{n} \overline{x}_j \hat{z}_j(\mu_k) + \sum_{j=1}^{n} \overline{z}_j \hat{x}_j(\mu_k) = n\mu_k \tag{4.26}$$

を得る．ここで $(\boldsymbol{x}^*, \boldsymbol{z}^*)$ は強相補性最適解であるので，最適解 $(\overline{\boldsymbol{x}}, \overline{\boldsymbol{z}})$ に対して

$$x_j^* = 0 \text{ ならば } \overline{x}_j = 0, \quad z_j^* = 0 \text{ ならば } \overline{z}_j = 0$$

が成り立つ．つまり式 (4.26) は

$$\sum_{j \in \sigma(\boldsymbol{x}^*)} \overline{x}_j \hat{z}_j(\mu_k) + \sum_{j \in \sigma(\boldsymbol{z}^*)} \overline{z}_j \hat{x}_j(\mu_k) = n\mu_k$$

と書き換えることができる．両辺を $\mu_k = x_j(\mu_k) z_j(\mu_k)$ で割ると

$$\sum_{j \in \sigma(\boldsymbol{x}^*)} \frac{\overline{x}_j}{\hat{x}_j(\mu_k)} + \sum_{j \in \sigma(\boldsymbol{z}^*)} \frac{\overline{z}_j}{\hat{z}_j(\mu_k)} = n$$

を得る．ここで $k \to \infty$ とすれば

$$\sum_{j \in \sigma(\boldsymbol{x}^*)} \frac{\overline{x}_j}{x_j^*} + \sum_{j \in \sigma(\boldsymbol{z}^*)} \frac{\overline{z}_j}{z_j^*} = n$$

であることがわかる．相加平均と相乗平均の不等式より

$$\left(\prod_{j \in \sigma(\boldsymbol{x}^*)} \frac{\overline{x}_j}{x_j^*} \cdot \prod_{j \in \sigma(\boldsymbol{z}^*)} \frac{\overline{z}_j}{z_j^*} \right)^{1/n} \leq \frac{1}{n} \left(\sum_{j \in \sigma(\boldsymbol{x}^*)} \frac{\overline{x}_j}{x_j^*} + \sum_{j \in \sigma(\boldsymbol{z}^*)} \frac{\overline{z}_j}{z_j^*} \right) = 1$$

を得る．よって任意の $(\overline{\boldsymbol{x}}, \overline{\boldsymbol{z}}) \in \mathcal{X}^*$ について

$$\prod_{j \in \sigma(\boldsymbol{x}^*)} \overline{x}_j \prod_{j \in \sigma(\boldsymbol{s}^*)} \overline{z}_j \leq \prod_{j \in \sigma(\boldsymbol{x}^*)} x_j^* \prod_{j \in \sigma(\boldsymbol{z}^*)} z_j^*$$

であり，$(\boldsymbol{x}^*, \boldsymbol{z}^*)$ が $\mathcal{X}^*$ の解析的中心であることがわかる． ■

[内点法のおわりに]

内点法の理論を完全にするには，さらに次の 2 つの点に関して議論を続けなければならない．1 つ目は ε をどのように決定するかということである．内点法で得られる解はあくまでも ε 近似解なのである．2 つ目は ε 近似解から厳密な解を求めるにはどうしたらよいかということである．これらの話題に関しては，非常に技術的であり筆者の力量を超えるため，本書では割愛させていただ

くこととする．詳しくは文献[38, 39, 61, 71]を参照されたい．

演習問題

4-1 性質 4.4：$(\boldsymbol{x}, \boldsymbol{y}, \boldsymbol{z}, \boldsymbol{w}, \tau, \rho)$ が等式系 (4.2) の解であり，$\rho > 0$ すなわち $\tau = 0$ であるならば，(P), (D) の少なくとも一方は実行不可能であることを示せ．

4-2 $\boldsymbol{M} \in \mathbb{R}^{n \times n}$ を歪対称行列とし，$\boldsymbol{q} \in \mathbb{R}^n$ を非負つまり，$\boldsymbol{q} \geq \boldsymbol{0}$ の定数ベクトルとする．線形計画問題 $(\mathrm{P_{SD}})$ を以下で定義される問題とする．

$$(\mathrm{P_{SD}}) \left| \begin{array}{ll} \text{最小化} & \boldsymbol{q}^\top \boldsymbol{x} \\ \text{条　件} & \boldsymbol{M}\boldsymbol{x} \geq -\boldsymbol{q} \quad (\boldsymbol{x} \geq \boldsymbol{0}) \\ & (\boldsymbol{M} = -\boldsymbol{M}^\top,\ \boldsymbol{q} \geq \boldsymbol{0}) \end{array} \right. \tag{4.27}$$

性質 4.6，つまり $(\mathrm{P_{SD}})$ の双対問題は $(\mathrm{P_{SD}})$ 自身であることを示せ．

4-3 性質 4.11：方程式 (4.11), (4.12) の解 $(\Delta\boldsymbol{x}, \Delta\boldsymbol{z})$ に対して以下の 3 つが成り立つことを示せ．

(i) $\Delta\boldsymbol{x}^\top \Delta\boldsymbol{z} = 0$ である，つまり $\Delta\boldsymbol{x}$ と $\Delta\boldsymbol{z}$ は直交する

(ii) $\mu(\theta) = (1 - \theta + \delta\theta)\mu(\boldsymbol{x}, \boldsymbol{z})$

(iii) $\boldsymbol{X}(\theta)\boldsymbol{z}(\theta) - \mu(\theta)\boldsymbol{e} = (1 - \theta)(\boldsymbol{X}\boldsymbol{z} - \mu(\boldsymbol{x}, \boldsymbol{z})\boldsymbol{e}) + \theta^2 \Delta\boldsymbol{X}\Delta\boldsymbol{z}$

5 線形相補性問題

この章では，線形計画問題や凸 2 次計画問題を特殊なケースとして持つ数理計画問題：**線形相補性問題** (linear complementarity problem, LCP) を紹介する．線形計画問題で導入した双対定理や，ピボットアルゴリズムが線形相補性問題に対しても無理なく拡張可能であることを説明する．

● 5.1 ● LP, QP からの変換 ●

線形相補性問題とは，与えられた $n \times n$ 実行列 $\boldsymbol{M}$ と，n 次元ベクトル $\boldsymbol{q}$ に対して，$\boldsymbol{y} = \boldsymbol{M}\boldsymbol{x} + \boldsymbol{q}$, $\boldsymbol{x} \geq \boldsymbol{0}$, $\boldsymbol{y} \geq \boldsymbol{0}$, $x_i \cdot y_i = 0$ $(i = 1, 2, \ldots, n)$ を満たすベクトルの組 $(\boldsymbol{x}, \boldsymbol{y})(\boldsymbol{x} \in \mathbb{R}^n, \boldsymbol{y} \in \mathbb{R}^n)$ を求めよ，という問題であり以下のように表す．

$$
\mathrm{LCP}(\boldsymbol{M}, \boldsymbol{q}) \left| \begin{array}{ll} \text{find} & \boldsymbol{x}, \boldsymbol{y} \in \mathbb{R}^n \\ \text{s. t.} & \boldsymbol{y} = \boldsymbol{M}\boldsymbol{x} + \boldsymbol{q} \quad (\boldsymbol{x} \geq \boldsymbol{0}, \boldsymbol{y} \geq \boldsymbol{0}) \\ & x_i \cdot y_i = 0 \quad (i = 1, 2, \ldots, n) \end{array} \right. \tag{5.1}
$$

線形計画問題や凸 2 次計画問題が LCP として定式化可能であることを示そう．

例 5.1 (LCP としての LP)　次の不等式標準形の主，双対ペア (2.1) を考える（ただし，スラック変数ベクトル $\boldsymbol{z} \in \mathbb{R}^m$, $\boldsymbol{w} \in \mathbb{R}^n$ を導入してある）．

$$
(\mathrm{P}) \left| \begin{array}{ll} \text{最大化} & \boldsymbol{c}^\top \boldsymbol{x} \\ \text{条　件} & \boldsymbol{A}\boldsymbol{x} + \boldsymbol{z} = \boldsymbol{b} \\ & (\boldsymbol{x} \geq \boldsymbol{0}, \boldsymbol{z} \geq \boldsymbol{0}) \end{array} \right. \qquad (\mathrm{D}) \left| \begin{array}{ll} \text{最小化} & \boldsymbol{b}^\top \boldsymbol{y} \\ \text{条　件} & \boldsymbol{A}^\top \boldsymbol{y} - \boldsymbol{w} = \boldsymbol{c} \\ & (\boldsymbol{y} \geq \boldsymbol{0}, \boldsymbol{w} \geq \boldsymbol{0}) \end{array} \right.
$$

2.2 節の相補性定理 2.8 より，$(\boldsymbol{x}, \boldsymbol{z})$, $(\boldsymbol{y}, \boldsymbol{w})$ が (P), (D) の最適解であるため

の必要十分条件は

$$\begin{cases} \boldsymbol{A}\boldsymbol{x} + \boldsymbol{z} = \boldsymbol{b} & (\boldsymbol{x} \geq \boldsymbol{0}, \boldsymbol{z} \geq \boldsymbol{0}) \\ \boldsymbol{A}^\top \boldsymbol{y} - \boldsymbol{w} = \boldsymbol{c} & (\boldsymbol{y} \geq \boldsymbol{0}, \boldsymbol{w} \geq \boldsymbol{0}) \\ x_j \cdot w_j = 0 & (j = 1, 2, \ldots, n) \\ z_i \cdot y_i = 0 & (i = 1, 2, \ldots, m) \end{cases}$$

である．整理すると

$$\begin{bmatrix} \boldsymbol{z} \\ \boldsymbol{w} \end{bmatrix} = \begin{bmatrix} \mathrm{O} & -\boldsymbol{A} \\ \boldsymbol{A}^\top & \mathrm{O} \end{bmatrix} \begin{bmatrix} \boldsymbol{y} \\ \boldsymbol{x} \end{bmatrix} + \begin{bmatrix} \boldsymbol{b} \\ -\boldsymbol{c} \end{bmatrix}$$

$$\boldsymbol{x}, \boldsymbol{y}, \boldsymbol{z}, \boldsymbol{w} \geq \boldsymbol{0}$$

$$x_j \cdot w_j = 0 \quad (j = 1, 2, \ldots, n)$$

$$y_i \cdot z_i = 0 \quad (i = 1, 2, \ldots, m)$$

と表せる．これらのベクトル $\boldsymbol{x}, \boldsymbol{y}, \boldsymbol{z}, \boldsymbol{w}$ を見つける問題は

$$\boldsymbol{M} := \begin{bmatrix} \mathrm{O} & -\boldsymbol{A} \\ \boldsymbol{A}^\top & \mathrm{O} \end{bmatrix}, \quad \boldsymbol{q} := \begin{bmatrix} \boldsymbol{b} \\ -\boldsymbol{c} \end{bmatrix}, \quad \boldsymbol{x}' := \begin{bmatrix} \boldsymbol{y} \\ \boldsymbol{x} \end{bmatrix}, \quad \boldsymbol{y}' := \begin{bmatrix} \boldsymbol{z} \\ \boldsymbol{w} \end{bmatrix}$$

としたときの線形相補性問題である．行列 $\boldsymbol{M}$ は歪対称行列と呼ばれる行列である（定義 4.1）．

次に凸 2 次計画問題を線形相補性問題として定式化できることを示す．

例 5.2 $\boldsymbol{Q} \in \mathbb{R}^{n \times n}$ を対称非負定値行列，$\boldsymbol{c} \in \mathbb{R}^n$, $\boldsymbol{A} \in \mathbb{R}^{m \times n}$, $\boldsymbol{b} \in \mathbb{R}^m$ とする．以下の線形不等式制約で目的関数が $\boldsymbol{Q}$ を使った 2 次関数である最小化問題を考える．

$$\text{(QP)} \left| \begin{array}{ll} \text{最小化} & \boldsymbol{c}^\top \boldsymbol{x} + \dfrac{1}{2} \boldsymbol{x}^\top \boldsymbol{Q} \boldsymbol{x} \\ \text{条　件} & \boldsymbol{A}\boldsymbol{x} \geq \boldsymbol{b} \quad (\boldsymbol{x} \geq \boldsymbol{0}) \end{array} \right. \tag{5.2}$$

行列 $\boldsymbol{Q}$ が非負定値行列であることから，目的関数が 2 次の凸関数（演習問題 5-1）となる．このような問題を**凸 2 次計画問題** (convex quadratic programming problem) という．凸 2 次計画問題の解法としては有効制約法などが有名である．詳しくはテキスト[33,70] を参照のこと．

問題 (5.2) の最適解を求めるには，次のように非線形計画問題として表す．

$$
\text{(QP)}\left|\begin{array}{lll} \text{最小化} & f(\boldsymbol{x}) = \boldsymbol{c}^\top \boldsymbol{x} + \dfrac{1}{2}\boldsymbol{x}^\top \boldsymbol{Q}\boldsymbol{x} & \\ \text{条　件} & g_i(\boldsymbol{x}) = b_i - \boldsymbol{a}_i^\top \boldsymbol{x} \leq 0 & (i = 1, 2, \ldots, m) \\ & g_{m+j}(\boldsymbol{x}) = -x_j \leq 0 & (j = 1, 2, \ldots, n) \end{array}\right. \tag{5.3}
$$

ただし，$\boldsymbol{a}_i^\top$ は行列 $\boldsymbol{A}$ の第 i 番目の行ベクトルである．上の問題 (5.3) は凸計画問題となり，KKT 条件が最適解の十分条件となる（KKT 条件に関しては付録を参照のこと）．

制約式 $g_i(\boldsymbol{x}) \leq 0$ $(i = 1, 2, \ldots, m)$ に対するラグランジュ乗数を y_i とし，制約式 $g_{m+j}(\boldsymbol{x})$ $(j = 1, 2, \ldots, n)$ に対するラグランジュ乗数を u_j とする．$\nabla f(\boldsymbol{x}) = \boldsymbol{c} + \boldsymbol{Q}\boldsymbol{x}$ なので

(1) $\boldsymbol{c} + \boldsymbol{Q}\boldsymbol{x} - \boldsymbol{A}^\top \boldsymbol{y} - \boldsymbol{u} = \boldsymbol{0}$

(2) $\boldsymbol{b} - \boldsymbol{A}\boldsymbol{x} \leq \boldsymbol{0}$ $\quad (-\boldsymbol{x} \leq \boldsymbol{0})$

(3) $\boldsymbol{y} \geq \boldsymbol{0}$ $\quad (\boldsymbol{u}(\in \mathbb{R}^n) \geq \boldsymbol{0})$

(4) $y_i \cdot (\boldsymbol{b} - \boldsymbol{A}\boldsymbol{x})_i = 0\ (i = 1, 2, \ldots, m), \quad u_j \cdot x_j = 0\ (j = 1, 2, \ldots, n)$

ここで，$\boldsymbol{v} \in \mathbb{R}^m$ を $\boldsymbol{v} = \boldsymbol{A}\boldsymbol{x} - \boldsymbol{b}$ とおき，上の式を整理すると

$$
\begin{array}{l} \begin{bmatrix} \boldsymbol{u} \\ \boldsymbol{v} \end{bmatrix} = \begin{bmatrix} \boldsymbol{Q} & -\boldsymbol{A}^\top \\ \boldsymbol{A} & \boldsymbol{0} \end{bmatrix} \begin{bmatrix} \boldsymbol{x} \\ \boldsymbol{y} \end{bmatrix} + \begin{bmatrix} \boldsymbol{c} \\ -\boldsymbol{b} \end{bmatrix} \\ \boldsymbol{u}, \boldsymbol{v}, \boldsymbol{x}, \boldsymbol{y} \geq \boldsymbol{0} \\ u_j \cdot x_j = 0\ (j = 1, 2, \ldots, n), \quad v_i \cdot y_i = 0\ (i = 1, 2, \ldots, m) \end{array} \tag{5.4}
$$

となる．

[数値例]

ベクトル $\boldsymbol{c}, \boldsymbol{b} \in \mathbb{R}^2$ と行列 $\boldsymbol{Q}, \boldsymbol{A} \in \mathbb{R}^{2\times 2}$ を以下のとおり定める．

$$
\boldsymbol{c} = \begin{bmatrix} -3 \\ -1 \end{bmatrix}, \quad \boldsymbol{Q} = \begin{bmatrix} 3 & -1 \\ -1 & 3 \end{bmatrix}
$$

$$
\boldsymbol{A} = \begin{bmatrix} -2 & -1 \\ -3 & -4 \end{bmatrix}, \quad \boldsymbol{b} = \begin{bmatrix} -2 \\ -6 \end{bmatrix}
$$

これらのベクトル，行列で決定される以下の凸 2 次計画問題 (QP) を考える．

$$
\text{(QP)}\left|\begin{array}{ll} \text{最小化} & \boldsymbol{c}^\top \boldsymbol{x} + \dfrac{1}{2}\boldsymbol{x}^\top \boldsymbol{Q}\boldsymbol{x} \\ \text{条　件} & \boldsymbol{A}\boldsymbol{x} \geq \boldsymbol{b} \quad (\boldsymbol{x} \geq \boldsymbol{0}) \end{array}\right. \tag{5.5}
$$

問題 (5.5) の実行可能領域，および目的関数の等高線を図 5.1 に示す．最適解は $(x_1^*, x_2^*) = (\frac{15}{19}, \frac{8}{9})$ であるが，このことはさらに $\boldsymbol{y}, \boldsymbol{u}, \boldsymbol{v} \in \mathbb{R}^2$ を $(y_1^*, y_2^*) = (\frac{10}{19}, 0)$, $(u_1^*, u_2^*) = (0, 0)$, $(v_1^*, v_2^*) = (0, \frac{37}{19})$ とすれば，$\boldsymbol{x}, \boldsymbol{y}, \boldsymbol{u}, \boldsymbol{v} \in \mathbb{R}^2$ は以下の LCP の解になっていることから判別できる．

$$
\begin{bmatrix} \boldsymbol{u} \\ \boldsymbol{v} \end{bmatrix} = \begin{bmatrix} \boldsymbol{Q} & -\boldsymbol{A}^\top \\ \boldsymbol{A} & \boldsymbol{0} \end{bmatrix} \begin{bmatrix} \boldsymbol{x} \\ \boldsymbol{y} \end{bmatrix} + \begin{bmatrix} \boldsymbol{c} \\ -\boldsymbol{b} \end{bmatrix}
$$

$$
\boldsymbol{u}, \boldsymbol{v}, \boldsymbol{x}, \boldsymbol{y} \geq \boldsymbol{0}
$$

$$
u_j \cdot x_j = 0 \ (j = 1, 2), \quad v_i \cdot y_i = 0 \ (i = 1, 2)
$$

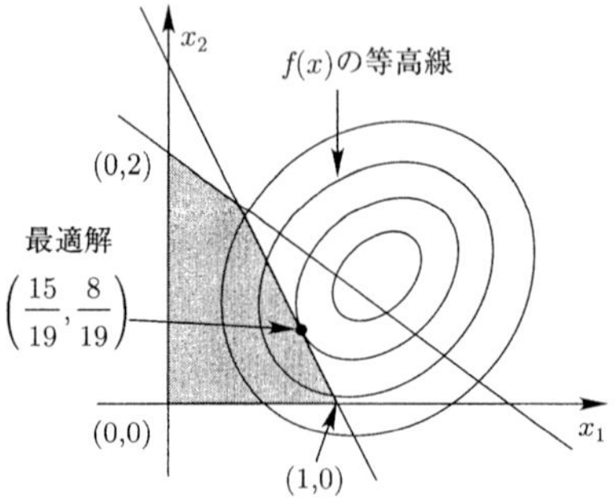

図 5.1　問題 (5.5) の実行可能領域，目的関数の等高線と最適解

● 5.2 ●　P 行列と解の一意性　●

線形相補性問題は，入力行列 $\boldsymbol{M}$ や入力ベクトル $\boldsymbol{q}$ の性質によって，解きやすさや解のあるなしが決まる．この節では，P 行列や S 行列と呼ばれる正方行列のクラスを導入し，それらの行列のクラスは LCP の解の存在と個数によっても特徴づけられることを示す．

まず最初に S 行列を定義する．これは，後に紹介する P 行列を含むような正方行列のクラスである．

定義 5.1 (S 行列)　$\boldsymbol{M} \in \mathbb{R}^{n \times n}$ とする．次の条件を満たす $\boldsymbol{x} \in \mathbb{R}^n$ が

存在するとき，$\boldsymbol{M}$ が **S 行列** (S-matrix) であるという．

$$\boldsymbol{M}\boldsymbol{x} > \boldsymbol{0} \quad (\boldsymbol{x} > \boldsymbol{0}) \tag{5.6}$$

$\boldsymbol{M} \in \mathbb{R}^{n\times n}$ が S 行列であるかどうかの判別は，線形計画問題 (LP) を解くのと同じ程度の手間が必要となる．そのことを示すのが，次の S 行列に関する二者択一の定理である．

補助定理 5.1（**S 行列に関する二者択一の定理**） 任意の $\boldsymbol{M} \in \mathbb{R}^{n\times n}$ に対し，次のどちらか一方かつ一方のみが空でない．

(i) $X_S := \{\boldsymbol{x} \in \mathbb{R}^n | \boldsymbol{M}\boldsymbol{x} > 0, \boldsymbol{x} > 0\}$ つまり $\boldsymbol{M}$ が S 行列である

(ii) $Y_S := \{\boldsymbol{y} \in \mathbb{R}^n | \boldsymbol{M}^\top \boldsymbol{y} \leq \boldsymbol{0},\ \boldsymbol{y} \geq \boldsymbol{0}, \boldsymbol{y} \neq \boldsymbol{0}\}$ つまり $\boldsymbol{M}$ が S 行列でない

証明 [**演習問題 5-2**] ■

さらに S 行列は，その行列を入力行列として持つ LCP の，解の候補がつねに存在するということで特徴づけられる．

性質 5.1 $\boldsymbol{M} \in \mathbb{R}^{n\times n}$ が S 行列であることの必要十分条件は，任意の $\boldsymbol{q} \in \mathbb{R}^n$ に対し

$$\{(\boldsymbol{x}, \boldsymbol{y}) | \boldsymbol{y} = \boldsymbol{M}\boldsymbol{x} + \boldsymbol{q},\ \boldsymbol{x}, \boldsymbol{y} \geq \boldsymbol{0}\}$$

が解を持つことである．

証明 ($\Rightarrow$)：明らかである．

($\Leftarrow$)：$\boldsymbol{q} \in \mathbb{R}^n$ を $\boldsymbol{q} < \boldsymbol{0}$ となるように選ぶ．$\{(\boldsymbol{x}, \boldsymbol{y}) | \boldsymbol{y} = \boldsymbol{M}\boldsymbol{x} + \boldsymbol{q}, \boldsymbol{x}, \boldsymbol{y} \geq \boldsymbol{0}\} \neq \emptyset$ なのでその中から $(\boldsymbol{x}', \boldsymbol{y}')$ を 1 つ選ぶ．$\boldsymbol{M}\boldsymbol{x}' \geq -\boldsymbol{q} > \boldsymbol{0}$ $(\boldsymbol{x}' \geq \boldsymbol{0})$ である．$\boldsymbol{x} := \boldsymbol{x}' + \varepsilon \boldsymbol{e}$ とすれば，$\boldsymbol{M}\boldsymbol{x}' > \boldsymbol{0}$ なので $\boldsymbol{M}\boldsymbol{x} = \boldsymbol{M}\boldsymbol{x}' + \varepsilon \boldsymbol{M}\boldsymbol{e} > 0$ となる $\varepsilon > 0$ が存在する．このとき $\boldsymbol{x} = \boldsymbol{x}' + \varepsilon \boldsymbol{e} > \boldsymbol{0}$ である．よって $\boldsymbol{M}$ は S 行列である． ■

性質 5.1 から，行列 $\boldsymbol{M}$ が S 行列である場合は，LCP$(\boldsymbol{M}, \boldsymbol{q})$ を解くためには以下の非線形最適化問題を考えればよい．

$$\left| \begin{array}{ll} \text{最小化} & \boldsymbol{q}^\top \boldsymbol{x} + \boldsymbol{x}^\top \boldsymbol{M}\boldsymbol{x} \\ \text{条　件} & \boldsymbol{M}\boldsymbol{x} + \boldsymbol{q} \geq \boldsymbol{0} \quad (\boldsymbol{x} \geq \boldsymbol{0}) \end{array} \right. \tag{5.7}$$

上の問題 (5.7) を解いて，もし最適値が 0 ならば元の LCP の解となり，もしそれが 0 より大きければ LCP には解が存在しないことがわかる．

補助定理 5.2 $\boldsymbol{M}$ を $n \times n$ 行列，$\boldsymbol{q}$ を n ベクトルとする．$\{(\boldsymbol{x}, \boldsymbol{y}) | \boldsymbol{y} = \boldsymbol{M}\boldsymbol{x} + \boldsymbol{q}, \boldsymbol{x}, \boldsymbol{y} \geq \boldsymbol{0}\} \neq \emptyset$ ならば，問題 (5.7) は最適解 $\boldsymbol{x}^*$ を持つ．さらに最適解 $\boldsymbol{x}^*$ に対し以下の式を満たす $\boldsymbol{u}^*$ が存在する．

$$\boldsymbol{q} + (\boldsymbol{M} + \boldsymbol{M}^\top)\boldsymbol{x}^* - \boldsymbol{M}^\top \boldsymbol{u}^* \geq 0 \tag{5.8}$$

$$(\boldsymbol{x}^*)^\top (\boldsymbol{q} + (\boldsymbol{M} + \boldsymbol{M}^\top)\boldsymbol{x}^* - \boldsymbol{M}^\top \boldsymbol{u}^*) = 0 \tag{5.9}$$

$$\boldsymbol{u}^* \geq \boldsymbol{0} \tag{5.10}$$

$$(\boldsymbol{u}^*)^\top (\boldsymbol{q} + \boldsymbol{M}\boldsymbol{x}^*) = 0 \tag{5.11}$$

$$(\boldsymbol{x}^* - \boldsymbol{u}^*)_i (\boldsymbol{M}^\top (\boldsymbol{x}^* - \boldsymbol{u}^*))_i \leq 0 \quad (i = 1, 2, \ldots, n) \tag{5.12}$$

証明　式 (5.8)～(5.11) は非線形最小化問題 (5.7) の KKT 条件であるので明らかに成り立つ．式 (5.9) より次の式が成り立つ．

$$\begin{aligned} 0 &= \boldsymbol{x}^{*\top} \{(\boldsymbol{q} + \boldsymbol{M}\boldsymbol{x}^*) + \boldsymbol{M}^\top (\boldsymbol{x}^* - \boldsymbol{u}^*)\} \\ &= \sum_{i=1}^{n} x_i^* (\boldsymbol{q} + \boldsymbol{M}\boldsymbol{x}^*)_i + \sum_{i=1}^{n} x_i^* (\boldsymbol{M}^\top (\boldsymbol{x}^* - \boldsymbol{u}^*))_i \end{aligned}$$

一方，式 (5.8) より $i = 1, 2, \ldots, n$ に対して

$$x_i^* (\boldsymbol{q} + \boldsymbol{M}\boldsymbol{x})_i + x_i^* (\boldsymbol{M}^\top (\boldsymbol{x}^* - \boldsymbol{z}^*))_i \geq 0$$

である．よって，$x_i^* (\boldsymbol{q} + \boldsymbol{M}\boldsymbol{x})_i + x_i^* (\boldsymbol{M}^\top (\boldsymbol{x}^* - \boldsymbol{z}^*))_i = 0$ でなければならない．ゆえに

$$x_i^* (\boldsymbol{M}^\top (\boldsymbol{x}^* - \boldsymbol{z}^*))_i \leq 0 \quad (i = 1, 2, \ldots, n) \tag{5.13}$$

が成り立つ．同様に，式 (5.8) より $i = 1, 2, \ldots, n$ に対して

$$u_i^* (\boldsymbol{q} + \boldsymbol{M}\boldsymbol{x})_i + u_i^* (\boldsymbol{M}^\top (\boldsymbol{x}^* - \boldsymbol{z}^*))_i \geq 0$$

が得られる．式 (5.11) より，$u_i^*(\boldsymbol{q}+\boldsymbol{M}\boldsymbol{x})_i=0$ $(i=1,2,\ldots,n)$ であるので

$$-u_i^*(\boldsymbol{M}^\top(\boldsymbol{x}^*-\boldsymbol{z}^*))_i \leq 0 \quad (i=1,2,\ldots,n) \tag{5.14}$$

式 (5.13) と (5.14) から，式 (5.12) が得られる． ■

次に S 行列に真に含まれる行列のクラス，P 行列を定義する．

定義 5.2 (P 行列)　$n\times n$ 行列が **P 行列** (P-matrix) であるとは，任意の添字の部分集合 $I\subseteq\{1,2,\ldots,n\}$ に対して

$$\det(\boldsymbol{M}_{II})>0$$

となることである．ただし，$\boldsymbol{M}_{II}$ は行と列が I で添字付けされた $I\times I$ の $\boldsymbol{M}$ の部分正方行列である．$\boldsymbol{M}_{II}$ を $\boldsymbol{M}$ の**主座小行列** (principal submatrix) という．

例 5.3

$$\boldsymbol{M}:=\begin{bmatrix}1&2&0\\0&1&2\\2&0&1\end{bmatrix},\quad \boldsymbol{M}':=\begin{bmatrix}1&2&0\\2&1&2\\0&0&1\end{bmatrix}$$

とする．$\boldsymbol{M}$ は P 行列であるが $\boldsymbol{M}'$ は P 行列でない．なぜならば $I=\{1,2\}$ とすれば，$\det(\boldsymbol{M}'_{II})=\det(\begin{bmatrix}1&2\\2&1\end{bmatrix})=-3<0$ となるからである．

P 行列について次の性質が成り立つ．

性質 5.2　$\boldsymbol{M}\in\mathbb{R}^{n\times n}$ が P 行列であるとする．次の 3 つが成り立つ．

(i)　$\boldsymbol{M}$ の転置行列 $\boldsymbol{M}^\top$ も P 行列である

(ii)　任意の正則な対角行列 $\boldsymbol{D}$ について，$\boldsymbol{DMD}$ も P 行列である

(iii)　$d_1,d_2,\ldots,d_n\geq 0$ とする．$\boldsymbol{M}+\mathrm{diag}(d_1,d_2,\ldots,d_n)$ もまた P 行列である

証明　(i) は行列式の性質：$\det(\boldsymbol{M})=\det(\boldsymbol{M}^\top)$ より明らかである．(ii) は $\boldsymbol{D}$ が対角行列なので，$\det(\boldsymbol{DMD})_{II}=\det(\boldsymbol{D}_{II})\det(\boldsymbol{M}_{II})\det(\boldsymbol{D}_{II})$ $(I\subseteq N)$

が成り立つ．よって明らかである．(iii) は行列式の多重線形性より明らかである（多重線形性に関しては付録を参照のこと）． ■

さらにP行列であるための有名な必要十分条件を紹介しよう．

定理 5.1 $\boldsymbol{M} \in \mathbb{R}^{n\times n}$ とする．$\boldsymbol{M}$ がP行列であるための必要十分条件は，任意の $\boldsymbol{x}(\neq \boldsymbol{0}) \in \mathbb{R}^n$ に対して，$x_i(\boldsymbol{Mx})_i > 0$ となる $i \in N$ が存在することである．

証明 (⇒)：帰納法で証明する．$n = 1$ のとき，明らかに成り立つ．$n > 1$ のとき，$n > n'$ である n' に対して (i) ⇒ (ii) が成り立つと仮定する．$n \times n$ のP行列に $\boldsymbol{M}$ について，(i) ⇒ (ii) が成り立たないとしよう．つまり，$x_i(\boldsymbol{Mx})_i \leq 0\ (\forall i \in N)$ となる $\boldsymbol{x}(\neq \boldsymbol{0}) \in \mathbb{R}^n$ が存在するとする．$x_r = 0$ となる r が存在する場合，$I := \{1, 2, \ldots, n\} - \{r\}$ とする．$\boldsymbol{x}$ の第 r 成分を除いたベクトルは $\boldsymbol{x}' \neq \boldsymbol{0}$ について，$x'_j(\boldsymbol{M}_{II}\boldsymbol{x}')_j \leq 0\ (j \in I)$ が成り立つ．これは帰納法の仮定に矛盾する．よって $x_r = 0$ となる r は存在しない，つまり $\boldsymbol{x}$ は0の成分を持たない．ゆえに $d_i := \frac{(\boldsymbol{Mx})_i}{x_i} \leq 0$ が定義でき，この d_i に関して $(\boldsymbol{Mx})_i = d_i x_i$ が成り立つ．$\boldsymbol{D} := \mathrm{diag}(d_1, d_2, \ldots, d_n)$ とすれば，$(\boldsymbol{M} - \boldsymbol{D})\boldsymbol{x} = \boldsymbol{0}$ を得る．性質5.2の (iii) より，$\boldsymbol{M} - \boldsymbol{D}$ もまたP行列となり $\det(\boldsymbol{M} - \boldsymbol{D}) > 0$ である．これは，$\boldsymbol{M} - \boldsymbol{D}$ が正則であることを意味する．よって，$(\boldsymbol{M} - \boldsymbol{D})\boldsymbol{x} = \boldsymbol{0}$，$\boldsymbol{x} \neq \boldsymbol{0}$ に矛盾する．

(⇐)：$\boldsymbol{M}$ がP行列ではないとする．

$\det(\boldsymbol{M}_{II}) = 0$ となる $I \subseteq N$ が存在する場合：$\boldsymbol{x}'_I \neq \boldsymbol{0}$，$\boldsymbol{M}_{II}\boldsymbol{x}'_I = \boldsymbol{0}$ なる $\boldsymbol{x}'_I$ が存在する．$\boldsymbol{x}$ を $x_i = 0\ (i \notin I)$，$x_i = x'_i\ (i \in I)$ とすれば，$\boldsymbol{x}$ は $x_i(\boldsymbol{Mx})_i = 0\ (\forall i \in N)$ を満たす．

それ以外の場合：$\det(\boldsymbol{M}_{II}) < 0$ となる $I \subseteq N$ が存在するので，そのような I で極小のものを J とする．つまり $\det(\boldsymbol{M}_{JJ}) < 0$ であり任意の $J' \subset J$ に対し $\det(\boldsymbol{M}_{J'J'}) > 0$ であるとする．$J = \{j_1, j_2, \ldots, j_k\}$ でありかつ $j_1 < j_2 < \cdots < j_k$ であるとする．線形方程式 $\boldsymbol{M}_{JJ}\boldsymbol{x}'_J = \begin{bmatrix} 1 \\ 0 \\ \vdots \\ \vdots \\ 0 \end{bmatrix}$ を考える．クラメルの公式（付録参照）より，$x'_{j_1} = \frac{(-1)^{j_1+j_1}\det(\boldsymbol{M}_{J'J'})}{\det(\boldsymbol{M}_{JJ})} < 0$ である．ただし $J' = J - \{j_1\}$．ここで，$\boldsymbol{x} \in \mathbb{R}^n$ を $x_i = 0\ (i \notin J)$，$x_i = x'_i\ (i \in J)$ とすれば，

$\boldsymbol{x} \neq \boldsymbol{0}$ であり，$x_i(\boldsymbol{Mx})_i < 0$ $(i = j_1)$, $x_i(\boldsymbol{Mx})_i = 0$ $(i \neq j_1)$ である．ゆえに主張は証明された． ■

この定理より次の性質が成り立つ．

> **性質 5.3** 任意の P 行列 $\boldsymbol{M}$ は S 行列である．

証明 [演習問題 5-2] ■

$n \geq 2$ で性質 5.3 の逆は成り立たなくなる．つまり $n \geq 2$ ならば P 行列でない S 行列が存在する．

以上の議論から，この節の主要な定理である，P 行列の LCP の解による特徴付けが成立する．

> **定理 5.2** $\boldsymbol{M}$ が P 行列であることの必要十分条件は，任意の $\boldsymbol{q}$ に対して LCP($\boldsymbol{M}$,$\boldsymbol{q}$) が唯一の解を持つことである．

証明 ($\Rightarrow$)：$\boldsymbol{M}$ を P 行列とする．性質 5.3 より，$\boldsymbol{M}$ は S 行列でもある．性質 5.1 より，任意の $\boldsymbol{q}$ に対して

$$\{\boldsymbol{x} | \boldsymbol{Mx} + \boldsymbol{q} \geq \boldsymbol{0}, \boldsymbol{x} \geq \boldsymbol{0}\}$$

は解を持つ．さらに問題 (5.7) は最適解 $\boldsymbol{x}^*$ を持ち，式 (5.8)〜(5.12) を満たす $\boldsymbol{u}^*$ が存在する．式 (5.12) と定理 5.1 より，$\boldsymbol{x}^* = \boldsymbol{u}^*$ となる．このことと式 (5.11) より，$(\boldsymbol{x}^*)^\top(\boldsymbol{q} + \boldsymbol{Mx}^*) = 0$ となり，$\boldsymbol{x}^*$ は LCP($\boldsymbol{M}$,$\boldsymbol{x}$) の解となる．

唯一であることを示すために，$\boldsymbol{x}^*$ と異なる解 $\boldsymbol{x}'$ が存在するとしよう．$\boldsymbol{y}^* := \boldsymbol{Mx}^* + \boldsymbol{q}$, $\boldsymbol{y}' := \boldsymbol{Mx}' + \boldsymbol{q}$ とすると $\boldsymbol{y}^* - \boldsymbol{y}' = \boldsymbol{M}(\boldsymbol{x}^* - \boldsymbol{x}')$ が得られる．$i = 1, 2, \ldots, n$ に対して

$$0 \geq (\boldsymbol{x}^* - \boldsymbol{x}')_i(\boldsymbol{y}^* - \boldsymbol{y}')_i = (\boldsymbol{x}^* - \boldsymbol{x}')(\boldsymbol{M}(\boldsymbol{x}^* - \boldsymbol{x}'))$$

が成り立つ．これは定理 5.1 に矛盾する．

($\Leftarrow$)：$\boldsymbol{M}$ が P 行列でないとする．定理 5.1 より，$x_i(\boldsymbol{Mx})_i \leq 0$ $(i = 1, 2, \ldots, n)$ となる $\boldsymbol{x} \neq \boldsymbol{0}$ が存在する．ここで $\boldsymbol{x}^+$ と $\boldsymbol{x}^-$ を $x_i^+ = \max(0, x_i)$, $x_i^- = \max(0, -x_i)$ となるように決定する．$\boldsymbol{x}^+ \geq \boldsymbol{0}$ は $\boldsymbol{x}$ の正の部分，$-\boldsymbol{x}^- \leq \boldsymbol{0}$ は $\boldsymbol{x}$ の負の部分を表し，$\boldsymbol{x} = \boldsymbol{x}^+ - \boldsymbol{x}^-$ を満たす．同様に，$\boldsymbol{y}^+$ と $\boldsymbol{y}^-$ を

$y_i^+ = \max(0, (\boldsymbol{Mx})_i)$, $y_i^- = \max(0, -(\boldsymbol{Mx})_i)$ を満たすように決定する. $\boldsymbol{Mx} = \boldsymbol{y}^+ - \boldsymbol{y}^-$ が成り立つ.

$$\overline{\boldsymbol{q}} := \boldsymbol{y}^+ - \boldsymbol{Mx}^+ = \boldsymbol{y}^- - \boldsymbol{Mx}^-$$

と定義する. $(\boldsymbol{x}^+, \boldsymbol{y}^+)$ と $\boldsymbol{x}^-, \boldsymbol{y}^-$ は LCP$(\boldsymbol{M}, \overline{\boldsymbol{q}})$ の異なる 2 つの解となる. ■

● 5.3 ● 十分行列と双対定理 ●

前の節では, P 行列と呼ばれる行列のクラスを導入し, P 行列は LCP の解で特徴付けされることを示した. この節では十分行列と呼ばれる正方行列のクラスを導入し, 十分行列を入力行列とする LCP に対しある種の双対定理 (二者択一の定理) が成り立つことを示す. なお, 詳細については Fukuda–Terlaky [19] を参照のこと.

まず十分行列の定義から始めよう.

定義 5.3 (列十分, 行十分, 十分行列)　$n \times n$ 行列 $\boldsymbol{M}$ が **列十分** (column sufficient) であるとは, 任意の $\boldsymbol{x} \in \mathbb{R}^n$ に対して

$$x_i(\boldsymbol{Mx})_i \leq 0 \ (i = 1, 2, \ldots, n) \ \Rightarrow \ x_i(\boldsymbol{Mx})_i = 0 \ (i = 1, 2, \ldots, n)$$

が成り立つことである. $\boldsymbol{M}^\top$ が列十分であるとき, $\boldsymbol{M}$ は **行十分** (column sufficient) であるという. さらに, $\boldsymbol{M}$ が列十分かつ行十分であるとき, $\boldsymbol{M}$ は **十分行列** (sufficient matrix) であるといわれる.

性質 5.4　歪対称行列, 非負定値行列, P 行列はどれも十分行列である.

証明　[演習問題 5-3]

入力行列 $\boldsymbol{M}$ が十分行列であるときは LCP が解を持たないことが, 双対の LCP (次の定理の (ii) の条件を満たす解を見つける問題) に解が存在することで特徴づけられる. ■

定理 5.3 (Fukuda–Terlaky[19] による LCP の双対定理)　$\boldsymbol{M}$ を $n \times n$

十分行列とする．任意の $\boldsymbol{q} \in \mathbb{R}^n$ に対して，次の2つのうちいずれか一方かつ一方のみが成り立つ．

(i) $\boldsymbol{y} = \boldsymbol{M}\boldsymbol{x} + \boldsymbol{q},\ \boldsymbol{y}, \boldsymbol{x} \geq \boldsymbol{0},\ x_i \cdot y_i = 0\ (i = 1, 2, \ldots, n)$ となる $\boldsymbol{x}, \boldsymbol{y}$ が存在する

(ii) $\boldsymbol{w} = -\boldsymbol{M}^\top \boldsymbol{z},\ \boldsymbol{q}^\top \boldsymbol{z} < 0,\ \boldsymbol{w}, \boldsymbol{z} \geq \boldsymbol{0},\ z_i \cdot w_i = 0\ (i = 1, 2, \ldots, n)$ を満たす $(\boldsymbol{w}, \boldsymbol{z})$ が存在する

Fukuda–Terlaky[19]では，この定理を“弱十分”と呼ばれるより広い条件のもとで証明しているが，複雑さをさけるため本書では上のような条件とした．

本節では，上の定理をアルゴリズムを利用して構成的に証明する．そのための準備として LCP を扱いやすい形に変形しておく．$\boldsymbol{M} \in \mathbb{R}^{n \times n}$, $\boldsymbol{q} \in \mathbb{R}^n$ とし，以下の LCP を考える．

$$\mathrm{LCP}(\boldsymbol{M}, \boldsymbol{q}) \left| \begin{array}{lll} \text{find} & \boldsymbol{x}, \boldsymbol{y} \in \mathbb{R}^n & \\ \text{s. t.} & \boldsymbol{y} = \boldsymbol{M}\boldsymbol{x} + \boldsymbol{q} & (\boldsymbol{x} \geq \boldsymbol{0}, \boldsymbol{y} \geq \boldsymbol{0}) \\ & x_i \cdot y_i = 0 & (i = 1, 2, \ldots, n) \end{array} \right.$$

この問題は，$\boldsymbol{A} = [\boldsymbol{I}, -\boldsymbol{M}] \in \mathbb{R}^{n \times 2n}$，$\boldsymbol{x} \in \mathbb{R}^{2n}$ とすれば

$$\left| \begin{array}{lll} \text{find} & \boldsymbol{x} \in \mathbb{R}^{2n} & \\ \text{s. t.} & \boldsymbol{A}\boldsymbol{x} = \boldsymbol{q} & (\boldsymbol{x} \geq \boldsymbol{0}) \\ & x_i \cdot x_{n+i} = 0 & (i = 1, 2, \ldots, n) \end{array} \right. \tag{5.15}$$

と書き表すことができる．$\boldsymbol{A}$ の列の添字集合を $E := \{1, 2, \ldots, 2n\}$ とする．E の要素 $i \in E$ に対し，その相補ペア $\bar{i}$ を以下のように定義する．

$$\bar{i} = \begin{cases} n + i & (i \leq n) \\ i - n & (i > n) \end{cases}$$

E の部分集合 $S \subseteq E$ に対して $i \in S \Leftrightarrow \bar{i} \notin S\ (i \in E)$ が成り立つとき S は相補的であるという．S が相補的ならば明らかに $S \cap \overline{S} = \emptyset$, $S \cup \overline{S} = E$ であり，ゆえに $|S| = n$ である．相補的な E の部分集合 S に対し S の相補ペア $\overline{S}$ を $\overline{S} := \{\bar{i} | i \in S\}$ と定義する．

相補的な E の部分集合 B について，$\boldsymbol{A}$ の B に対応する $n \times B$ の部分行列 $\boldsymbol{A}_B$ が正則であるとき，B を**相補基底** (complementary basis) という．

$B := \{1, 2, \ldots, n\}$ は $\boldsymbol{A} = [\boldsymbol{I}, -\boldsymbol{M}]$ の自明な相補基底である．

B を相補基底としよう．すると問題 (5.15) は

$$\left|\begin{array}{ll} \text{find} & \boldsymbol{x} \in \mathbb{R}^{2n} \\ \text{s. t.} & \boldsymbol{x}_B = \overline{\boldsymbol{q}} - \overline{\boldsymbol{A}}_{B\overline{B}} \boldsymbol{x}_{\overline{B}} \\ & \boldsymbol{x} \geq \boldsymbol{0} \\ & x_i \cdot x_{\overline{i}} = 0 \quad (i \in E) \end{array}\right. \tag{5.16}$$

と表すことができる．ただし $\overline{\boldsymbol{q}} = \boldsymbol{A}_B^{-1} \boldsymbol{q} \in \mathbb{R}^B$, $\overline{\boldsymbol{A}}_{B\overline{B}} = \boldsymbol{A}_B^{-1} \boldsymbol{A}_{\overline{B}} \in \mathbb{R}^{B \times \overline{B}}$ である．上の問題を，LCP$(\boldsymbol{M}, \boldsymbol{q})$ の B を基底とする**相補辞書** (complementary dictionary) という．B を相補基底とする相補辞書において $\boldsymbol{x}_{\overline{B}} := \boldsymbol{0}$ と定めると，$\boldsymbol{x}_B = \overline{\boldsymbol{q}}$ と唯一に決定する．$(\boldsymbol{x}_B, \boldsymbol{x}_{\overline{B}}) = (\overline{\boldsymbol{q}}, \boldsymbol{0})$ を相補基底解という．シンプレックス法のときと同様に，相補辞書は係数のみの行列

$$\begin{array}{r|c|ccc|} \multicolumn{1}{r}{} & \multicolumn{1}{c}{} & \multicolumn{3}{c}{x_{\overline{i}} \quad \overline{i} \in \overline{B}} \\ \hline & & & \vdots & \\ x_i & \overline{q}_i & \cdots & -\overline{a}_{i\overline{i}} & \cdots \\ i \in B & & & \vdots & \\ \hline \end{array} \tag{5.17}$$

で表す．

これから紹介する線形相補性問題に対する **criss-cross 法** (criss-cross method for LCP) は，相補辞書と対応する相補基底解を更新していくピボットアルゴリズムである．ピボットの中心の選択規則に最小添字規則を用いるので，n 個の添字の相補ペア $\{(i, n+i) | i = 1, 2, \ldots, n\}$ に全順序がついていると仮定する．この順序に従うと，$S \in E$ が相補的であれば $\min\{S\}$, $\min\{\overline{S}\}$, $\max\{S\}$, $\max\{\overline{S}\}$ が唯一に決定する．特にこれである必要はないが

$$(1, n+1) < (2, n+2) < \cdots (n, 2n)$$

が自然な全順序として考えられる．

準備が整ったので，LCP に対するピボットアルゴリズムである criss-cross 法を紹介しよう．

アルゴリズム 5.1 [LCP に対する criss-cross 法]

入力： LCP($\boldsymbol{M}, \boldsymbol{q}$) ただし $\boldsymbol{M}$ は十分行列

出力： 相補辞書 $\boldsymbol{D}$

初期化： $B := \{1, 2, \ldots, n\}$; $\overline{B} := \{n+1, n+2, \ldots, n+m\}$

$$\boldsymbol{D} := \begin{array}{c|c|ccc|} & & x_{n+1} & \cdots & x_{2n} \\ \hline x_1 & q_1 & m_{11} & \cdots & m_{1n} \\ \vdots & \vdots & \vdots & \vdots & \vdots \\ x_n & q_n & m_{n1} & \cdots & m_{nn} \\ \hline \end{array}$$

Step 1（実行可能性判定）：

　$\overline{\boldsymbol{q}} \geq \boldsymbol{0}$ ならば終了（終了 **1**）

　$r := \min\{i \in B \mid \overline{q}_i < 0\}$ として **Step 2** へ

Step 2（双対実行可能性判定）：

　$-\overline{a}_{r\bar{i}} \leq 0 \ (\forall \bar{i} \in \overline{B})$ ならば終了（終了 **2**）

　$\bar{s} := \min\{\bar{i} \in \overline{B} \mid -\overline{a}_{r\bar{i}} > 0\}$ とする

　$p := \max\{r, s\}$; $t := \min\{r, s\}$ とする

　$-\overline{a}_{p\bar{p}} \neq 0$ ならば **Step 3** へ

　$-\overline{a}_{p\bar{p}} = 0$ ならば **Step 4** へ

Step 3（対角ピボット）：

　$(p, \bar{p})$ 上でピボット演算

　式 (3.15) で得られた辞書 $\boldsymbol{D}'$ に対し $\boldsymbol{D} := \boldsymbol{D}'$ とする

　$B := B - r + \bar{r}$ とする; **Step 1** へ

Step 4（交換ピボット）：

　$(p, \bar{t})$ 上でピボット演算

　式 (3.15) で得られた辞書 $\boldsymbol{D}'$ に対し $\boldsymbol{D} := \boldsymbol{D}'$ とする

　$B := B - p + \bar{t}$ とする

　$(t, \bar{p})$ 上でピボット演算

　式 (3.15) で得られた辞書 $\boldsymbol{D}'$ に対し $\boldsymbol{D} := \boldsymbol{D}'$ とする

$B := B - t + \bar{r}$ とする; **Step 1** へ

LCP に対する criss-cross 法は任意の相補辞書から始め，各繰り返しで相補辞書を更新していくピボットアルゴリズムである．まず **Step 1** で実行可能性を判定する．もし実行可能ならば，つまり $\bar{\boldsymbol{q}} \geq \mathbf{0}$ ならば終了する（**終了 1**）．そうでなければ，実行可能性を阻害する，最小の添字を r とする，つまり $r := \min\{i \in B | \bar{q}_i < 0\}$ とする．

次に **Step 2** では双対実行可能性を判定する．双対実行可能ならば，つまり $-\bar{a}_{r\bar{i}} \leq 0$ $(\forall \bar{i} \in \overline{B})$ ならば終了（**終了 2**）する．そうでなければ，双対実行可能性を阻害する最小の添字を s とする．つまり，$\bar{s} := \min\{\bar{i} \in \overline{B} | -\bar{a}_{r\bar{i}} > 0\}$ とする．

さらに $p := \max\{r, s\}$，$t := \min\{r, s\}$ とする．$-\bar{a}_{p\bar{p}} \neq 0$ ならば **Step 3** の対角ピボット演算を実行し，$-\bar{a}_{p\bar{p}} = 0$ ならば **Step 4** の交換ピボット演算を行う．これらのピボット演算は，新たな辞書が相補的であることを保証する．

図 5.2 に LCP に対する criss-cross 法の流れ図を示す．

[criss-cross 法の実行例]

criss-cross 法をより理解するために，実行例を示す．5.1 節の凸 2 次計画問題を LCP として定式化し，criss-cross 法で解いたときの各繰り返しで生成された相補辞書を表 5.1 に示す．

表 5.1 LCP に対する criss-cross 法の実行例

初期相補辞書

		x_5	x_6	x_7	x_8
x_1	-3	3^*	-1	2	3
x_2	-1	-1	3	1	4
x_3	2	-2	-1	0	0
x_4	6	-3	-4	0	0

⟶ 対角ピボット $(1, 5)$

1 反復後の辞書

		x_1	x_6	x_7	x_8
x_5	1	$\frac{1}{3}$	$\frac{1}{3}$	$-\frac{2}{3}$	-1
x_2	-2	$-\frac{1}{3}$	$\frac{8}{3}^*$	$\frac{5}{3}$	5
x_3	0	$-\frac{2}{3}$	$-\frac{5}{3}$	$\frac{4}{3}$	2
x_4	3	-1	-5	2	3

対角ピボット $(2, 6)$ ↙

2 反復後の辞書

		x_1	x_2	x_7	x_8
x_5	$\frac{5}{4}$	$\frac{3}{8}$	$\frac{1}{8}$	$-\frac{7}{8}$	$-\frac{13}{8}$
x_6	$\frac{3}{4}$	$\frac{1}{8}$	$\frac{3}{8}$	$-\frac{5}{8}$	$-\frac{15}{8}$
x_3	$-\frac{5}{4}$	$-\frac{7}{8}$	$-\frac{5}{8}$	$\frac{19}{8}^*$	$\frac{41}{8}$
x_4	$-\frac{3}{4}$	$-\frac{13}{8}$	$-\frac{15}{8}$	$\frac{41}{8}$	$\frac{99}{8}$

⟶ 対角ピボット $(3, 7)$

実行可能辞書

		x_1	x_2	x_3	x_8
x_5	$\frac{15}{19}$	$\frac{1}{19}$	$-\frac{2}{19}$	$-\frac{7}{19}$	$\frac{5}{19}$
x_6	$\frac{8}{19}$	$-\frac{2}{19}$	$\frac{4}{19}$	$-\frac{5}{19}$	$-\frac{10}{19}$
x_7	$\frac{10}{19}$	$\frac{7}{19}$	$\frac{5}{19}$	$\frac{8}{19}$	$-\frac{41}{19}$
x_4	$\frac{37}{19}$	$\frac{5}{19}$	$-\frac{10}{19}$	$\frac{41}{19}$	$\frac{25}{19}$

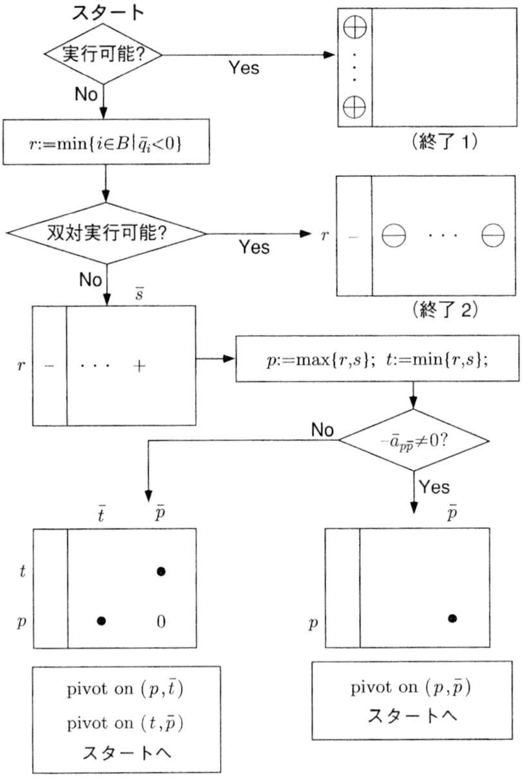

図 **5.2**　LCP に対する criss-cross 法の流れ

[criss-cross 法の正当性]

次の補助定理は，criss-cross 法の中で採用されている特殊なピボット演算である対角ピボットと交換ピボットが矛盾なく実行できることを保証する，相補辞書の符号に関する性質である．図 5.3 に性質の内容をわかりやすく図示した．

補助定理 5.3　B を相補基底，$r, s \in B\ (r \neq s)$ とする．このときの辞書の係数が式 (5.17) で表されているとする．$\boldsymbol{M}$ が列十分行列ならば次の 3 つが成り立つ（図 5.3 参照）．

(i)　$-\overline{a}_{r\overline{r}} \geq 0$ である

(ii)　$-\overline{a}_{r\overline{r}} = -\overline{a}_{s\overline{r}} = 0$ かつ $-\overline{a}_{r\overline{s}} > 0$ ならば $-\overline{a}_{s\overline{s}} > 0$ である

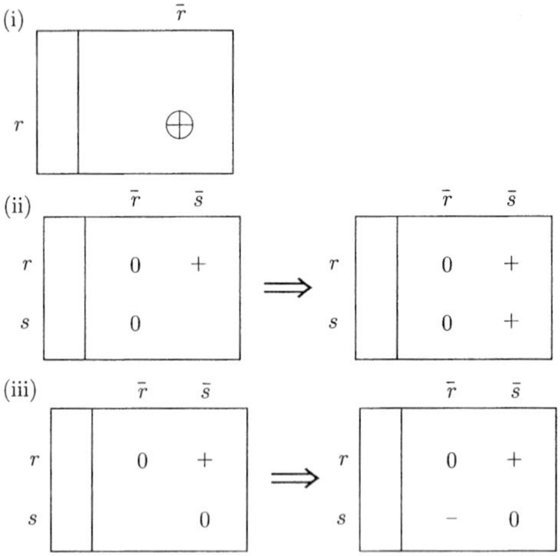

図 **5.3**　相補辞書の性質（補助定理 5.3）

(iii)　$-\bar{a}_{r\bar{r}} = -\bar{a}_{s\bar{s}} = 0$ かつ $-\bar{a}_{r\bar{s}} > 0$ ならば $-\bar{a}_{s\bar{r}} < 0$ である

証明　B を相補基底とする $i \in B$ に対して，初等ベクトル $\boldsymbol{d}(B, \bar{i}) \in \mathbb{R}^E$ と $\boldsymbol{t}(B, i)$ を以下のように定める．

$$d(B,\bar{i})_j := \begin{cases} -\bar{a}_{j\bar{i}} & (j \in B) \\ 0 & (j \in \overline{B}\backslash \bar{i}) \\ 1 & (j = \bar{i}) \end{cases}, \quad t(B,i)_j := \begin{cases} -\bar{a}_{i\bar{j}} & (j \in \overline{B}) \\ 0 & (j \in B\backslash i) \\ -1 & (j = i) \end{cases} \quad (5.18)$$

すると $\boldsymbol{d}(B,\bar{i}) \in \{\boldsymbol{x} \in \mathbb{R}^E | [\boldsymbol{I} \ - \boldsymbol{M}]\boldsymbol{x} = \boldsymbol{0}\}$ つまり $\boldsymbol{d}(B,\bar{i})$ は $\boldsymbol{A}$ のカーネルのベクトルであり，$\boldsymbol{t}(B,i) \in \{\boldsymbol{y} \in \mathbb{R}^E | \boldsymbol{y} = [\boldsymbol{I} \ - \boldsymbol{M}]^\top \pi, \ \pi \in \mathbb{R}^n\}$ つまり $\boldsymbol{t}(B,i)$ は $\boldsymbol{A}$ の行空間のベクトルである（カーネル，行空間に関しては付録参照）．

(i) の証明：$\boldsymbol{x} := \boldsymbol{d}(B,\bar{r})$ とする．

$$x_i \cdot x_{\bar{i}} = 0 \quad (i \in E\backslash\{r, \bar{r}\})$$
$$x_r \cdot x_{\bar{r}} < 0$$

が成り立つ．$\boldsymbol{x} \in \{\boldsymbol{x} \in \mathbb{R}^E | [\boldsymbol{I} \ - \boldsymbol{M}]\boldsymbol{x} = \boldsymbol{0}\}$ なのでこれは $\boldsymbol{M}$ が列十分であることに矛盾する．

(ii) の証明：$-\bar{a}_{s\bar{s}} = \alpha$ とし，$\boldsymbol{x}^1 := \boldsymbol{d}(B,\bar{s})$, $\boldsymbol{x}^2 := \boldsymbol{d}(B,\bar{r})$ とする．$\boldsymbol{x}' :=$

$\boldsymbol{x}^1 - \boldsymbol{x}^2$ の符号パターンは

$$\begin{array}{cccccccc} & B\backslash\{r,s\} & \overline{B}\backslash\{\overline{r},\overline{s}\} & r & \overline{r} & s & \overline{s} & \\ \boldsymbol{x}' = [& * \cdots * & 0 \cdots 0 & + & - & \alpha & + &]^\top \end{array}$$

となり，$\alpha \le 0$ であるとすると

$$x'_i \cdot x'_{\overline{i}} = 0 \quad (i \in B \cup \overline{B}\backslash\{r, \overline{r}, s, \overline{s}\})$$
$$x'_r \cdot x'_{\overline{r}} < 0, \quad x'_s \cdot x'_{\overline{s}} = \alpha \le 0$$

である．$\boldsymbol{x}' \in \{\boldsymbol{x} \in \mathbb{R}^E | [\boldsymbol{I} \ -\boldsymbol{M}]\boldsymbol{x} = \boldsymbol{0}\}$ より，これは $\boldsymbol{M}$ が列十分行列であることに矛盾する．

(iii) の証明：$-\overline{a}_{s\overline{s}} = \beta$ とし，$\boldsymbol{x}^1 := \boldsymbol{d}(B, \overline{s})$, $\boldsymbol{x}^2 := \boldsymbol{d}(B, \overline{r})$ とする．$\boldsymbol{x}' := \boldsymbol{x}^1 - \boldsymbol{x}^2$ の符号パターンは

$$\begin{array}{cccccccc} & B\backslash\{r,s\} & \overline{B}\backslash\{\overline{r},\overline{s}\} & r & \overline{r} & s & \overline{s} & \\ \boldsymbol{x}' = [& * \cdots * & 0 \cdots 0 & + & - & -\beta & + &]^\top \end{array}$$

である．$\beta \ge 0$ であるとすると

$$x'_i \cdot x'_{\overline{i}} = 0 \quad (i \in B \cup \overline{B}\backslash\{r, \overline{r}, s, \overline{s}\})$$
$$x'_r \cdot x'_{\overline{r}} < 0, \quad x'_s \cdot x'_{\overline{s}} = -\beta \le 0$$

である．$\boldsymbol{x}' \in \{\boldsymbol{x} \in \mathbb{R}^E | [\boldsymbol{I} \ -\boldsymbol{M}]\boldsymbol{x} = \boldsymbol{0}\}$ より，これは $\boldsymbol{M}$ が列十分行列であることに矛盾する．よって $\beta < 0$ である． ■

さらに補助定理 5.3 の (i) の性質により次のことがわかる．

性質 5.5 $\boldsymbol{M}$ を十分行列, $\boldsymbol{q}$ を任意の n 次元ベクトルとする．LCP$(\boldsymbol{M}, \boldsymbol{q})$ に criss-cross 法（アルゴリズム 5.1）を適用し,（**終了 1**）で終了したときの相補基底解は，線形相補性問題の双対定理 5.3 の (i) の解である．さらに（**終了 2**）で終了したときは (ii) の解が得られる．

証明　前半の部分は終了条件と基底が相補的であることから，明らかに成り立つ．

後半部分を証明するために，基底 B に対する初等ベクトル $\overline{\boldsymbol{t}}(B, r) \in \mathbb{R}^{E \cap \{g\}}$ $(r \in B)$ を次のように定義する．

$$t(B,r)_j := \begin{cases} \overline{q}_r & (j = g) \\ -\overline{a}_{rj} & (j \in \overline{B}) \\ 0 & (j \in B \backslash r) \\ -1 & (j = r) \end{cases}$$

ここで

$$\boldsymbol{t}(B,r) \in \{\boldsymbol{y} \in \mathbb{R}^{E \cup \{g\}} | \boldsymbol{y} = \overline{\boldsymbol{A}}^\top \pi, \pi \in \mathbb{R}^n\} \tag{5.19}$$

であることに注意しよう．ただし $\overline{\boldsymbol{A}} = [\boldsymbol{I} \ -\boldsymbol{M} \ -\boldsymbol{q}]$ であり，g に対応する列は最後の $-\boldsymbol{q}$ である．よって $\boldsymbol{z} \in \mathbb{R}^n$, $\boldsymbol{w} \in \mathbb{R}^n$ を

$$z_j := -t(B,r)_j, \quad w_j := -t(B,r)_{n+j} \quad (j = 1, 2, \ldots, n)$$

とすれば，終了条件と式 (5.19) より $\boldsymbol{w} = -\boldsymbol{M}^\top \boldsymbol{z}$, $\boldsymbol{q}^\top \boldsymbol{z} < 0$, $\boldsymbol{w} \geq \boldsymbol{0}, \boldsymbol{z} \geq \boldsymbol{0}$, $w_j \cdot z_j = 0$ であることがわかる．$(\boldsymbol{z}, \boldsymbol{w})$ は定理 5.3 の (ii) の解である． ■

定理 5.4 $\boldsymbol{M}$ を十分行列, $\boldsymbol{q}$ を任意の n 次元ベクトルとする．LCP$(\boldsymbol{M}, \boldsymbol{q})$ に criss-cross 法（アルゴリズム 5.1）を適用すれば有限回の繰り返しの後,（**終了 1**） または（**終了 2**）で終了し，線形相補性問題の双対定理 5.3 の (i) の解または (ii) の解が得られる．

証明 性質 5.5 より，終了したときは (i), (ii) のいずれかの要素が得られる．有限回で終了すること，つまり巡回が起こらないことを示せばよい．なぜならば，ピボット行，列の選択に自由度はないので，もし繰り返しの途中に同じ辞書が現れたとしたら，間違いなく巡回が起こるからである．

巡回 $\boldsymbol{D}^0, \boldsymbol{D}^1, \ldots, \boldsymbol{D}^k = \boldsymbol{D}^0$ が起こったとして矛盾を導く．巡回の最中に基底に出入りした変数の中で，最大の添字の相補ペアを $(p, \overline{p})$ とする．p が基底に入る場合の辞書の符号パターンとして次の 2 つのケースが考えられる．ただし基底，非基底は添字の小さい順に並んでいるとし，巡回中に出入りしない変数に関する辞書の部分は無視している．

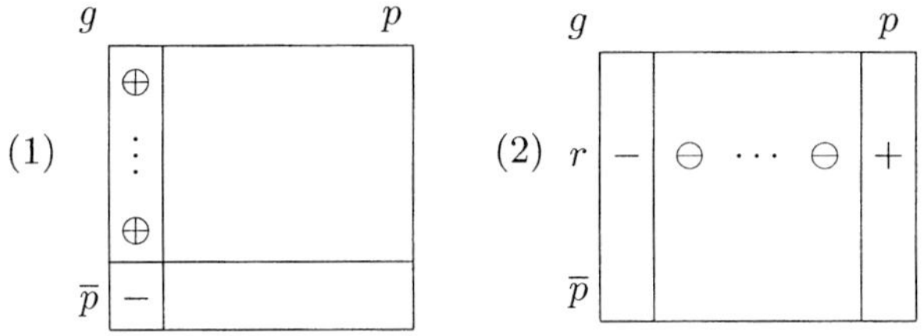

同様に p が基底から出る場合の辞書の符号パターンとして次の 2 つのケースが考えられる．

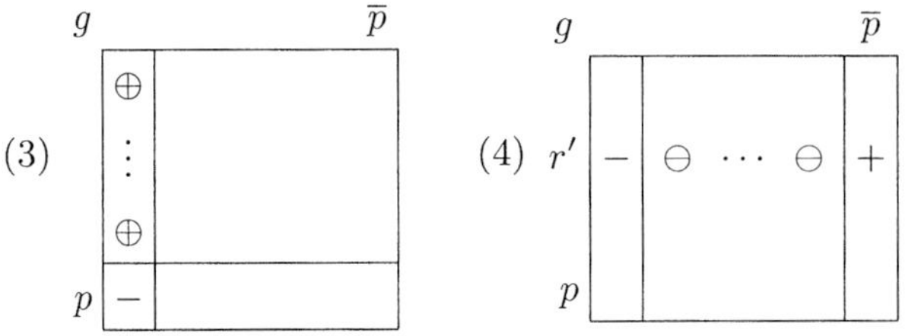

出入りしない基底を B, 出入りしない非基底を $\overline{B}$ とする．出入りする変数のうち (1), (2), (3), (4) の基底をそれぞれ B_1, B_2, B_3, B_4 とし，非基底をそれぞれ $\overline{B}_1$, $\overline{B}_2$, $\overline{B}_3$, $\overline{B}_4$ としよう．(1), (2), (3), (4) の基底はそれぞれ，$B_1 \cup B$, $B_2 \cup B$, $B_3 \cup B$, $B_4 \cup B$ となる．

基底 B に対する初等ベクトル $\overline{\boldsymbol{d}}(B,g) \in \mathbb{R}^{E\cap\{g\}}$, $\overline{\boldsymbol{t}}(B,r) \in \mathbb{R}^{E\cap\{g\}}$ $(r \in B)$ を次のように定義する．

$$d(B,g)_i := \begin{cases} \overline{q}_i & (i \in B) \\ 0 & (i \in \overline{B}) \\ 1 & (i = g) \end{cases}, \quad t(B,r)_j := \begin{cases} \overline{q}_r & (j = g) \\ -\overline{a}_{rj} & (j \in \overline{B}) \\ 0 & (j \in B \backslash r) \\ -1 & (j = r) \end{cases}$$

ここで

$$\begin{aligned} &\boldsymbol{x}(B,g) \in \{\boldsymbol{x} \in \mathbb{R}^{E\cup\{g\}} | \overline{\boldsymbol{A}}\boldsymbol{x} = \boldsymbol{0}\} \\ &\boldsymbol{t}(B,r) \in \{\boldsymbol{y} \in \mathbb{R}^{E\cup\{g\}} | \boldsymbol{y} = \overline{\boldsymbol{A}}^\top \pi, \pi \in \mathbb{R}^n\} \end{aligned} \tag{5.20}$$

つまり，$\boldsymbol{d}(B,g)$ は $\overline{\boldsymbol{A}}$ のカーネルに，$\boldsymbol{t}(B,r)$ は $\overline{\boldsymbol{A}}$ の行空間に属し，$\boldsymbol{d}(B,g)^\top \boldsymbol{t}(B,r) = 0$ となることに注意しよう（カーネル，行空間については付録を参照

のこと).

巡回中に (1), (3) が現れた場合: $\boldsymbol{x}^1 := \boldsymbol{d}(B_1 \cup B, g)$, $\boldsymbol{x}^3 := \boldsymbol{d}(B_3 \cup B, g)$ とする. $\boldsymbol{x}^1$, $\boldsymbol{x}^3$ および $\boldsymbol{x}^1 - \boldsymbol{x}^3$ の符号パターンは次のようになる.

$$
\begin{array}{rccccccccc}
 & g & B_1 \cap B_3 & B_1 \cup \overline{B}_3 & \overline{B}_1 \cap B_3 & \overline{B}_1 \cap \overline{B}_3 & B & \overline{B} & p & \overline{p} \\
\boldsymbol{x}^1 = [& 1 & \oplus \cdots \oplus & \oplus \cdots \oplus & 0 \cdots 0 & 0 \cdots 0 & * \cdots * & 0 \cdots 0 & 0 & - \,] \\
\boldsymbol{x}^3 = [& 1 & \oplus \cdots \oplus & 0 \cdots 0 & \oplus \cdots \oplus & 0 \cdots 0 & * \cdots * & 0 \cdots 0 & - & 0 \,] \\
\boldsymbol{x}^1 - \boldsymbol{x}^3 = [& 0 & * \cdots * & \oplus \cdots \oplus & \ominus \cdots \ominus & 0 \cdots 0 & * \cdots * & 0 \cdots 0 & + & - \,]
\end{array}
$$

$\boldsymbol{x}' := \boldsymbol{x}^1 - \boldsymbol{x}^3$ と定めれば

$$
\begin{aligned}
& x'_j \cdot x'_{\overline{j}} \le 0 \quad (j \in E \backslash \{p, \overline{p}\}) \\
& x'_p \cdot x'_{\overline{p}} < 0
\end{aligned}
$$

を満たす. $x'_g = 0$ なので

$$
\begin{bmatrix} x'_1 \\ \vdots \\ x'_n \end{bmatrix} = \boldsymbol{M} \begin{bmatrix} x'_{n+1} \\ \vdots \\ x'_{2n} \end{bmatrix}
$$

である. これは $\boldsymbol{M}$ が列十分行列であることに矛盾する.

巡回中に (1), (4) が現れた場合 ((2), (3) の場合も同様に証明できる) : $\boldsymbol{x}^1 := \boldsymbol{d}(B_1 \cup B, g)$, $\boldsymbol{y}^4 := \boldsymbol{t}(B_4 \cup B, r')$ とする. $\boldsymbol{x}^1$, $\boldsymbol{y}^4$ の符号パターンは次のようになる.

$$
\begin{array}{rccccccccc}
 & g & B_1 \cap B_4 & B_1 \cup \overline{B}_4 & \overline{B}_1 \cap B_4 & \overline{B}_1 \cap \overline{B}_4 & B & \overline{B} & p & \overline{p} \\
\boldsymbol{x}^1 = [& 1 & \oplus \cdots \oplus & \oplus \cdots \oplus & 0 \cdots 0 & 0 \cdots 0 & * \cdots * & 0 \cdots 0 & 0 & - \,] \\
\boldsymbol{y}^4 = [& - & 0 \cdots 0 & \ominus \cdots \ominus & \ominus \cdots \ominus & 0 \cdots 0 & 0 \cdots 0 & * \cdots * & 0 & + \,]
\end{array}
$$

この符号パターンでは ${\boldsymbol{x}^1}^\top \boldsymbol{y}^4 < 0$ となり, $\boldsymbol{x}^1$ と $\boldsymbol{y}^4$ が直交することに矛盾する.

最後に (2), (4) が現れた場合 : $\boldsymbol{y}' := \boldsymbol{t}(B_2 \cup B, r) + \boldsymbol{t}(B_4 \cup B, r')$ とする. $\boldsymbol{y}'$ の符号パターンは

$$
\begin{array}{rccccccccc}
 & g & B_2 \cap B_4 & B_2 \cup \overline{B}_4 & \overline{B}_2 \cap B_4 & \overline{B}_2 \cap \overline{B}_4 & B & \overline{B} & p & \overline{p} \\
\boldsymbol{y}' = [& - & 0 \cdots 0 & \ominus \cdots \ominus & \ominus \cdots \ominus & \ominus \cdots \ominus & 0 \cdots 0 & * \cdots * & + & + \,]
\end{array}
$$

となる．$\boldsymbol{y}' \in \{\boldsymbol{y} \in \mathbb{R}^{E\cup\{g\}} | \boldsymbol{y} = \overline{\boldsymbol{A}}^\top \pi, \pi \in \mathbb{R}^n\}$ なので

$$\begin{bmatrix} y'_{n+1} \\ \vdots \\ y'_{2n} \end{bmatrix} = -\boldsymbol{M}^\top \begin{bmatrix} y'_1 \\ \vdots \\ y'_n \end{bmatrix}$$

を満たす．さらに上の符号パターンから

$$-y'_j \cdot y'_{\overline{j}} \leq 0 \quad (j \in E \backslash \{p, \overline{p}\})$$
$$-y'_p \cdot y'_{\overline{p}} < 0$$

であることがわかる．これは $\boldsymbol{M}$ が行十分であることに矛盾する． ■

● 5.4 ● P 行列の判別に関して ●

前にも述べたように，LCP はその入力行列によって解の個数や解きやすさ等が変わってくる（5.2 節参照）．よって LCP を決定する入力行列 $\boldsymbol{M}$ がある特定の行列であるかどうか判断するのは重要な研究テーマの 1 つである．

この節では，P 行列の判別に関して述べる．残念ながら，与えられた行列 $\boldsymbol{M}$ が P 行列であるかどうかの判定をする効率のよいアルゴリズムは存在しないだろうとの，否定的な結果が出ている．本書では，P 行列クラスの部分クラスやスーパークラスで判定が効率よくできるものを見つけようという試みを紹介する．この説に関しての詳細は Morris[49], Morris–Namiki[50] を参照されたい．

まず最初に，基本となる以下の 2 つの行列のクラスを定義する．

定義 5.4（prdd, prdd-∞ 行列）

(1) $\boldsymbol{C} \in \mathbb{R}^{n\times n}$ が次の式を満たすとき $\boldsymbol{C}$ を **prdd** 行列という．

$$C_{ii} > \sum_{j\neq i} |C_{ij}| \quad (i \in N = \{1, 2, \ldots, n\})$$

(2) $\boldsymbol{C} \in \mathbb{R}^{n\times n}$ が次の式を満たすとき $\boldsymbol{C}$ を **prdd-∞** 行列という．

$$C_{ii} > |C_{ij}| \quad (i, j(i \neq j) \in N = \{1, 2, \ldots, n\})$$

prdd は positive row diagonally dominant（正の行支配）の略である．

prdd 行列全体の集合を K_{prdd} とし，prdd-∞ 行列全体の集合を $K_{\mathrm{prdd}-\infty}$ とする．K_{prdd} と $K_{\mathrm{prdd}-\infty}$ は開凸行列錘を形成する，つまり次の式が成り立つ．

$$\begin{aligned}&\boldsymbol{C}, \boldsymbol{C}' \in K_{\mathrm{prdd}}\,(K_{\mathrm{prdd}-\infty}) \Rightarrow \\ &\qquad \alpha\boldsymbol{C} + \beta\boldsymbol{C}' \in K_{\mathrm{prdd}}\,(K_{\mathrm{prdd}-\infty})\ \forall\alpha,\beta \quad \text{s. t.} \quad \alpha,\beta \ge 0,\ (\alpha,\beta) \ne (0,0)\end{aligned}$$

定義 5.4 は不等式による行列錘の定義であるが，**端線** (extreme ray) の正の結合としても表現される．prdd 行列や prdd-∞ であるための条件は行ごとに独立であるので，そのことを第 i 行の行ベクトルの性質として考えてみる．次の補助定理が成り立つ．

補助定理 5.4　$\boldsymbol{x} \in \mathbb{R}^n$, $i \in N = \{1, 2, \ldots, n\}$ とする．次の 2 つが成り立つ．ただし，$\boldsymbol{e}_j$ は 第 j 成分のみが 1，その他は 0 である n 次元ベクトルである．

(1)　$x_i > \sum_{j \ne i} |x_j|$ が成り立つための必要十分条件は，任意の $j(\ne j)$ に対して $\alpha_j, \beta_j > 0$ が存在し $\boldsymbol{x} = \sum_{j \ne i}\{\alpha_j(\boldsymbol{e}_i + \boldsymbol{e}_j) + \beta_j(\boldsymbol{e}_i - \boldsymbol{e}_j)\}$ と表せることである

(2)　$x_i > |x_j| (j \ne i)$ が成り立つための必要十分条件は，$J \subseteq N \backslash \{i\}$ を満たす J に対して $\alpha_J > 0$ が存在し $\boldsymbol{x} = \sum_J \{\alpha_J(\sum_{j \notin J} \boldsymbol{e}_j - \sum_{j \in J} \boldsymbol{e}_j)\}$ と表せることである

証明　同様の方法で証明することができるので，(1) の主張のみ証明することにしよう．

(⇐)：明らかに成り立つ．

(⇒)：n に関する帰納法で証明する．$n = 2$ のとき $i = 1$ としてよい．$x_1 > |x_2|$ ならば

$$\begin{bmatrix} x_1 \\ x_2 \end{bmatrix} = \sum_{j \ne i}\{\alpha_j(\boldsymbol{e}_i + \boldsymbol{e}_j) + \beta_j(\boldsymbol{e}_i - \boldsymbol{e}_j)\}, \quad \alpha_j, \beta_j > 0\ (j \ne i)$$

であることは明らかである（図 5.4 参照）．

$n > n'$ なる n' に対し主張が成り立っていると仮定し，$\boldsymbol{x} \in \mathbb{R}^n$ は $x_i >$

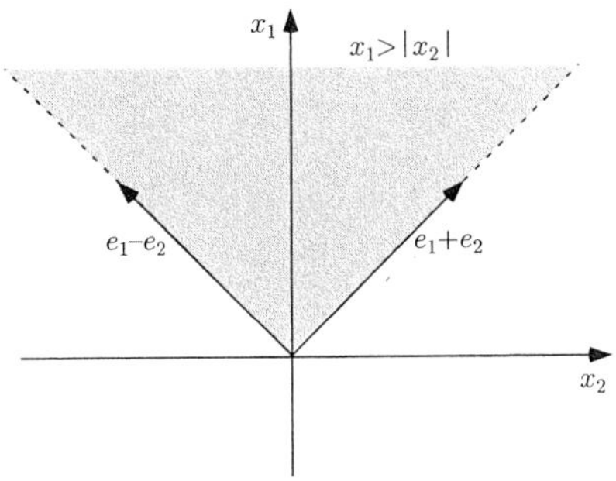

図 **5.4** $x_1 > |x_2|$ を満たす領域

$\sum_{j\neq i}|x_j|$ を満たすと仮定する．$x_i > \sum_{j\neq i}|x_j|$ なので，十分小さな $\varepsilon > 0$ をとれば, $x_i - \varepsilon > \sum_{j\neq i}|x_j|$ を満たす．さらに, $r \in N$ を $|x_r| = \min\{|x_j|| j \in N\}$ とし，$J := \{j \neq i | x_j < 0\}$ とする．$\boldsymbol{d} \in \mathbb{R}^n$ を

$$d_j := \begin{cases} n-1 & (j = i) \\ 1 & (j \notin J,\ j \neq i) \\ -1 & (j \in J,\ j \neq i) \end{cases}$$

とし，$\boldsymbol{x}' := \boldsymbol{x} - \varepsilon \boldsymbol{e}_i - |x_r|\boldsymbol{d}$ とする．$\boldsymbol{x}'$ は $x'_r = 0$, $x'_i > \sum_{j\neq i,r}|x_j|$ を満たす．$\boldsymbol{x}''$ を $\boldsymbol{x}'$ から第 r 成分を取り除いたものとすれば，帰納法の仮定より $\boldsymbol{x}'' = \sum_{j\neq i,r}\{\alpha'_j(\boldsymbol{e}'_i + \boldsymbol{e}'_j) + \beta'_j(\boldsymbol{e}'_i - \boldsymbol{e}'_j)\}$ と表せる．ただし，$\boldsymbol{e}'_i, \boldsymbol{e}'_j$ は $\boldsymbol{e}_i, \boldsymbol{e}_j$ の第 r 成分を取り除いたものである $x'_r = 0$ なので

$$\boldsymbol{x}' = \boldsymbol{x} - \varepsilon \boldsymbol{e}_i - |x_r|\boldsymbol{d} = \sum_{j\neq i,r}\{\alpha'_j(\boldsymbol{e}_i + \boldsymbol{e}_j) + \beta'_j(\boldsymbol{e}_i - \boldsymbol{e}_j)\}$$

が成り立つ．$\boldsymbol{e}_i = \frac{1}{2}\{(\boldsymbol{e}_i + \boldsymbol{e}_r) + (\boldsymbol{e}_i - \boldsymbol{e}_r)\}$, $\boldsymbol{d} = \sum_{j\notin J\cup\{i\}}(\boldsymbol{e}_i + \boldsymbol{e}_j) + \sum_{j\in J}(\boldsymbol{e}_i - \boldsymbol{e}_j)$ なので，$\alpha_r := \frac{\varepsilon}{2}$, $\beta_r := \frac{\varepsilon}{2}$, $\alpha_j := \alpha'_j + |x_r|$ $(j \notin J \cup \{i\})$, $\beta_j := \alpha'_j$ $(j \notin J \cup \{i\})$, $\alpha_j := \alpha'_j$ $(j \in J)$, $\beta_j := \alpha'_j + |x_r|$ $(j \in J)$ とすれば

$$\boldsymbol{x} = \sum_{j\neq i}\{\alpha_j(\boldsymbol{e}_i + \boldsymbol{e}_j) + \beta_j(\boldsymbol{e}_i - \boldsymbol{e}_j)\}$$

が成り立つ．よって主張は証明された． ■

上の補助定理より，$K_{\mathrm{prdd}}, K_{\mathrm{prdd}-\infty}$ の端線表現である下の性質が得られる．ただし，$\boldsymbol{E}_{ij} \in \mathbb{R}^{n\times n}$ は (i,j) 成分のみ 1 で，その他の成分はすべて 0 の行列

である．

命題 5.1 $C \in \mathbb{R}^{n\times n}$, $N = \{1, 2, \ldots, n\}$ とする．

(1) $C \in K_{\mathrm{prdd}}$ であるための必要十分条件は，$i \neq j$ となる任意のペア i, j $(i, j \in N)$ に対して正の数 $y_{ij} > 0$, $z_{ij} > 0$ が存在し，$C = \sum_{i\neq j}(y_{ij}(E_{ii} - E_{ij}) + z_{ij}(E_{ii} + E_{ij}))$ と表せることである

(2) $C \in K_{\mathrm{prdd}-\infty}$ であるための必要十分条件は，$J \subseteq N \backslash \{i\}$ を満たす任意のペア (i, J) に対して正の数 $y_{i,J} > 0$ が存在し，$C = \sum_{i\notin J} y_{i,J}(\sum_{j\notin J} E_{ij} - \sum_{j\in J} E_{ij})$ と表せることである

証明　補助定理 5.4 より明らかである．■

続いて，prdd 行列，prdd-∞ 行列を用いた隠れ行列のクラスを導入しよう．

定義 5.5（**隠れ prdd, prdd-∞ 行列**）

行列 $A \in \mathbb{R}^{n\times n}$ が隠れ (hidden)**prdd** (prdd-∞) 行列であるとは，$AC = B$，$C, B \in K_{\mathrm{prdd}}(K_{\mathrm{prdd}-\infty})$ となる $C, B \in \mathbb{R}^{n\times n}$ が存在することである．

$C \in \mathbb{R}^{n\times n}$ が prdd 行列ならば，C は prdd-∞ 行列でもあるので，この時点で明らかにわかる包含関係は

$$\text{隠れ prdd 行列のクラス} \subseteq \text{隠れ prdd-}\infty\text{ 行列のクラス}$$

である．

[隠れ行列の二者択一の定理]

この節の最終目標は，上の明らかな包含関係に P 行列が挟まれるということを示すことであるが，その前に，隠れ行列クラスの判別に関して述べる．与えられた正方行列 A が，隠れ prdd 行列か，あるいは隠れ prdd-∞ 行列かどうかの判定が，行列 A から導出される線形計画問題を解く程度の手間で可能であることを示すのが，次の隠れ行列に関する二者択一の定理である．

定理 5.5（**隠れ prdd 行列に関する二者択一の定理**）
$\boldsymbol{A} \in \mathbb{R}^{n\times n}$ とする．次のどちらか一方かつ一方のみが成り立つ．

(a) $\boldsymbol{A}$ は隠れ prdd 行列である，つまり次の条件を満たす $\boldsymbol{C}, \boldsymbol{B} \in \mathbb{R}^{n\times n}$ が存在する：(i) $\boldsymbol{AC} = \boldsymbol{B}$, (ii) $\boldsymbol{C}, \boldsymbol{B} \in K_{\mathrm{prdd}}$

(b) 次の条件を満たす行列 $\boldsymbol{R}, \boldsymbol{S} \in \mathbb{R}^{n\times n}$ が存在する： (i) $\boldsymbol{R} + \boldsymbol{A}^\top \boldsymbol{S} = \boldsymbol{0}$, (ii) $R_{ii} \geq |R_{ij}|$, $S_{ii} \geq |S_{ij}|$ $(i \neq j)$, (iii) $\boldsymbol{R}, \boldsymbol{S}$ は「両方とも $\boldsymbol{O}$ 行列」ではない

定理 5.6（**隠れ prdd-∞ 行列に関する二者択一の定理**）
$\boldsymbol{A} \in \mathbb{R}^{n\times n}$ とする．次のどちらか一方かつ一方のみが成り立つ．

(a) $\boldsymbol{A}$ は隠れ prdd-∞ 行列である，つまり次の条件を満たす $\boldsymbol{C}, \boldsymbol{B} \in \mathbb{R}^{n\times n}$ が存在する：(i) $\boldsymbol{AC} = \boldsymbol{B}$, (ii) $\boldsymbol{C}, \boldsymbol{B} \in K_{\mathrm{prdd}-\infty}$

(b) 次の条件を満たす行列 $\boldsymbol{R}, \boldsymbol{S} \in \mathbb{R}^{n\times n}$ が存在する：(i) $\boldsymbol{R} + \boldsymbol{A}^\top \boldsymbol{S} = \boldsymbol{0}$, (ii) $G \subseteq N \backslash \{i\}$ を満たすペア (i, G) について $\sum_{j\notin G} R_{ij} - \sum_{j\in G} R_{ij} \geq 0, \sum_{j\notin G} S_{ij} - \sum_{j\in G} S_{ij} \geq 0$, (iii) $\boldsymbol{R}, \boldsymbol{S}$ は「両方とも $\boldsymbol{O}$ 行列」ではない

定理 5.5，5.6 の証明　$\boldsymbol{C}, \boldsymbol{B}$ を行列ではなく，n^2 次元ベクトルとして考え，制約条件 $\boldsymbol{AC} = \boldsymbol{B}$，$\boldsymbol{C}, \boldsymbol{B} \in K_{\mathrm{prdd}}$ や $\boldsymbol{C}, \boldsymbol{B} \in K_{\mathrm{prdd}-\infty}$ を線形等式や不等式で表し，そこに Tucker の二者択一の定理（定理 2.13）を適用すると，主張が得られる． ■

例として $n = 2$ のときを考えてみる．$\boldsymbol{A}$ が隠れ prdd 行列であるための第 1 の条件 $\boldsymbol{AC} = \boldsymbol{B}$ は，$\hat{\boldsymbol{A}}$ を次のように定め

$$\hat{\boldsymbol{A}} := \begin{bmatrix} a_{11} & 0 & a_{12} & 0 \\ 0 & a_{11} & 0 & a_{12} \\ a_{21} & 0 & a_{22} & 0 \\ 0 & a_{21} & 0 & a_{22} \end{bmatrix}, \quad \hat{\boldsymbol{c}} := \begin{bmatrix} c_{11} \\ c_{12} \\ c_{21} \\ c_{22} \end{bmatrix}, \quad \hat{\boldsymbol{b}} := \begin{bmatrix} b_{11} \\ b_{12} \\ b_{21} \\ b_{22} \end{bmatrix}$$

のように $\boldsymbol{C}, \boldsymbol{B}$ をベクトルとして考えれば，$\hat{\boldsymbol{A}}\hat{\boldsymbol{c}} = \hat{\boldsymbol{b}}$ と線形方程式として表すことができる．さらに，$\boldsymbol{C}, \boldsymbol{B}$ が prdd 行列であるという条件も

$$\hat{\boldsymbol{X}} := \begin{bmatrix} 1 & 0 & 1 & 0 \\ -1 & 0 & 1 & 0 \\ 0 & -1 & 0 & 1 \\ 0 & 1 & 0 & 1 \end{bmatrix}, \quad \hat{\boldsymbol{w}}_C := \begin{bmatrix} y_{12}^C \\ y_{21}^C \\ z_{12}^C \\ z_{21}^C \end{bmatrix}, \quad \hat{\boldsymbol{w}}_B := \begin{bmatrix} y_{12}^B \\ y_{21}^B \\ z_{12}^B \\ z_{21}^B \end{bmatrix}$$

とすれば，$\hat{\boldsymbol{c}} = \hat{\boldsymbol{X}}\hat{\boldsymbol{w}}_C$, $\hat{\boldsymbol{w}}_C > \boldsymbol{0}$, $\hat{\boldsymbol{b}} = \hat{\boldsymbol{X}}\hat{\boldsymbol{w}}_B$, $\hat{\boldsymbol{w}}_B > \boldsymbol{0}$ と表すことができる．ただし，$\hat{\boldsymbol{X}}$ は prdd 行列の端線行列 $\boldsymbol{E}_{ii} - \boldsymbol{E}_{ij}$, $\boldsymbol{E}_{ii} + \boldsymbol{E}_{ij}$ をベクトルとして考え，順に並べたものである．これらをまとめて

$$\overline{\boldsymbol{A}} = \begin{bmatrix} \hat{\boldsymbol{A}} & -\boldsymbol{I} & \boldsymbol{O} & \boldsymbol{O} \\ \boldsymbol{I} & \boldsymbol{O} & -\hat{\boldsymbol{X}} & \boldsymbol{O} \\ \boldsymbol{O} & \boldsymbol{I} & \boldsymbol{O} & -\hat{\boldsymbol{X}} \end{bmatrix}, \quad \overline{\boldsymbol{x}} = \begin{bmatrix} \hat{\boldsymbol{c}} & \hat{\boldsymbol{b}} & \hat{\boldsymbol{w}}_C & \hat{\boldsymbol{w}}_B \end{bmatrix}^\top$$

とすれば，$\boldsymbol{A}$ が隠れ prdd 行列かどうかは，$\overline{\boldsymbol{A}}\overline{\boldsymbol{x}} = \boldsymbol{0}$, $\hat{\boldsymbol{w}}_C > \boldsymbol{0}$, $\hat{\boldsymbol{w}}_B > \boldsymbol{0}$ が解を持つかどうかで判断できる．この線形不等式系に Tucker による二者択一の定理（定理 2.13）を適用すると主張を得る．

これらの二者択一の定理の重要性は，与えられた行列 $\boldsymbol{A}$ が隠れ行列であるかどうかの判断が多項式時間で行えるというところにある．例えば，隠れ prdd 行列であるかどうかのチェックは，定理の証明（説明）のように $\boldsymbol{C}, \boldsymbol{B}$ をベクトルとしてみたときの線形方程式を解けばよい．さらにその方程式の係数行列（$\hat{\boldsymbol{A}}$ や $\hat{\boldsymbol{X}}$）の大きさは，入力行列 $\boldsymbol{A}$ のたかだか数倍程度である．線形方程式を解くには，線形計画問題に対する内点法を使えば多項式時間で解くことができる．

この隠れ行列に関する二者択一の定理は，以下のように一般化可能である．

定理 5.7 Γ を非空な $n \times n$ 行列の集合，$\boldsymbol{A} \in \mathbb{R}^{n \times n}$ とする．次のどちらか一方かつ一方のみが成り立つ．

(a) 以下を満たす行列 $\boldsymbol{C}, \boldsymbol{B} \in \mathbb{R}^{n \times n}$ が存在する：(i) $\boldsymbol{AC} = \boldsymbol{B}$, (ii) $\boldsymbol{C} = \sum_{P \in \Gamma} \alpha_P \boldsymbol{P}$ and $\boldsymbol{B} = \sum_{P \in \Gamma} \beta_P \boldsymbol{P}$ $(\alpha_P, \beta_P > 0, \boldsymbol{P} \in \Gamma)$

(b) 以下を満たす行列 $\boldsymbol{R}, \boldsymbol{S} \in \mathbb{R}^{n \times n}$ が存在する：(i) $\boldsymbol{R} + \boldsymbol{A}^\top \boldsymbol{S} = \boldsymbol{O}$, (ii) $\boldsymbol{R} \bullet \boldsymbol{P} \geq 0$, $\boldsymbol{S} \bullet \boldsymbol{P} \geq 0$ $(\boldsymbol{P} \in \Gamma)$, (iii) $\boldsymbol{R}$ と $\boldsymbol{S}$ 「両方とも $\boldsymbol{O}$ 行列」ではない

ただし，$\boldsymbol{R} \bullet \boldsymbol{P} = \sum_{i,j} R_{ij} P_{ij}$ である．

証明　証明の基本は上の特殊ケースの場合と同じである．■

さて最後に，P 行列と隠れ行列の包含関係について紹介しよう．その準備として，P 行列であることと同値な条件，定理 5.1 を拡張した次の性質を証明する．

> **補助定理 5.5**　$\boldsymbol{A} \in \mathbb{R}^{n\times n}$, $N = \{1, 2, \ldots, n\}$ とする．次の 3 つは等価である．
>
> **(i)**　$\boldsymbol{A}$ が P 行列である
>
> **(ii)**　任意の $\boldsymbol{x}(\neq \boldsymbol{0}) \in \mathbb{R}^n$ に対して，$x_i(\boldsymbol{Ax})_i > 0$ となる $i \in N$ が存在する
>
> **(iii)**　任意の $G \subseteq N$ に対し，以下を満たすような $\boldsymbol{x}^G \in \mathbb{R}^n$ が存在する：$x_i^G < 0$ and $(\boldsymbol{Ax}^G)_i < 0$ $(i \in G)$, $x_i^G > 0$ and $(\boldsymbol{Ax}^G)_i > 0$ $(i \notin G)$

証明　(i) と (ii) の等価性は定理 5.1 で証明済みである．ここでは (ii) と (iii) が同値であることを示す．

(ii) ⇒ (iii) の証明：(ii) が成り立つ仮定のもとで，$G \subseteq N$ に対して $\boldsymbol{D}^G$ を $D_{ii}^G = -1$ $(i \in G)$, $D_{ii}^G = 1$ $(i \notin G)$ を満たす対角行列とする．性質 5.2 の (ii) より $\boldsymbol{D}^G\boldsymbol{A}\boldsymbol{D}^G$ は P 行列であり，性質 5.3 より S 行列でもあるので，正のベクトル $\boldsymbol{x}^G > \boldsymbol{0}$ が存在し，$\boldsymbol{D}^G\boldsymbol{A}\boldsymbol{D}^G\boldsymbol{x}^G > \boldsymbol{0}$ である．このことは，$(\boldsymbol{D}^G\boldsymbol{x}^G)_i < 0$, $(\boldsymbol{A}\boldsymbol{D}^G\boldsymbol{x}^G)_i < 0$ $(i \in G)$, $(\boldsymbol{D}^G\boldsymbol{x}^G)_i > 0$, $(\boldsymbol{A}\boldsymbol{D}^G\boldsymbol{x}^G)_i > 0$ $(i \notin G)$ であるので，(iii) が成り立っている．

(iii) ⇒ (ii) の証明：(ii) の性質が成り立たないとする．(ii) と (i) は等価なので，$\boldsymbol{A}$ は P 行列ではない．さらに $\boldsymbol{A}^\top$ も P 行列ではなく，$\boldsymbol{A}^\top$ に関しても (ii) の性質は成り立たない．$\boldsymbol{x} \neq \boldsymbol{0}$ を $x_i(\boldsymbol{A}^\top\boldsymbol{x})_i \leq 0$ $(i \in N)$ を満たすベクトルとしよう．$G := \{i | x_i < 0\}$ とする．ここで，この G に対し (iii) が成り立つとしよう．すると $\boldsymbol{y}$ が存在し，$y_i < 0$, $(\boldsymbol{Ay})_i < 0$ $(i \in G)$ と $y_i > 0$, $(\boldsymbol{Ay})_i > 0$ $(i \notin G)$ を満たす．$\boldsymbol{x}^\top(\boldsymbol{Ay}) > 0$ と $\boldsymbol{y}^\top(\boldsymbol{A}^\top\boldsymbol{x}) \leq 0$ の両方を得るがこれらは矛盾である．■

上の補助定理と，隠れ行列の二者択一の定理から次の包含関係が示される．

> **定理 5.8**　任意の隠れ prdd 行列は P 行列である．

証明 $\boldsymbol{A}$ を隠れ prdd 行列とする．以下の (i), (ii) を満たす行列 $\boldsymbol{C}, \boldsymbol{B}$ が存在する．(i) $\boldsymbol{AC} = \boldsymbol{B}$, (ii) $\boldsymbol{C}$ と $\boldsymbol{B}$ は prdd 行列である．$\boldsymbol{C}$ と $\boldsymbol{B}$ は prdd 行列であるので，$G \subseteq N$ としたとき，$(\boldsymbol{Ce}^G)_i < 0\ (i \in G)$, $(\boldsymbol{Ce}^G)_i > 0\ (i \notin G)$ を満たす．さらに $(\boldsymbol{ACe}^G)_i = (\boldsymbol{Be}^G)_i < 0\ (i \in G)$, $(\boldsymbol{ACe}^G)_i = (\boldsymbol{Be}^G)_i > 0$ $(i \notin G)$ を満たす．ベクトル $\boldsymbol{Ce}^G$ は補助定理 5.5(iii) のベクトル $\boldsymbol{x}^G$ の役割を果たす． ■

上の包含関係は $n \geq 4$ の場合に真の包含関係となる．次の例は P 行列であるが，隠れ prdd 行列ではない 4×4 の行列である．

例 5.4 $\boldsymbol{A} = \frac{1}{3}\begin{bmatrix} 1 & 0 & 2 & 2 \\ 0 & 1 & -2 & 2 \\ -2 & 2 & 1 & 0 \\ -2 & -2 & 0 & 1 \end{bmatrix}$ とする．$\boldsymbol{A}$ は P 行列であるが隠れ prdd 行列ではない．

証明 $\boldsymbol{A}$ は正定置行列である．よって P 行列でもある．$\boldsymbol{R} = \begin{bmatrix} 1 & 0 & 1 & 1 \\ 0 & 1 & -1 & 1 \\ -1 & 1 & 1 & 0 \\ -1 & -1 & 0 & 1 \end{bmatrix}$ とし，$\boldsymbol{S} = \boldsymbol{R}^\top$ とする．すると $\boldsymbol{R}$, $\boldsymbol{S}$ は 隠れ prdd 行列に関する二者択一の定理（定理 5.5(b)）の (i), (ii), (iii) を満たす．よって，$\boldsymbol{A}$ は隠れ prdd 行列ではない． ■

> **定理 5.9** 任意の P 行列は隠れ prdd-∞ 行列である．

証明 $\boldsymbol{A} \in \mathbb{R}^{n \times n}$ が隠れ prdd-∞ 行列でないとする．定理 5.6(b) より，次の条件を満たす行列 $\boldsymbol{R}, \boldsymbol{S}$ が存在する．(i) $\boldsymbol{R} + \boldsymbol{A}^\top \boldsymbol{S} = \boldsymbol{0}$, (ii) $G \subseteq N \backslash i$ を満たすペア (i, G) について $\sum_{j \notin G} R_{ij} - \sum_{j \in G} R_{ij} \geq 0, \sum_{j \notin G} S_{ij} - \sum_{j \in G} S_{ij} \geq 0$, (iii) $\boldsymbol{R}, \boldsymbol{S}$ は「両方とも $\boldsymbol{O}$行列」ではない．条件 (iii) と条件 (i) $\boldsymbol{R} = -\boldsymbol{A}^\top \boldsymbol{S}$ より，$\boldsymbol{S} \neq \boldsymbol{O}$ でないことがわかる．さらに $\boldsymbol{S} \neq \boldsymbol{O}$ より，$\sum_{j \notin G} S_{ij} - \sum_{j \in G} S_{ij} \geq 0$ のうち少なくとも 1 つの不等式において等号を満たさないことがわかる．その場合の G を G^* としよう．つまり $\sum_{j \notin G^*} S_{ij} - \sum_{j \in G^*} S_{ij} > 0$ が成り立つとする．ここで $\boldsymbol{x} = \boldsymbol{Se}^{G^*}$ とする．ただし $\boldsymbol{e}^{G^*}$ は，$e_i^{G^*} = 1\ (i \in G^*)$, $e_i^{G^*} = -1$ $(i \notin G^*)$ を満たすベクトルである．$i \notin G^*$ に対しては $x_i = (\boldsymbol{Se}^{G^*})_i \geq 0$, $(\boldsymbol{A}^\top \boldsymbol{x})_i = (\boldsymbol{A}^\top \boldsymbol{Se}^{G^*})_i = -(\boldsymbol{Re}^{G^*})_i \leq 0$ が成り立ち，$i \in G^*$ に対しては $x_i = (\boldsymbol{Se}^{G^*})_i \leq 0$, $(\boldsymbol{A}^\top \boldsymbol{x})_i = (\boldsymbol{A}^\top \boldsymbol{Se}^{G^*})_i = -(\boldsymbol{Re}^{G^*})_i \geq 0$ が成り立つ．こ

のことは $\boldsymbol{A}^\top$ が P 行列であることに矛盾する（性質 5.3）. ■

例 5.5　例えば

$$\boldsymbol{A}=\begin{bmatrix}-1 & 0 & -2 & 2\\ 0 & -1 & 1 & 0\\ 2 & -1 & 1 & 0\\ 1 & -1 & 0 & 2\end{bmatrix}$$

とすると，$\boldsymbol{A}$ は隠れ prdd-∞ ではない．よって P 行列でもない．

証明

$$\boldsymbol{R}=\begin{bmatrix}0 & 0 & 0 & 0\\ 0 & 1 & -1 & 0\\ 0 & -1 & 1 & 0\\ 0 & 0 & 0 & 0\end{bmatrix},\quad \boldsymbol{S}=\begin{bmatrix}0 & 0 & 0 & 0\\ 0 & 1 & -1 & 0\\ 0 & 0 & 0 & 0\\ 0 & 0 & 0 & 0\end{bmatrix}$$

とすれば，$\boldsymbol{R}+\boldsymbol{A}^\top\boldsymbol{S}=0$ と $G\subseteq N\backslash i$ を満たすペア (i,G) について $\sum_{j\notin G}R_{ij}-\sum_{j\in G}R_{ij}\geq 0,\sum_{j\notin G}S_{ij}-\sum_{j\in G}S_{ij}\geq 0$ を満たす．よって $\boldsymbol{A}$ は隠れ prdd-∞ でない．さらに，$(i=2,G^*=\{3\})$ に関して上の S に関する不等式は等号を含まず

$$\boldsymbol{e}^{G^*}=\begin{bmatrix}1\\ 1\\ -1\\ 1\end{bmatrix},\ \boldsymbol{x}=\boldsymbol{S}\boldsymbol{e}^{G^*}=\begin{bmatrix}0\\ 2\\ 0\\ 0\end{bmatrix},\ \boldsymbol{A}^\top\boldsymbol{x}=\boldsymbol{A}^\top\boldsymbol{S}\boldsymbol{e}^{G^*}=-\boldsymbol{R}\boldsymbol{e}^{G^*}=\begin{bmatrix}0\\ -2\\ 2\\ 0\end{bmatrix}$$

となり，これらは $\boldsymbol{A}^\top$ が P 行列でないことを示している． ■

[さらなる話題]

なぜ P 行列を特定するのに隠れ行列という概念を持ち出すのか？と多くの読者が疑問に感じているかもしれない．これは Mangasarian[47] に由来する．Mangasarian は LP を LCP として解くのではなく，その逆で LCP を LP として解くことを考えた．そして $\boldsymbol{M}$ が隠れミンコウスキー (hidden Minkowski) 行列ならば，LCP は LP を解くことによって解を求めることが可能であることを示

したのである．これが LCP の分野で隠れ行列が話題になった最初の出来事である．その後 Pang–Chandrasekaran[57] によって隠れミンコウスキー行列に関する LCP に対する強多項式のピボットアルゴリズムが存在することが示された．前述の隠れ prdd 行列と隠れミンコウスキー行列との関係は，Morris–Namiki[50] を参照されたい．

この枠組みの延長で初めて隠れ prdd 行列を導入したのは，Johnson–Tsatsomeros[28] である．当初は，隠れ prdd 行列 ＝ P 行列 との予想もあったが，Morris[49] によって，乱数を使って作られた反例が発見された．

演習問題

5-1 $\boldsymbol{c} \in \mathbb{R}^n$ とする．$\boldsymbol{Q} \in \mathbb{R}^{n\times n}$ が対称非負定値行列のとき，$f(\boldsymbol{x}) = \boldsymbol{c}^\top \boldsymbol{x} + \frac{1}{2}\boldsymbol{x}^\top \boldsymbol{Q}\boldsymbol{x}$ が凸関数となることを示せ．

5-2 与えられた行列 $\boldsymbol{M} \in \mathbb{R}^{n\times n}$ が S 行列であるかどうかの判定問題は LP として定式化できることを示せ．また，性質 5.3 の任意の P 行列は S 行列であることを示せ．

5-3 $n \times n$ 行列 $\boldsymbol{M}$ が，任意の $\boldsymbol{x}(\neq \boldsymbol{0}) \in \mathbb{R}^n$ に対して $\boldsymbol{x}^\top \boldsymbol{M}\boldsymbol{x} > 0$ を満たすとき，正定値行列であるという．任意の正定値行列は P 行列であることを示せ．また，P 行列，非負定値行列，歪対称行列はみな十分行列であることを示せ．

5-4 以下の LP を線形相補性問題 (LCP) として定式化し，LCP に対する criss-cross 法で解き最適解を求めよ．また，このように LP を LCP として定式化し，criss-cross 法を用いて解いたとき，対角ピボットは決して実行されないことを示せ．

$$\left|\begin{array}{ll} \text{最大化} & -3x_1 + x_2 \\ \text{条　件} & \left\{\begin{array}{rl} 2x_1 - 3x_2 \leq & 1 \\ -2x_1 + \ \ x_2 \leq & -3 \end{array}\right. \\ & (x_1, x_2 \geq 0) \end{array}\right. \tag{5.21}$$

A 付　　録

この付録は，本書で用いる数学的な表現や概念，性質などを簡単にまとめたものである．ベクトルや行列等の線形代数に関する知識はテキスト[26,62]が，非線形最適化に関してはテキスト[23,66]が大いに参考になるだろう．

[ベクトル]

n 個の数 $x_1, x_2, \ldots, x_n$ を縦あるいは横に並べたもの

$$\begin{bmatrix} x_1 \\ x_2 \\ \vdots \\ x_n \end{bmatrix}, \quad \begin{bmatrix} x_1 & x_2 & \cdots & x_n \end{bmatrix}$$

を n 次元ベクトル (vector) という．縦に並べたものを列ベクトル，横に並べたものを行ベクトルと区別して呼ぶが，本書では単にベクトルといった場合，列ベクトルを指す．ベクトルを表すのに，太文字の小文字アルファベット $\boldsymbol{x}, \boldsymbol{y}$ などを用いる．成分が実数のベクトルを実ベクトルという．すべての n 次元ベクトルからなる集合を $\mathbb{R}^n$ で表す．$\boldsymbol{x} \in \mathbb{R}^n$ とする．$\boldsymbol{x}$ を構成する中身を **成分** (component) あるいは **要素** (element) といい，第 i 番目の成分は x_i で表す．

[ベクトルのスカラー倍と和]

α を実数，$\boldsymbol{x} \in \mathbb{R}^n$, $\boldsymbol{y} \in \mathbb{R}^n$ とする．実数 α とベクトル $\boldsymbol{x}$ の積 $\alpha\boldsymbol{x}$（これもベクトルになる），ベクトル $\boldsymbol{x}$ とベクトル $\boldsymbol{y}$ の和 $\boldsymbol{x}+\boldsymbol{y}$（これもベクトルになる）を次の式で定める．

$$\alpha\boldsymbol{x} := \begin{bmatrix} \alpha x_1 \\ \alpha x_2 \\ \vdots \\ \alpha x_n \end{bmatrix}, \quad \boldsymbol{x}+\boldsymbol{y} := \begin{bmatrix} x_1+y_1 \\ x_2+y_2 \\ \vdots \\ x_n+y_n \end{bmatrix}$$

[ゼロベクトルと非負ベクトル，正のベクトル]

すべての要素が 0 である n 次元ベクトルを**ゼロベクトル** (zero vector) といい $\mathbf{0}$ で表す ($\mathbf{0}_n$ のように次元の数を書いておくべきであるが，表示が煩雑になるので省略する)．ベクトル $\boldsymbol{x} \in \mathbb{R}^n$ のすべての要素が 0 以上の数であるとき $\boldsymbol{x}$ を**非負ベクトル** (non-negative vector) といい，$\boldsymbol{x} \geq \mathbf{0}$ と表す．ベクトル $\boldsymbol{x} \in \mathbb{R}^n$ のすべての要素が 正であるとき $\boldsymbol{x} > \mathbf{0}$ と表す．$\boldsymbol{x} \in \mathbb{R}^n$ がゼロベクトルではないとき，$\boldsymbol{x} \neq \mathbf{0}$ と表す．「すべての成分がゼロではない」ベクトルではなく，「"すべての成分がゼロ" ではない」ベクトルであるので注意が必要である．

[内積]

$\boldsymbol{x} \in \mathbb{R}^n, \boldsymbol{y} \in \mathbb{R}^n$ とする．$\boldsymbol{x}^\top \boldsymbol{y} = x_1y_1 + x_2y_2 + \cdots + x_ny_n = \boldsymbol{x}^\top \boldsymbol{y}$ を $\boldsymbol{x}$ と $\boldsymbol{y}$ の**内積** (inner product) という．任意の $\alpha \in \mathbb{R}$, $\boldsymbol{x}$, $\boldsymbol{y}$, $\boldsymbol{z} \in \mathbb{R}^n$ に対して次の 1.～4. が成り立つ．

1. $(\boldsymbol{x}+\boldsymbol{z})^\top \boldsymbol{y} = \boldsymbol{x}^\top \boldsymbol{y} + \boldsymbol{z}^\top \boldsymbol{y}$

2. $(\alpha \boldsymbol{x})^\top \boldsymbol{y} = \alpha(\boldsymbol{x}^\top \boldsymbol{y})$

3. $\boldsymbol{x}^\top \boldsymbol{y} = \boldsymbol{y}^\top \boldsymbol{x}$

4. $\boldsymbol{x}^\top \boldsymbol{y} \geq 0, \quad \boldsymbol{x}^\top \boldsymbol{x} = 0 \Leftrightarrow \boldsymbol{x} = \mathbf{0}$

$\boldsymbol{x}, \boldsymbol{y} \in \mathbb{R}^n$ に対し $\boldsymbol{x}^\top \boldsymbol{y} = 0$ のとき，ベクトル $\boldsymbol{x}$ と $\boldsymbol{y}$ は直交するという．

[ノルム]

$\boldsymbol{x} \in \mathbb{R}^n$ に対して定まる非負の数 $\|\boldsymbol{x}\|$ が次の 1.～3. を満たすとき，$\|\cdot\|$ をノルム (norm) と呼ぶ．

1. $\|\boldsymbol{x}\| \geq 0$, $\|\boldsymbol{x}\| = 0 \Leftrightarrow \boldsymbol{x} = \mathbf{0}$

2. $\alpha \in \mathbb{R}^n$ に対して $\|\alpha \boldsymbol{x}\| = |\alpha|\|\boldsymbol{x}\|$

3. $\boldsymbol{x}, \boldsymbol{y} \in \mathbb{R}^n$ に対して $\|\boldsymbol{x}+\boldsymbol{y}\| \leq \|\boldsymbol{x}\| + \|\boldsymbol{y}\|$

代表的なノルムとして以下の 3 つを挙げる．

- l_2 ノルム: $\|\boldsymbol{x}\|_2 := \sqrt{\boldsymbol{x}^\top \boldsymbol{x}}$ (通常 "2" を省略して $\|\cdot\|$ で表す)
- l_1 ノルム: $\|\boldsymbol{x}\|_1 := \sum_{i=1}^{n} |x_i|$
- l_∞ ノルム: $\|\boldsymbol{x}\|_\infty := \max\{|x_i| : i = 1, 2, \ldots, n\}$

[ベクトルの線形独立，線形従属]

k 個の n 次元ベクトル $\boldsymbol{x}^1, \boldsymbol{x}^2, \ldots, \boldsymbol{x}^k$ が以下を満たすとき $\boldsymbol{x}^1, \boldsymbol{x}^2, \ldots, \boldsymbol{x}^k$ は**線形独立** (linearly independent) であるという．

$$\begin{cases} \lambda_1 \boldsymbol{x}^1 + \lambda_2 \boldsymbol{x}^2 + \cdots + \lambda_k \boldsymbol{x}^k = \boldsymbol{0} \\ \lambda_i \in \mathbb{R} \quad (i = 1, 2, \ldots, k) \end{cases} \Rightarrow \lambda_1 = \lambda_2 = \cdots = \lambda_k = 0 \qquad \text{(A.1)}$$

$\boldsymbol{x}^1, \boldsymbol{x}^2, \ldots, \boldsymbol{x}^k$ が線形独立でないとき，つまり

$$\begin{aligned} &\exists \lambda_i \in \mathbb{R} \quad (i = 1, 2, \ldots, k) \\ &\text{s. t.} \begin{cases} \begin{bmatrix} \lambda_1 & \lambda_2 & \cdots & \lambda_k \end{bmatrix} \neq \begin{bmatrix} 0 & 0 & \cdots & 0 \end{bmatrix} \\ \lambda_1 \boldsymbol{x}^1 + \lambda_2 \boldsymbol{x}^2 + \cdots + \lambda_k \boldsymbol{x}^k = \boldsymbol{0} \end{cases} \end{aligned} \qquad \text{(A.2)}$$

が成り立つとき $\boldsymbol{x}^1, \boldsymbol{x}^2, \ldots, \boldsymbol{x}^k$ は**線形従属** (linearly dependent) であるという．

[$\boldsymbol{m} \times \boldsymbol{n}$ 行列]

m, n を自然数とする．下のように $m \times n$ 個の数を横に m 行，縦に n 列の配列に規則正しく並べたものを $\boldsymbol{m} \times \boldsymbol{n}$ **行列** (matrix) という．

$$\begin{bmatrix} a_{11} & a_{12} & \cdots & a_{1n} \\ a_{21} & a_{22} & \cdots & a_{2n} \\ \vdots & \vdots & \ddots & \vdots \\ a_{m1} & a_{m2} & \cdots & a_{mn} \end{bmatrix}$$

行列を構成する数を成分，あるいは要素といい，特に i 行 j 列目にある成分を a_{ij} のように下付きの添字を付けて表す．行列を表すのに $\boldsymbol{A}$ や $\boldsymbol{C}$ など太文字の大文字アルファベットを用い，i 行 j 列成分をその太文字でない文字 a_{ij} や c_{ij}，A_{ij} や C_{ij} で表す．要素が実数である行列を実行列という．すべての $m \times n$ 実行列の集合を $\mathbb{R}^{m \times n}$ で表す．n 次元列ベクトルを $n \times 1$ 行列，n 次元行ベクトルを $1 \times n$ 行列とみることもできる．行の数 m と列の数 n が等しい

行列を**正方行列** (square matrix) という.

[ゼロ行列]

すべての成分が 0 である行列を**ゼロ行列** (zero matrix) といい $\boldsymbol{O}$ で表す. $\boldsymbol{O}_{m,n}$ のように行列のサイズを書いておくべきだが, 表示が煩雑になるので省略する.

[行列の演算]

$\alpha \in \mathbb{R}$ を実数, $\boldsymbol{A}$ を $m \times n$ 実行列とする. $\boldsymbol{A}$ の α 倍である $\alpha\boldsymbol{A}$ を

$$\alpha\boldsymbol{A} := \begin{bmatrix} \alpha a_{11} & \alpha a_{12} & \cdots & \alpha a_{1n} \\ \alpha a_{21} & \alpha a_{22} & \cdots & \alpha a_{2n} \\ \vdots & \vdots & \ddots & \vdots \\ \alpha a_{m1} & \alpha a_{m2} & \cdots & \alpha a_{mn} \end{bmatrix}$$

で定義する. $\boldsymbol{A}, \boldsymbol{B} \in \mathbb{R}^{m\times n}$ とする. $\boldsymbol{A}$ と $\boldsymbol{B}$ の和 : $\boldsymbol{A}+\boldsymbol{B}$ を

$$\boldsymbol{A}+\boldsymbol{B} := \begin{bmatrix} a_{11}+b_{11} & a_{12}+b_{12} & \cdots & a_{1n}+b_{1n} \\ a_{21}+b_{21} & a_{22}+b_{21} & \cdots & a_{2n}+b_{2n} \\ \vdots & \vdots & \ddots & \vdots \\ a_{m1}+b_{m1} & a_{m2}+b_{m2} & \cdots & a_{mn}+b_{mn} \end{bmatrix}$$

で定義する. $\boldsymbol{A} \in \mathbb{R}^{m\times p}$, $\boldsymbol{B} \in \mathbb{R}^{p\times n}$ とする. このとき $\boldsymbol{A}$ と $\boldsymbol{B}$ の積は $m \times n$ 行列 になり, それを $\boldsymbol{C}$ とすると, 各成分は

$$\boldsymbol{AB} = \boldsymbol{C} = [c_{ij} : i = 1, 2, \ldots, m;\ j = 1, 2, \ldots, n]$$
$$c_{ij} := a_{i1}b_{1j} + a_{i2}b_{2j} + \cdots + a_{ip}b_{pj} = \textstyle\sum_{k=1}^{p} a_{ik}b_{kj}$$

で定められる. 特に $\boldsymbol{A} \in \mathbb{R}^{m\times n}$, $\boldsymbol{x} \in \mathbb{R}^n$ のとき, $\boldsymbol{x}$ を $n \times 1$ 行列と考えれば $\boldsymbol{Ax}$ は m 次元ベクトルとなり

$$\boldsymbol{Ax} = \begin{bmatrix} a_{11}x_1 + a_{12}x_2 + \cdots + a_{1n}x_n \\ a_{21}x_1 + a_{22}x_2 + \cdots + a_{2n}x_n \\ \vdots \\ a_{m1}x_1 + a_{m2}x_2 + \cdots + a_{mn}x_n \end{bmatrix}$$

で計算される.

[連立 1 次方程式]

n 変数, m 個の連立 1 次方程式

$$\begin{cases} a_{11}x_1 & + & a_{12}x_2 & + & \cdots & a_{1n}x_n & = & b_1 \\ a_{21}x_1 & + & a_{22}x_2 & + & \cdots & a_{2n}x_n & = & b_2 \\ & \vdots & & & & & & \\ a_{m1}x_1 & + & a_{m2}x_2 & + & \cdots & a_{mn}x_n & = & b_m \end{cases}$$

をベクトル $\boldsymbol{x} \in \mathbb{R}^n$, $\boldsymbol{b} \in \mathbb{R}^m$ と行列 $\boldsymbol{A} \in \mathbb{R}^{m \times n}$ を用いて $\boldsymbol{Ax} = \boldsymbol{b}$ で表す. ただし

$$\boldsymbol{A} = \begin{bmatrix} a_{11} & a_{12} & \cdots & a_{1n} \\ a_{21} & a_{22} & \cdots & a_{2n} \\ \vdots & & & \\ a_{m1} & a_{m2} & \cdots & a_{mn}x_n \end{bmatrix}, \quad \boldsymbol{x} = \begin{bmatrix} x_1 \\ x_2 \\ \vdots \\ x_n \end{bmatrix}, \quad \boldsymbol{b} = \begin{bmatrix} b_1 \\ b_2 \\ \vdots \\ b_m \end{bmatrix}$$

である.

[部分ベクトル, 部分行列]

n 次元実ベクトル全体の集合 $\mathbb{R}^n$ は, ベクトルの添字の集合を $E = \{1, 2, \ldots, n\}$ で定義して, $\mathbb{R}^E$ と表すことができる. $\boldsymbol{x} \in \mathbb{R}^E$ とする. 添字の部分集合 $S \subseteq E$ に対する $\boldsymbol{x}$ の**部分ベクトル** (subvector) $\boldsymbol{x}_S$ とは, $\boldsymbol{x}$ の添字 S に対応する部分である. 例えば $n = 6$, $\boldsymbol{x} \in \mathbb{R}^6$ のとき, $S = \{4, 1, 6\} \subseteq \{1, 2, \ldots, 6\}$ とすれば $\boldsymbol{x}_S = \begin{bmatrix} x_4 \\ x_1 \\ x_6 \end{bmatrix}$ である.

同様に行の添字集合を $R = \{1, 2 \ldots, m\}$, 列の添字集合を $E = \{1, 2, \ldots, n\}$ とすれば $m \times n$ 実行列全体の集合 $\mathbb{R}^{m \times n}$ は $\mathbb{R}^{R \times E}$ で表すことができる. $\boldsymbol{A} \in \mathbb{R}^{R \times E}$ とし, I, J をそれぞれ R, E の部分集合, つまり $I \subseteq R$, $J \subseteq E$ とする. $\boldsymbol{A}$ の I, J に関する**部分行列** (sub-matrix) とは, $\boldsymbol{A}$ の行と列がそれぞれ I, J の中の添字に対応する部分を並べた行列のことをいい, $\boldsymbol{A}_{IJ}$ と表す.

[転置行列]

$\boldsymbol{A} \in \mathbb{R}^{m \times n}$ とする. $\boldsymbol{A}$ の**転置行列** (transposed matrix) を $\boldsymbol{A}^\top$ で表し次の式で定義する.

$$
\boldsymbol{A}^\top := \begin{bmatrix} a_{11} & a_{21} & \cdots & a_{m1} \\ a_{12} & a_{22} & \cdots & a_{m2} \\ \vdots & \vdots & \ddots & \vdots \\ a_{1n} & a_{2n} & \cdots & a_{mn} \end{bmatrix}
$$

特に $\boldsymbol{y} \in \mathbb{R}^m$ を列ベクトルとし，$\boldsymbol{A} \in \mathbb{R}^{m\times n}$ としたとき，$\boldsymbol{y}^\top$ は行ベクトルとなり，$\boldsymbol{A}$ との積が次の式により計算される．

$$
\boldsymbol{y}^\top \boldsymbol{A} = \begin{bmatrix} y_1 a_{11} + y_2 a_{21} + \cdots + y_m a_{m1} \\ y_1 a_{12} + y_2 a_{22} + \cdots + y_m a_{m2} \\ \vdots \\ y_1 a_{1n} + y_2 a_{2n} + \cdots + y_m a_{mn} \end{bmatrix}^\top
$$

[単位行列と逆行列]

行の数と列の数が同じ行列を**正方行列** (square matrix) という．正方行列の i 行 i 列成分を対角成分といい，対角成分以外を非対角成分という．対角成分がすべて 1 で非対角成分が 0 である $n \times n$ 行列を n 次**単位行列** (identity matrix) といい，$\boldsymbol{I}$ で表す（これも次数を書くべきであるが，煩雑さを避けるため通常書かない）．$\boldsymbol{A} \in \mathbb{R}^{n\times n}$ とし $\boldsymbol{I}$ を n 次の単位行列とすると明らかに $\boldsymbol{AI} = \boldsymbol{IA} = \boldsymbol{A}$ が成り立つ．

$\boldsymbol{A} \in \mathbb{R}^{n\times n}$ としたとき $\boldsymbol{AB} = \boldsymbol{BA} = \boldsymbol{I}$ となる $\boldsymbol{B} \in \mathbb{R}^{n\times n}$ を $\boldsymbol{A}$ の**逆行列** (inverse matrix) といい，$\boldsymbol{A}^{-1} := \boldsymbol{B}$ で表される．$\boldsymbol{A}^{-1} = \boldsymbol{B}$ ならば明らかに $\boldsymbol{B}^{-1} = \boldsymbol{A}$ である．逆行列が存在する正方行列を**正則行列** (regular matrix) という．正方行列 $\boldsymbol{A}$ が正則行列であるための必要十分条件は，$\boldsymbol{A}$ の n 個の列ベクトル（または行ベクトル）が線形独立であることである．任意の正則行列に対し逆行列は一意に存在する．

[置換]

n を正の整数とする，集合 $\{1, 2, \ldots, n\}$ の要素をそれ自身 $\{1, 2, \ldots, n\}$ の要素に 1 対 1 に対応させることを**置換** (permutation) といい，対応関係を縦にそろえて

$$\sigma = \begin{pmatrix} 1 & 2 & \cdots & n \\ i_1 & i_2 & \cdots & i_n \end{pmatrix}$$

のように表す．集合 $\{1, 2, \ldots, n\}$ を並べ替える操作と考えてもよい．対応関係を表すのに $\sigma(1) = i_1$ といった表現も使う．集合 $\{1, 2, \ldots, n\}$ の置換は全部で $n!$ 個ある．σ, τ を集合 $\{1, 2, \ldots, n\}$ の置換とする．特に 2 カ所だけ入れ替えた置換

$$\sigma = \begin{pmatrix} 1 & 2 & \cdots & i & \cdots & j & \cdots & n \\ 1 & 2 & \cdots & j & \cdots & i & \cdots & n \end{pmatrix}$$

を **互換** (transposition) という．

2 つの置換 σ, τ の積 $\tau \cdot \sigma$ を次のように定義する．

$$\tau \cdot \sigma = \begin{pmatrix} 1 & 2 & \cdots & n \\ \tau(\sigma(1)) & \tau(\sigma(2)) & \cdots & \tau(\sigma(n)) \end{pmatrix}$$

任意の置換は，いくつかの互換の積として表される．表し方は一意ではないが，どのような表し方をしても，互換の個数の偶・奇性は一意である．偶数個の互換の積として表される置換を**偶置換** (even permutation)，奇数個の互換の積として表される置換を**奇置換** (odd permutation) という．置換 σ の符号を $\mathrm{sgn}(\sigma)$ で表し，σ が偶置換ならば $\mathrm{sgn}(\sigma) = +1$ であり，奇置換ならば $\mathrm{sgn}(\sigma) = -1$ である．

[行列式]

$\boldsymbol{A}$ を $n \times n$ 行列とする．$\boldsymbol{A}$ の**行列式** (determinant) は $\det(\boldsymbol{A})$ や $|\boldsymbol{A}|$ で表し

$$\det(\boldsymbol{A}) = |\boldsymbol{A}| = \sum_{\sigma \in S_n} \{\mathrm{sgn}(\sigma) \cdot a_{1\sigma(i)} \cdot a_{2\sigma(2)} \cdot \cdots \cdot a_{n\sigma(n)}\}$$

の式で定義される値である．ただし，S_n は集合 $\{1, 2, \ldots, n\}$ の置換全体の集合である．

[行列式の多重線形性]

$\boldsymbol{a}_1, \boldsymbol{a}_2, \ldots, \boldsymbol{a}_j, \ldots, \boldsymbol{a}_n \in \mathbb{R}^n$, $\boldsymbol{a}'_j \in \mathbb{R}^n$, $c \in \mathbb{R}$ とする．これらを列ベクトルとして n 個並べた行列の行列式について以下の式が成り立つ．

(i) $\det([\boldsymbol{a}_1 \ \cdots \ c\boldsymbol{a}_j \ \cdots \ \boldsymbol{a}_n]) = c \cdot \det([\boldsymbol{a}_1 \ \cdots \ \boldsymbol{a}_j \ \cdots \ \boldsymbol{a}_n])$
$(j = 1, 2, \ldots, n)$

(ii) $\det([\boldsymbol{a}_1 \ \cdots \ \boldsymbol{a}_j + \boldsymbol{a}'_j \ \cdots \ \boldsymbol{a}_n])$
$= \det([\boldsymbol{a}_1 \ \cdots \ \boldsymbol{a}_j \ \cdots \ \boldsymbol{a}_n]) + \det([\boldsymbol{a}_1 \ \cdots \ \boldsymbol{a}'_j \ \cdots \ \boldsymbol{a}_n])$
$(j = 1, 2, \ldots, n)$

[クラメルの公式]

$\boldsymbol{A}$ を $n \times n$ 行列，$\boldsymbol{b} \in \mathbb{R}^n$ を n 次元ベクトルとする．n 変数の連立 1 次方程式 $\boldsymbol{A}\boldsymbol{x} = \boldsymbol{b}$ において，$\det(\boldsymbol{A}) \neq 0$ のとき $\boldsymbol{A}\boldsymbol{x} = \boldsymbol{b}$ は唯一の解を持ち，解 $\boldsymbol{x}$ は以下の式で計算される．

$$x_i = \frac{\boldsymbol{A} \text{ の } i \text{ 列目を } \boldsymbol{b} \text{で置き換えた行列の行列式}}{\boldsymbol{A} \text{ の行列式}}$$

これを**クラメルの公式** (Cramer's rule) という．

[非負定値行列，正定値行列]

正方行列 $\boldsymbol{M} \in \mathbb{R}^{n \times n}$ が，任意のベクトル $\boldsymbol{x} \in \mathbb{R}^n$ に対して，$\boldsymbol{x}^\top \boldsymbol{M}\boldsymbol{x} \geq 0$ を満たすとき，$\boldsymbol{M}$ を**非負定値** (positive semi-definite) 行列，あるいは**半正定値**行列という．非負定値行列のうち，$\boldsymbol{0}$ でない任意のベクトル $\boldsymbol{x} \in \mathbb{R}^n$ に対して $\boldsymbol{x}^\top \boldsymbol{M}\boldsymbol{x} > 0$ が成り立つとき，$\boldsymbol{M}$ を**正定値** (positive definite) 行列という．

[線形部分空間]

$\mathbb{R}^n$ の部分集合 L が次の条件 1., 2. を満たすとき，L を $\mathbb{R}^n$ の**線形部分空間** (linear subspace)，または単に**部分空間**という．

1. $\boldsymbol{x}, \boldsymbol{x}' \in L \Rightarrow \boldsymbol{x} + \boldsymbol{x}' \in L$

2. $\boldsymbol{x} \in L, \alpha \in \mathbb{R} \Rightarrow \alpha\boldsymbol{x} \in L$

$\mathbb{R}^n$ の任意の線形部分空間 L は, 行列 $\boldsymbol{A} \in \mathbb{R}^{m \times n}$ を用いて $L = \{\boldsymbol{x} \in \mathbb{R}^n | \boldsymbol{A}\boldsymbol{x} = \boldsymbol{0}\}$ と表すことができる．

[カーネルと行空間]

$\boldsymbol{A} \in \mathbb{R}^{m \times n}$ としたとき，$X = \{\boldsymbol{x} \in \mathbb{R}^n | \boldsymbol{A}\boldsymbol{x} = 0\}$ を $\boldsymbol{A}$ のカーネル (kernel) といい，$Y = \{\boldsymbol{z} \in \mathbb{R}^n | \boldsymbol{z} = \boldsymbol{A}^\top \boldsymbol{w}, \boldsymbol{w} \in \mathbb{R}^m\}$ を $\boldsymbol{A}$ の行ベクトルの張る空間，**行空間** (row space) という．カーネル空間も行空間も線形部分空間である．

[直交補空間]

$L \subseteq \mathbb{R}^n$ を部分空間とする．$L^\perp \in \mathbb{R}^n$ を，L 内のすべてのベクトルに直交す

るベクトルの集合，つまり

$$L^{\perp} := \{\boldsymbol{y} \in \mathbb{R}^n | \boldsymbol{x}^{\perp}\boldsymbol{y} = 0,\ \forall \boldsymbol{x} \in L\}$$

とする．$L^{\perp}$ を L の**直交補空間** (orthogonal complement) という．任意の部分空間 L に対して，$(L^{\perp})^{\perp} = L$ である．$\boldsymbol{A}$ のカーネルと $\boldsymbol{A}$ の行空間は，互いに直交補空間の関係にある．

[線形関数と非線形関数]

関数 $f : \mathbb{R}^n \to \mathbb{R}$ が，任意の α, β に対して $f(\alpha\boldsymbol{x}+\beta\boldsymbol{y}) = \alpha f(\boldsymbol{x})+\beta f(\boldsymbol{y})$ を満たすとき，f を**線形関数** (linear function) あるいは**1 次関数**といい．線形関数でない関数を**非線形関数** (non-linear function) という．任意の線形関数 $f : \mathbb{R}^n \to \mathbb{R}$ は, n 個の定数 $c_1, c_2, \ldots, c_n$ を用いて, $f(\boldsymbol{x}) = c_1x_1+c_2x_2+\cdots+c_nx_n$ と表すことができる.

[非線形計画問題]

関数 $f : \mathbb{R}^n \to \mathbb{R}, g_i : \mathbb{R}^n \to \mathbb{R}\ (i = 1, 2, \ldots, m)$ に対して次の最小化問題を考える.

$$\left|\begin{array}{ll} \text{最小化} & f(\boldsymbol{x}) \\ \text{条　件} & g_i(\boldsymbol{x}) \leq 0 \quad (i = 1, 2, \ldots, m) \end{array}\right. \tag{A.3}$$

上の問題において，目的関数 f や制約条件を表す g_i が線形関数のみを用いて表されるとき，その問題を線形計画問題という．f や g_i が必ずしも線形関数のみで表せるとは限らない問題を**非線形計画問題** (non-linear programming) という.

[局所最適解と大域的最適解]

一般の数理計画問題

$$\left|\begin{array}{ll} \text{最小化} & f(\boldsymbol{x}) \\ \text{条　件} & \boldsymbol{x} \in S\ (\subseteq \mathbb{R}^n) \end{array}\right. \tag{A.4}$$

を考える．実行可能解 $\overline{\boldsymbol{x}} \in S$ に関して，次の式を満たす $\varepsilon > 0$ が存在するとき $\overline{\boldsymbol{x}}$ を**局所最適解** (local optimum) という.

$$f(\boldsymbol{x}) \geq f(\overline{\boldsymbol{x}})\ \forall \boldsymbol{x} \in S \cap B(\overline{\boldsymbol{x}}, \varepsilon)$$

ただし，$B(\overline{\boldsymbol{x}},\varepsilon)$ は $\overline{\boldsymbol{x}}$ の ε **近傍** (neighbourhood) といい，$B(\overline{\boldsymbol{x}},\varepsilon) := \{\boldsymbol{x}' \in \mathbb{R}^n | \|\boldsymbol{x}' - \overline{\boldsymbol{x}}\| < \varepsilon\}$ で定義される．

$$f(\boldsymbol{x}) \geq f(\boldsymbol{x}^*)\ \forall \boldsymbol{x} \in S$$

を満たす $\boldsymbol{x}^*$ を**大域的最適解** (global optimum) または単に**最適解**という．

[勾配ベクトル]

1回連続微分可能な関数 $f : \mathbb{R}^n \to \mathbb{R}$ に対し，**勾配ベクトル** (gradient vector) を $\boldsymbol{\nabla} f(\boldsymbol{x})$ と書き，次のように定義する．

$$\boldsymbol{\nabla} f(\boldsymbol{x}) := \begin{bmatrix} \frac{f(\boldsymbol{x})}{\partial x_1} \\ \frac{f(\boldsymbol{x})}{\partial x_2} \\ \vdots \\ \frac{f(\boldsymbol{x})}{\partial x_n} \end{bmatrix}$$

[局所最適解であるための必要条件（**KKT** 条件）]

次の条件は，問題 (A.3) の局所最適解の必要条件として知られる **KKT 条件** (Karush-Kuhn-Tucker condition) と呼ばれるものである．「ある条件」のもとでは，$\boldsymbol{x}^*$ が問題 (A.3) の局所最適解であるならば，ある $\boldsymbol{\lambda} \in \mathbb{R}^m$ が存在し，$(\boldsymbol{x}^*, \boldsymbol{\lambda})$ は次の式を満たす．

(1) $\nabla f(\boldsymbol{x}^*) + \sum_{i=1}^m \lambda_i \nabla g_i(\boldsymbol{x}^*) = \boldsymbol{0}$

(2) $g_i(\boldsymbol{x}^*) \leq 0 \quad (i = 1, 2, \ldots, n)$

(3) $\lambda_i \geq 0 \quad (i = 1, 2, \ldots, n)$

(4) $\lambda_i g_i(\boldsymbol{x}^*) = 0 \quad (i = 1, 2, \ldots, n)$

$\boldsymbol{\lambda}$ は**ラグランジュ乗数** (Lagrange multiplier) と呼ばれる．「ある条件」というのは制約想定と呼ばれ，例えば次のようなものが挙げられる．

スレーターの条件： 実行可能（条件を満たす）内点が存在する．

正規条件： 極小解 $\boldsymbol{x}^*$ での有効な制約に対する添字集合を N とする．つまり，$N := \{i | g_i(\boldsymbol{x}^*) = 0\}$ としたとき，$\nabla g_i(\boldsymbol{x})(i \in N)$ が線形独立である．

[凸集合]

$\mathbb{R}^n$ の部分集合 S に関して，任意の2つのベクトル $\boldsymbol{x}, \boldsymbol{y} \in S$ と任意の実数 λ

$(0 \leq \lambda \leq 1)$ に対して $\lambda \boldsymbol{x} + (1-\lambda)\boldsymbol{y} \in S$ が成り立つとき，S を**凸集合** (convex set) という．

[凸関数]

関数 $f : \mathbb{R}^n \to \mathbb{R}$ が，任意の $\boldsymbol{x}, \boldsymbol{x}' \in \mathbb{R}^n$ と $t \in \mathbb{R}$ に対して，次の式を満たすとき f は**凸関数** (convex function) であるという．

$$(1-t)f(\boldsymbol{x}) + tf(\boldsymbol{x}') \geq f((1-t)\boldsymbol{x} + t\boldsymbol{x}')$$

線形関数はつねに等号が成立する凸関数である．

[凸計画問題の最適解であるための十分条件]

最小化問題 (A.3) において，目的関数 f や制約条件 g_i がすべて凸関数で表されるような問題を**凸計画問題** (convex programming problem) という．特に，目的関数 f や制約条件 g_i が微分可能である凸計画問題において，$\boldsymbol{x}^*$ と $\boldsymbol{\lambda}$ が KKT 条件を満足するならば，$\boldsymbol{x}^*$ は問題 (A.3) の大域的最適解となる．

文　献

この文献一覧には，本文中で参照していないものでも，関連が強いものは挙げておくので参照してほしい．

1) D. Avis and V. Chvátal. Notes on Bland's pivoting rule. *Mathematical Programming Study*, 8:24–34, 1987.

2) A. Björner, M. Las Vergnas, N. Sturmfels, N. White and G. Ziegler. *Oriented Matroids*. Cambridge University Press, 1993.

3) R.G. Bland. New finite pivoting rules for the simplex method. *Mathematics of Operations Research*, 2:103–107, 1977.

4) R.G. Bland. A combinatorial abstraction of linear programming. *Journal of Combinatorial Theory, Ser. B*, 23:33–57, 1977.

5) V. Chvátal. *Linear Programming*. W.H. Freeman and Company, 1983 （坂田省二郎，藤野和建訳．線形計画法（上），（下）．啓学出版，1986）．

6) Y.Y. Chang. Least index resolution of degeneracy in linear complementarity problems. Technical Report 79-14, Department of Operations Research, Stanford University, 1979.

7) J. Clausen. A note on the Edmonds–Fukuda pivoting rule for simplex algorithms. *European Journal of Operational Research*, 29:378–383, 1987.

8) R.W. Cottle. The principal pivoitng method of quadratic programming. in: *Mathematics of the Decision Sciences*, Part I (American Mathematical Society): 144–162, 1968.

9) R.W. Cottle. The principal pivoting method revisited. *Mathematical Programming*, 48:369–385, 1990.

10) R.W. Cottle and G.B. Dantzig. Complementary pivot theory of mathematical programming. *Linear Algebra and Its Applications*, 1:103–125, 1968.

11) R.W. Cottle, J.-S. Pang and R.E. Stone. *The Linear Complementarity Problems*. Academic Press, 1992.

12) G.B. Dantzig. Programming in a linear structure. *Comptroller*, USAF Washington. DC, February, 1948.

13) G.B. Dantzig, A. Orden and P. Wolfe. The generalized simplex method for mini-

mizing a linear form under linear inequality restraints. *Pacific Journal of Mathematics*, 5:183–195, 1955.

14) G.B. Dantzig. *Linear Programming and Extensions.* Princeton University Press, 1963.

15) G.B. Dantzig. Linear programming: The story about how it began. in: A.H.G. Rinnoy Kan, L.K. Lenstra and A. Schrijver, eds., *History of Mathematical Programming.* North-Holland, 1991.

16) J. Farkas. Über die Theorie der einfachen Ungleichungen. *Journal fürdie reine und angewandte Mathematik*, 124: 1-24, 1902.

17) K. Fukuda. *Oriented Matroid Programming.* PhD thesis, University of Waterloo, 1982.

18) K. Fukuda and T. Matsui. On the finiteness of the criss-cross method. *European Journal of Operational Research*, 52:119–124, 1991.

19) K. Fukuda and T. Terlaky. Linear complementarity and oriented matroids. *Journal of the Operations Research Society of Japan*, 35:45–61, 1992.

20) K. Fukuda and M. Namiki. On extremal behaviors of Murty's least index method. *Mathematical Programming*, 8:365–370, 1994.

21) K. Fukuda, H.J. Lüthi and M. Namiki. The existence of a short sequence of admissible pivots to an optimal basis in lp and lcp. *International Transactions in Operational Research ITOR*, 4: 273–284, 1997.

22) K. Fukuda and T. Terlaky. Criss-cross methods: A fresh view on pivot algorithms. in: T.M. Liebling and D. de Werra, eds., Lectures on Methematical Programming, ISMP97, *Mathematical Programming, Ser. B*, 79:369–395, 1997.

23) 福島雅夫．非線形最適化の基礎．朝倉書店，2001.

24) D. Gale. *The Theory of Linear Economic Model.* MacGraw-Hill, 1960.

25) P. Gordan. Über die Auflösungen linearer Belichungen mit reelen Coefficienten. *Mathmatische Annalen*, 6:23–28, 1873.

26) 平岡和幸，堀 玄．プログラミングのための線形代数．オーム社，2004.

27) 伊理正夫．線形計画法．共立出版，1986.

28) C. R. Johnson and M. Tsatsomeros. Convex sets of non-singular and *P*-matrices.*Linear and Multilinear Algebra*, 38: 233–239, 1995.

29) N. Karmarkar. A new polynomial-time algorithm for linear programming. *Combinatorica*, 4:373–395, 1984.

30) L.G. Khachian. A new polynomial algorithm in linear programming. *Dokklady Akademiia Nauk SSSR*, 244:1093–1096, 1979.

31) 今野 浩．整数計画法．産業図書，1981.

32) 今野 浩，鈴木久敏編．整数計画法と組合せ最適化．産業図書，1981.

33) 今野 浩．線形計画法．日科技連出版社，1987.

34) E. Klafszky and T. Terlaky. Some generalizations of the criss-cross method for the linear complementarity problem of oriented matroids. *Combinatorica*, 9:189–198, 1989.

35) V. Klee and G. Minty. How good is the simplex algorithm? in: O. Shisha, ed.,

Inequalities 3. Academic Press: 159–175, 1972.

36) M. Kojima, N. Megiddo, T. Noma, and A. Yoshise. *A unified approach to interior point algorithms for linear complementarity problems.* Lecture notes in computer science 538, Springer-Verlag, 1991.

37) M. Kojima, S. Mizuno and A. Yoshise. An O($\sqrt{n}$L) iterations potential reduction algorithm for linear complementarity problems. *Mathematical Programming*, 50:331–342, 1991.

38) 小島政和，土谷 隆，水野眞治，矢部 博．内点法（経営科学のニューフロンティア 9）．朝倉書店，2001.

39) 久保幹雄，田村明久，松井知己編．応用数理計画ハンドブック．朝倉書店，2002.

40) H.W. Kuhn. The Hungarian method for the assignment problem. *Naval Research Logistics Quarterly*, 2:3–97, 1955.

41) H.W. Kuhn and R.E. Quandt. An experimental study of the simplex method. in: N.C. Metropolis, *et al.* eds., Experimental arithmetic, high-speed computing and mathematics, Proceedings of Symposia on Applied Mathematics XV (American Mathematical Society, Providence): 107–124, 1963.

42) E.L. Lawler. *Combinatorial Optimization: Networks and Matroids.* Holt, Rinehart and Winston, 1976.

43) C. Lemke. Bimatrix equilibrium points and mathematical programming. *Management Science*, 11:681–689, 1965.

44) C. Lemke and J.T. Howson Jr. Equilibrium points of bimatrix games. *SIAM Journal*, 12:413–423, 1964.

45) A. Makhorin. *GNU Linear Programming Kit, Modeling Language GNU MathProg Version 4.11*, 2006, Department for Applied Informatics, Moscow Aviation Institute.

46) A. Makhorin. *GNU Linear Programming Kit, Reference Manual, Version 4.15*, 2006, Department for Applied Informatics, Moscow Aviation Institute.

47) O. L. Mangasarian. Linear complementarity problems solvable by a single linear program. *Mathematical Programming*, 10:263–270, 1976.

48) W. H. Marlow. *Mathematics for Operations Research.* Dover, 1993.

49) W. Morris. Recognition of hidden positive row diagonally dominant matrices. *Electronic Journal of Linear Algebra*, 10:102–105, 2003.

50) W. Morris and M. Namiki. Good hidden P-matrix sandwiches. *Linear Algebra and Its Applications*, 426: 325–341, 2007.

51) K. Murty. On the number of solutions to the complementarity problem and spanning properties of complementary cones. *Linear Algebra and Its Applications*, 5:65–108, 1972.

52) K. Murty. Note on bard-type scheme for solving the complementarity problem. *Opsearch*, 11:123–130, 1974.

53) K. Murty. Computational complexity of complementary pivot methods. *Mathematical Programming Study*, 7:61–73, 1978.

54) K.G. Murty. *Linear Complementarity, Linear and Nonlinear Programming.* Hel-

dermann Verlag, 1988.
55) J. von Neumann and O. Morgenstern. *Theory of Games and Economic Behavior.* Princeton University Press, 1944.
56) J.G. Oxley. *Matroid Theory.* Oxford University Press, 1992.
57) J. S. Pang and R. Chandrasekaran. Linear complementarity problems solvable by a polynomially bounded pivoting algorithm. *Mathematical Programming Study*, 25:13–27, 1985.
58) C.H. Papadimitriou and K. Steiglitz. *Combinatorial Optimization – Algorithms and Complexity.* Prentice-Hall, 1982.
59) J. Rohn. A short proof of finiteness of Murty's principal pivoting algorithm. *Mathematical Programming*, 46:255–256, 1990.
60) C. Roos. An exponential example for Terlaky's pivoting rule for the criss-cross simplex method. *Mathematical Programming*, 46:79–84, 1990.
61) C.Roos, T.Terlaky and J.P.Vial. *Interior Point Methods for Linear Optimization.* Springer, 2005.
62) 斉藤正彦．線形代数入門．東京大学出版会，1966.
63) 猿渡康文．マネジメント・エンジニアリングのための数学．数理工学社，2006.
64) A. Schrijver. *Theory of Linear and Integer Programming.* Wiley Interscience, 1986.
65) 田村明久，村松正和．最適化法．共立出版，2002.
66) 田中謙輔．凸解析と最適化理論．牧野書店，1994.
67) T. Terlaky. A convergent criss-cross method. *Math. Oper. und Stat. Ser. Optimization*, 16:683–690, 1985.
68) T. Terlaky. A finite criss-cross method for oriented matroids. *Journal of Combinatorial Theory, Ser. B*, 42:319–327, 1987.
69) T. Terlaky and S. Zhang. Pivot rules for linear programming: A survey on recent theoretical developments. *Annals of Operations Research*, 46:203–233, 1993.
70) 刀根 薫．数理計画（基礎数理講座 1）．朝倉書店，1978.
71) R.J. Vanderbei. *Linear Programming: Foundation and Extentions.* Kluwer Academic Publishers, 1998.
72) Zh. Wang. A finite conformal elimination free algorithm for oriented matroid programming. *Chinese Annals of Mathematics*, 8:B 1, 1987.
73) 矢部 博．最適化とその応用．数理工学社，2006.
74) 山本芳嗣，久保幹雄．巡回セールスマン問題への招待（シリーズ〈現代人の数理〉12）．朝倉書店，1977.
75) S. Zionts. The criss-cross method for solving linear programming problems. *Management Science*, 15(7):426–445, 1969.
76) S. Zionts. Some empirical tests of the criss-cross method. *Management Science*, 10(4):406–410, 1972.

索　引

Bland の規則 (Bland's Rule)　69, 95

criss-cross 法　96, 152

Dantzig, G. B.　18

Farkas の二者択一の定理 (Farkas's alternative theorem)　37

KKT 条件　143
Klee–Minty の多面体　106

LCP　→ 線形相補性問題
LP　→ 線形計画法
LU 分解 (LU decomposition)　82

prdd 行列　161
prdd-∞ 行列　161
P 行列 (P-matrix)　147

S 行列 (S-matrix)　145

von Neumann　18

ア　行

1 次関数　8
一般形 (general form)　9

上三角行列 (upper triangular matrix)　79

栄養問題 (diet problem)　3

カ　行

解析的中心 (analytical center)　137
隠れ prdd 行列 (hidden prdd matrix)　164
隠れ prdd-∞ 行列 (hidden prdd-∞ matrix)　164

基底 (basis)　53
基底解 (basic solution)　50, 54
基底行列 (basis matrix)　72
基底変数 (basic variable)　49, 53
基本定理 (fundamental theorem)　30
逆行列 (inverse matrix)　176
行十分 (row sufficient)　150
強相補性定理 (strict complementarity theorem)　35
行列 (matrix)　173
局所最適解 (local optimum)　179
許容解 (feasible solution)　13

クラメルの公式 (Cramer's rule)　148, 178

勾配ベクトル (gradient vector)　180
互換 (transposition)　177

サ　行

最急枝規則 (steepest edge rule)　89

サイクリング (cycling) 66
最小添字規則 (smallest subscript rule) 69
最大改善規則 (largest improvement rule) 89
最大係数規則 (largest coefficient rule) 88
最短路問題 (shortest path problem) 3
最適解 (optimal solution) 3, 16, 29
最適化問題 (optimization problem) 1
最適辞書 (optimal dictionary) 52
最適値 (optimal value) 3, 23

自己双対 (self-dual) 32, 112
辞書式摂動法 (lexicographic perturbation scheme) 67
下三角行列 (lower triangular matrix) 79
実行可能 (feasible) 27
実行可能解 (feasible solution) 13
実行可能辞書 (feasible dictionary) 54
実行可能集合 (feasible region) 13
実行可能領域 (feasible region) 13
実行不可能 (infeasible) 16, 27
弱双対定理 (weak duality theorem) 28
十分行列 (sufficient matrix) 150
自由変数 (free variable) 11
十文字法 →criss-cross 法
主座小行列 (principal submatrix) 147
主双対法 (primal-dual method) 33
主問題 (primal problem) 25
巡回 (cycling) 66, 95
人工変数 (artificial variable) 11, 60
人工問題 115
シンプレックス辞書 (simplex dictionary) 49, 53
シンプレックス表 (simplex tableau) 59
シンプレックス法 (simplex method) 17, 48

枢軸演算 55
数理計画問題 (mathematical programming problem) 1
スラック変数 (slack variable) 12
生産計画問題 (production planning problem) 1, 3
正則行列 (regular matrix) 176
正定値 (positive definite) 178
成分 (component) 171
正方行列 (square matrix) 174, 176
制約条件 (constraints) 1, 9
接続行列 (incidence matrix) 6
ゼロ行列 (zero matrix) 174
ゼロベクトル (zero vector) 172
線形関数 (linear function) 8, 179
線形計画法 (linear programming) 9
線形計画問題 (Linear programming problem, LP) 9
線形従属 (linearly dependent) 173
線形相補性問題 (linear complementarity problem, LCP) 20, 141
線形等式 9
線形独立 (linearly independent) 173
線形不等式 9
線形部分空間 (linear subspace) 178

双対実行可能辞書 (dual feasible dictionary) 91
双対シンプレックス法 (dual simplex method) 91
双対定理 (duality theorem) 30
双対の比のテスト (dual ratio-test) 94
双対問題 (dual problem) 25
相補基底 (complementary basis) 152
相補辞書 (complementary dictionary) 152
相補スラック条件 (complementary slackness condition) 34
相補性定理 (complementarity theorem) 34

タ 行

大域的最適解 (global optimum) 180
第 1 段階 (Phase I) 63
退化 (degenerate) 65, 94, 104
対数罰金関数 (logarithmic penalty func-

tion)　132
多重線形性　177
多面体 (polyhedron)　102
単位行列 (identity matrix)　176
単体表　→シンプレックス表
単体法　→シンプレックス法
端点 (vertex)　102

置換 (permutation)　176
置換行列 (permutation matrix)　79
中心パス (path of centers)　114, 118
頂点 (extreme point)　102
超平面　101
直線の当てはめ (line fitting)　6

出る変数 (leaving variable)　55
転置行列 (transposed matrix)　175

等式標準形 (standard form of equalities)　10
凸関数 (convex function)　181
凸集合 (convex set)　181
凸 2 次計画問題 (convex quadratic programming problem)　142

ナ　行

内積 (inner product)　172
内点 (interior point)　115

二者択一の定理 (alternative theorem)　45
2 段階シンプレックス法 (two-phase simplex method)　63
ニュートン方向 (Newton direction)　122
ニュートン方程式 (Newton equation)　121

ノルム (norm)　172

ハ　行

入る変数 (entering variable)　55
半空間　101
半正定値 (positive semi-definite)　178
非基底 (non-basis)　53
非基底変数 (non-basic variable)　49, 53
歪対称行列 (skew symmetric matirx)　111, 142
非退化の仮定 (non-degeneracy assumption)　67
比のテスト (ratio-test)　57
非負条件 (non-negativity conditions)　10
非負定値 (positive semi-definite)　178
非負ベクトル (non-negative vector)　172
ピボットアルゴリズム (pivoting algorithm)　90
ピボット演算 (pivot operation)　55
ピボット規則 (pivot rule)　69, 88
被約費用 (reduced cost)　54
非有界 (unbounded)　16, 30

フィルイン (fill-in)　87
不等式標準形 (standard form of inequalities)　10

ベクトル (vector)　171

補助問題 (auxiliary problem)　60

マ　行

右側定数 (right-hand side constant)　54

目的関数 (objective function)　1, 9

ヤ　行

要素 (element)　171
予測方向 (predictor)　122

ラ　行

ラグランジュ乗数 (Lagrange multiplier)　180

列十分 (column sufficient)　150

著者略歴

並木(なみき)　誠(まこと)

1967 年　栃木県に生まれる
1992 年　東京工業大学大学院理工学研究科
　　　　博士後期課程退学
現　在　東邦大学理学部情報科学科
　　　　准教授
　　　　理学博士

応用最適化シリーズ 1
線 形 計 画 法　　定価はカバーに表示

2008 年 6 月 25 日　初版第 1 刷
2024 年 2 月 25 日　　　第 5 刷

著　者　並　木　　誠
発行者　朝　倉　誠　造
発行所　株式会社　朝　倉　書　店
東京都新宿区新小川町6－29
郵便番号　162－8707
電　話　03(3260)0141
FAX　03(3260)0180
https://www.asakura.co.jp

〈検印省略〉

印刷・製本　デジタルパブリッシングサービス

ISBN 978-4-254-11786-8 C 3341　　Printed in Japan